能源动力设备智能故障诊断

鄂加强　赵晓欢　马寅杰 等　编著

·北京·

内 容 提 要

本书较系统地论述了能源动力设备智能故障诊断处理、故障征兆信号提取方法，神经网络、模糊理论与专家系统等人工智能理论，以及神经网络、模糊理论及专家系统等人工智能理论融合成的智能诊断系统在复杂工业设备故障诊断中的应用。

本书适合作为高等学校能源与动力、机械工程、电子与信息工程以及冶金工程等专业的研究生或高年级本科生的教学参考书，也可供能源与动力、机械工程、电子与信息工程以及冶金工程等领域从事设备监测与诊断、维修的科研工作者与工程技术人员参考。

图书在版编目（CIP）数据

能源动力设备智能故障诊断 / 鄂加强等编著. -- 北京 : 中国水利水电出版社, 2023.9
ISBN 978-7-5226-1622-3

Ⅰ. ①能… Ⅱ. ①鄂… Ⅲ. ①能源－动力装置－故障诊断 Ⅳ. ①TK05

中国国家版本馆CIP数据核字(2023)第134121号

书　　名	**能源动力设备智能故障诊断** NENGYUAN DONGLI SHEBEI ZHINENG GUZHANG ZHENDUAN
作　　者	鄂加强　赵晓欢　马寅杰　等 编著
出版发行	中国水利水电出版社 （北京市海淀区玉渊潭南路1号D座　100038） 网址：www.waterpub.com.cn E-mail：sales@mwr.gov.cn 电话：(010) 68545888（营销中心）
经　　售	北京科水图书销售有限公司 电话：(010) 68545874、63202643 全国各地新华书店和相关出版物销售网点
排　　版	中国水利水电出版社微机排版中心
印　　刷	清淞永业（天津）印刷有限公司
规　　格	184mm×260mm　16开本　14印张　341千字
版　　次	2023年9月第1版　2023年9月第1次印刷
印　　数	0001—1000册
定　　价	**60.00**元

前言

在复杂工业系统中，某一关键设备因为故障而无法继续运行，往往会波及整个生产流程的进行，而恢复整个生产流程的正常运行需要花费很长的时间，从而造成了巨大的经济损失。良好的智能故障诊断系统能通过复杂工业设备大量的运行状态信息对其进行实时故障诊断及报警，这将有利于操作人员及时地采取相应的调整措施来提高复杂工业设备运行状态的可靠性和安全性。

故障诊断技术是以可靠性理论、信息论、控制论和系统论为理论基础，以现代测试仪器和计算机为技术手段，结合各种诊断对象（系统、设备、机器、装置、工程结构以及工艺过程等）的特殊规律逐步形成的一门新技术。它的开发涉及现代控制理论、可靠性理论、数理统计、模糊集理论、信号处理、模式识别、人工智能等多门学科，具有诊断对象广泛、技术具体、工程应用性强以及与高技术紧密结合等特点。早在 20 世纪 60 年代末与 70 年代初，美国、英国和日本等少数工业发达国家就掀起了现代设备故障诊断研究的热潮，并在工程应用中发挥了重要作用，取得了显著的社会和经济效益。

20 世纪 80 年代中期以来，经过广大科技工作者的不懈努力，我国在现代设备智能故障诊断领域取得了许多重要的理论研究成果，也积累了宝贵的工程实践经验。

现在国内有关故障诊断的教材不少，其中也不乏优秀之作；但作为研究生教材，在广度和深度方面尚不能完全满足要求。研究生课程学时较少，来自各专业的研究生参加了各种各样的科研任务，所提的问题非常广泛和深入，并希望教材有一定的广度和深度，以便他们进一步扩展和深入，本书在这个方面做了一些努力。

本书主要内容包括绪论，故障诊断知识智能处理，故障征兆自动提取，神经网络模型，专家系统，模糊理论基础，支持向量机，深度学习，车用柴油机模糊故障诊断专家系统，铜精炼炉神经网络故障诊断专家系统，煤粉锅炉燃烧系统模糊神经网络故障诊断专家系统，船舶柴油机冷却系统模糊逻辑推理故障诊断系统和油气输送管道故障融合诊断研究。

应当说明的是，故障智能诊断是一门涉及多个领域技术，并且正在发展的新兴综合性学科，虽然许多理论与方法问题已被研究多年，但完整的故障智能诊断的系统理论仍未达到成熟阶段，许多问题尚有待于进一步研究和探索，对其进行完整和系统地研究是一项艰巨而又困难的工作，因此本书仅仅在某种程度上起到抛砖引玉的作用。尤其希望有更多的科技工作者参加到智能故障诊断的研究和开发行列中来，以推动它的进一步发展。

作为研究生与高年级本科生教材，第 1～3 章为基本理论，第 4～8 章为用于故障诊断的部分人工智能技术，第 9～13 章为工程应用实例。在讲授过程中，可根据需要选择教学内容。

限于作者水平，书中错误遗漏之处在所难免，恳请读者批评指正。

编著者

2022 年 6 月

目录

前言

第 1 章　绪　　论

故障诊断（fault diagnosis，FD）始于机械设备的故障诊断，其全名为状态监测与故障诊断（condition monitoring and fault diagnosis，CMFD）[1]。在工程技术领域中，对机械设备的运行状态进行诊断的技术至今已有很长的历史，可以说几乎是与机器的发明同时产生的。

最初，机械设备较为简单，维修人员主要靠感觉器官、简单仪表和个人经验就能胜任故障的诊断和排除工作，这一般被称作传统的诊断技术。随着现代工业及科学技术的迅速发展，生产设备日趋大型化、高速化、自动化和智能化，而设备元器件的老化、日常维护的不足、系统应用环境的变化以及操作人员的失误等因素的影响又往往不可避免，从而导致无论设计得多么精良的工程在运行时都可能产生故障，造成巨大的财产损失，甚至人员的伤亡，而传统的诊断技术在现代化设备故障诊断面前却显得无能为力。

近年来，因关键设备故障而引起的灾难性事故时有发生[2-6]，例如，2003 年 2 月 1 日，美国“哥伦比亚”号航天飞机在返航的途中空中解体，7 名宇航员无一生还；2011 年 3 月 11 日，日本东北太平洋地区发生里氏 9.0 级地震，导致福岛第一核电站的放射性物质泄漏到外部，日本政府的估算，截至 2022 年，反应堆废炉和核污水处理费用约 8 兆日元，损失赔偿约 7.9 兆日元，去污费用 4 兆日元，废弃物中间储藏设施 1.6 兆日元，总计 21.5 兆日元，福岛核泄漏放射物已经扩散至北冰洋，污染波及全球。2021 年 1 月 9 日，印尼一架由雅加达飞往加里曼丹岛坤甸市的波音 737－500 飞机因自动油门故障而坠毁，造成机上 62 人全部遇难。

我国机械设备发生故障引起的损失也十分惊人，2011 年“7·23”甬温线特别重大铁路交通事故是一起因雷击导致设备故障后应急处置不力等因素造成的责任事故。甬温线浙江省温州市境内，由北京南站开往福州站的 D301 次列车与杭州站开往福州南站的 D3115 次列车发生动车组列车追尾事故，造成 40 人死亡、172 人受伤，中断行车 32 小时 35 分，直接经济损失 19371.65 万元。2013 年 11 月 22 日，位于山东省青岛经济技术开发区的中石化股份有限公司管道储运分公司东黄输油管道原油泄漏发生爆炸，海面过油面积约 3000m^2，造成 62 人死亡、136 人受伤，直接经济损失 7.5 亿元。2015 年 8 月 12 日 22 时 51 分 46 秒，位于天津市滨海新区天津港的瑞海公司危险品仓库发生火灾爆炸事故，造成 165 人遇难、798 人受伤，304 幢建筑物、12428 辆商品汽车、7533 个集装箱受损。

这些严重的或灾难性的事件不断发生，迫使人们在设备诊断方面进行了大量的研究，形成了机器设备、工程结构和工艺过程的故障诊断这一新兴的研究领域。国内外许多资料表明[1,3]，开展故障诊断的经济效益是明显的。据日本统计，采用机组设备的故障诊断技术后，可使每年的维修费用减少 25%～50%，故障停机时间减少 75%。英国对 2000 个国营工厂的调查表明，采用故障诊断技术后每年节省维修费 3 亿英镑，用于诊断技术的费用仅为 0.5 亿英镑，净获利 2.5 亿英镑。据美国统计，每年工业设备定期维修费用约 2500 亿美元，专家估计其中“过剩维修”费用约占 750 亿美元。据有关部门统计，我国每年用于设备维修的费用仅冶金部就达 250 亿元，如果将故障诊断这项技术推广，每年可减少事故 50%～70%，节约维修费用 10%～30%，效益相当可观。

故障诊断技术的最终目的是根据检测的信息特征判别系统的工况状态，用来指导生产操作，提高生产效率，稳定生产运行状态，分析故障原因，防患于未然。在复杂工业系统中，如果某一关键设备因为故障而无法继续运行，往往会波及整个生产流程，而恢复整个生产流程的正常运行需要花费很长的时间，从而造成巨大的经济损失。因此，作为复杂工业过程及设备安全可靠运行的关键技术之一，故障诊断技术具有极为重要的研究意义并受到了广泛的重视。

1.1　故障诊断的基本概念

一般来说，故障诊断对象可以是一个比较复杂的大系统（甚至是巨系统），也可以是一个简单的元件或部件（子系统）。严格地说，从不同的层次观察可对诊断对象有不同的划分。但无特别说明的话，诊断对象都被视为系统，其诊断也就看作系统诊断。

所谓系统的故障，是指系统的运行处于不正常状态（劣化状态），并可导致系统相应的功能失调，即导致系统相应的行为（输出）超过允许范围，使系统的功能低于规定的水平，这种劣化状态称为故障。该定义具有以下特点：①强调系统的输出（行为），从而有利于给出系统状态的测量途径；②强调系统故障评判的多样性，即从系统的所有行为表现都可以进行评判，系统的输出是以多种方式表现：一些能直接表现系统的功能行为（称功能输出），一些则是实现系统功能时所附带产生的行为（称附加输出）；如发动机输出功率，缸体发热都是发动机的输出，前者是其功能输出，后者则是附加输出；③强调对故障认识的主观性，即系统的状态“超过允许范围”是人参与的体现；④该定义也不排斥客观性，即“超过允许范围”是一个诊断标准问题。一旦标准确立，则具有客观性与公正性。

对故障分类目前还缺乏系统的方法，从不同角度给出以下几种分类方法[3]：

(1) 按故障发生的时间历程分，有突发性故障和渐进性故障。突发性故障是发生故障前，不能提前测试与预测，并表现出随机性；而渐进性故障是由系统参数的逐步劣化产生的，这种故障能够在一定程度上早期预测，一般在其有效寿命的后期才表现出来。

(2) 按故障存在的时间历程分，有间歇性故障和永久性故障。间歇故障是系统功能输出或附加输出在短时间内超过规定界限的现象，如工业炉窑在高温下工作时输送燃料管路阀门失控而间歇燃料过剩；永久性故障是系统功能输出或附加输出持续超过界限的现象，如发动机气缸磨损后引起异响等。

(3) 按故障的显现状况来分，有潜在故障和功能故障。潜在故障是系统功能输出并未超过允许范围，但其附加输出已有明显的表现；功能故障则是系统的功能输出超过规定范围，一般是子系统的功能降低，严重的情况是零部件的损坏。

(4) 按故障原因分，有内在故障和环境故障。内在故障是系统内部各部分结构关系不协调或结构劣化引起，如由于设计、制造和装配以及零件变形或子系统异常等引起的故障是内在故障，而环境故障是系统的输入异常引起的，是指其从环境中获得的能量、物质和信息异常，例如，发动机输入的燃料不足、海拔过高、驾驶员操纵失误等引起的发动机输出超界属于环境故障。

故障的主要性质表现如下：①层次性，从系统论的观点看，系统是由“元素”按一定的规律聚合而成的，显然，系统是有层次的，故障的产生对应于系统的不同层次而表现出层次性；②时间性，系统故障的产生与表现常常与时间有关，以及由其运行的动态性所决定，如渐进性故障、间歇故障等；③相关性，复杂系统（如锅炉）是若干相互联系的子系统组成的整体，某些子系统的故障常常是由于与之相关子系统或下一级子系统故障传递所致，从而表现出相关性；④模糊性，系统运行状态中的模糊性，以及人们在状态监测和技术诊断中存在着许多模型的概念及方法；⑤随机性，故障的发生常常与时间紧密相关的随机过程有关；⑥未确知性，不同于故障描述的模糊性与随机性，而是由于人为主观上因条件的限制，在系统故障已产生后，不能准确说明其发生的部位与原因，而它又确实已经存在，只因条件不足以完全感知；⑦相对性，系统故障与一定的条件和环境有关，不同环境条件下的故障表现以及对其描述与划分存在不一致性。

故障诊断是一种了解和掌握设备在使用过程中的技术，确定其整体或局部是否正常，早期发现故障及其原因并能预报故障发展趋势的技术。

故障诊断有两种含义：一种指利用某些专用的仪器来检测某些机械设备的运转是否正常；另一种是指由计算机利用系统的解析冗余完成工况分析，对生产是否正常和是什么原因引起的故障，故障的程度有多大等问题进行分析、判断，得出结论。目前所说的故障诊断技术[7]一般都是指后者，是 20 世纪 70 年代初期以来首先从美国发展起来的[8-11]。这项技术诞生以后逐渐引起了学术界的关注，并且在近 10 多年来得到了迅速的发展，已经取得了许多应用成果[12-26]。

故障诊断的基本思想一般可以这样表述，设备检测对象全部可能发生的状态（包括正常和故障状态）组成状态空间 S，它的可观测量特征的取值范围全体构成特征空间 Y，当系统处于某一状态 S 时，系统具有确定的特征 Y，即存在映射 g，即

$$g: S \to Y$$

反之，一定的特征也对应确定的状态，即存在映射 f，即

$$f: Y \to S$$

状态空间与特征空间的关系可用图 1.1 表示。

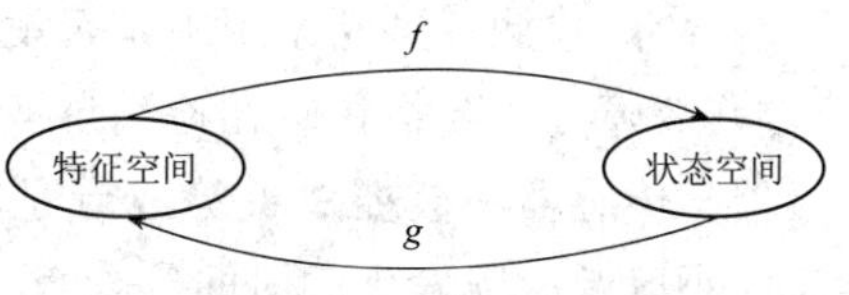

图 1.1 状态空间与特征空间的关系

如果 f 和 g 是双射函数，即特征空间和状态空间存在一对一的单满射，则由特征向量可唯一确定系统的状态，反之亦然。故障诊断的目的在于根据可测量的特征向量来判断系统处于何种状态，也就是找出映射 f。

若系统可能发生的状态是有限的，例如可能发生 n 种故障，这时把正常系统所处的状态称为 s_0，把存在不同故障的系统所处的不同状态称为 s_1、s_2、…、s_n。当系统处于状态 s_i

时，对应的可测量特征向量为 $Y_i=(y_{i1}、y_{i2}、\cdots、y_{im})$。故障诊断是由特征向量 $y=(y_1、y_2、\cdots、y_m)$，求出它所对应的状态 s 的过程。因为一般故障状态并非绝对清晰的，有一定模糊性，因此，它所对应的特征值也在一定范围内变动，在这种情况下，故障诊断就成为按特征向量对被测系统进行分类的问题或对特征向量进行状态的模式识别问题。因此，如图 1.2 所示，故障诊断实质上是一类模式分类问题，其过程有三个主要步骤：①检测设备状态的特征信号；②从所检测到的特征信号中提取征兆；③根据征兆和其他诊断信息来识别设备的状态，从而完成故障诊断。

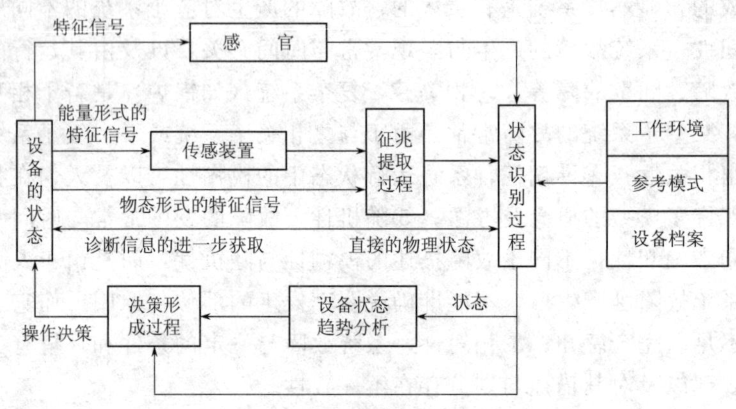

图 1.2　故障诊断过程简图

1.2　故障诊断技术的发展与研究现状

故障诊断技术以可靠性理论、信息论、控制论和系统论为理论基础，以现代测试仪器和计算机为技术手段，结合各种诊断对象（系统、设备、机器、装置、工程结构以及工艺过程等）的特殊规律逐步形成的一门新技术。它的开发涉及现代控制理论、可靠性理论、数理统计、模糊集理论、信号处理、模式识别、人工智能等多门学科，具有诊断对象广泛、技术具体、工程应用性强以及与高技术紧密结合等特点。

（1）故障诊断技术的任务包含以下四个方面内容：

1）故障建模。按先验信息和输入输出关系，建立系统故障的数学模型，作为故障检测与诊断的依据。

2）故障检测。判断系统中是否发生了故障并检测出故障发生的时刻。

3）故障分离与估计。在检测出故障后确定故障的类型和位置，以区别出故障原因是执行器、传感器和被控对象等或者是特大扰动；在弄清故障性质的同时，计算故障的程度、大小以及故障发生的时间等参数。

4）故障的分类、评价与决策。判断故障的严重程度，以及故障对系统的影响和发展趋势，便于针对不同的工况采取不同的措施，其中包括保护系统的启动。评价一个故障诊断系统的性能指标主要有：故障检测的及时性；早期故障检测的灵敏度；故障的误报率和漏报率；故障定位和故障评价的准确性；故障检测和诊断系统的鲁棒性。

(2) 故障诊断技术大体由三部分组成：

1）故障机理研究。主要包括诊断对象的物理和化学过程的研究。例如对引起电气、机械部件失效的腐蚀、蠕变、疲劳、氧化、绝缘击穿、断裂、磨损等理化原因的研究；对流程工业的工艺过程、工艺特性及其各类故障特性和症状的研究。作为故障诊断技术的基础，只有研究诊断对象的故障机理才能有效地分清导致故障的主次因素，为准确地判断故障、确诊故障提供可靠的依据。

2）故障信息的研究。主要包括故障信号的采集、选择、处理与分析、特征提取等过程。例如通过传感器采集生产设备运行中的信号（如温度、转速），再经过时域和频域上的分析处理来识别和评价设备所处的状态或故障。作为故障诊断技术中不可缺少的环节，研究适当的故障信号检测方法是发现故障信息的重要手段。

3）故障诊断理论和方法的研究。主要包括基于逻辑、模型、推理以及人工智能等方法对故障的识别、推理、预测、分类、评价与决策等方面的研究。采用合适的方法根据诊断对象的可检测故障表征进行分析和推理，识别故障并推理故障的发展趋势以确定下一步的检测部位，最终分析判断故障发生的部位和产生故障的原因，并形成正确的干预决策。作为故障诊断技术的核心研究内容，故障诊断理论和方法既是完成并实现故障诊断技术任务和目的的主要途径，也是故障诊断领域的主要研究方向和长久不衰的研究热点。虽然诊断理论和方法已经有很多种，但是还有待于进一步发展和完善；而且还应深入研究新理论和新方法的应用。为故障诊断技术适用于现代工业发展及其应用实现打下坚实的理论基础。

1.2.1 故障诊断技术的发展历史

故障诊断技术起源于19世纪产业革命时期。综观其发展的历史过程，可以将它按以下四个阶段划分[2]。

1. 原始诊断阶段

19世纪末至20世纪初，这是故障诊断技术产生阶段，个体专家依靠感官获取设备的状态信息，并凭借其经验作出直接判断。由于这种方法的简便性，在一些简单设备的故障诊断中显得经济、实用。

2. 基于材料寿命分析与估计的诊断阶段

20世纪初至20世纪60年代，由于可靠性理论的产生和应用，使得人们能够依靠事先对材料寿命的分析与估计以及对设备材料性能的部分检测来完成诊断任务。

3. 基于传感器与计算机技术的诊断阶段

这也是目前所处的比较成熟的发展阶段。开始于20世纪60年代中期，由于传感器技术的发展，对各种诊断信号和数据的测量变得容易；计算机的使用，弥补了人类在数据处理上的低效率和不足：这种建立在信号测试基础上的诊断技术，目前广泛应用于军备、钢铁、船舶、核设备等许多领域。

4. 智能化诊断阶段

智能化故障诊断技术是现代设备诊断技术发展的必由之路，虽然它已有40多年的发展历史，但实践证明，这一技术的发展还远远不能满足实际问题的需要，还未形成一个比较系统和完整的理论体系。在智能故障诊断系统的概念体系、知识表示方法、推理策略、系统的开发策略与方法、面向对象技术的应用、不确定性系统理论的应用、神经网络技术的应用等许多方面有待于做深入系统的研究。人工智能技术的发展，特别是专家系统在故障诊断领域中的应用，为设备故障诊断的智能化提供了可能性，也使诊断技术进入了新的发展阶段；原来以数值计算和信号处理为核心的诊断过程被以知识处理和知识推理为核心的诊断过程所代替。目前已有了一些较成功的系统。故障智能诊断是当前诊断技术的发展方向，为此，人们对基于知识的诊断技术和诊断系统进行了深入的研究。

就世界范围来看，美国是最早研究故障诊断技术的国家。早在1967年，在美国宇航局和海军研究所的倡导和组织下，成立了美国机械故障预防小组（mechanical fault prevention group，MFPG），开始有计划地对故障诊断技术分专题进行研究。多年来已召开数十次学术交流大会。在此期间，很多学术机构、政府部门以及高等院校和企业公司都参与或进行了与本企业有关的故障诊断技术研究，并取得了大量的成果。目前，美国的故障诊断技术在航空航天、军事、核能等尖端技术领域仍处于领先地位[2]。英国对设备故障诊断技术的研究始于20世纪60年代末至70年代初，以Collacot R A博士为首的英国机器保健中心，在宣传、培训、咨询及诊断技术的开发方面做了大量的工作，并取得了很好的效果。目前，英国在摩擦磨损、汽车、飞机发动机监测和诊断方面具有领先优势。日本的诊断技术研究始于20世纪70年代中期，1971年新日铁以丰田利夫教授为首率先开展对故障诊断技术的研究，到1976年已达到实用的阶段。尽管日本的起步较晚，但发展很快，其做法是密切注视世界各国的发展动向，特别注意研究美国故障诊断技术的发展，积极引进消化最新技术。目前，日本在钢铁、化工、铁路等民用工业的诊断技术处于领先地位。

故障诊断技术的研究在我国起步较晚，在20世纪70年代末期开始；广泛的研究则从20世纪80年代开始发展起来[27-29]，随后在各领域分别确定了设备诊断的目标、方向和试点单位。特别指出，尽管我国设备诊断技术的研究起步较晚，但发展还是比较快的。目前，故障诊断技术在我国的化工、冶金、电力、铁路等行业得到了广泛的应用，取得了可喜的成果。在基于知识的设备故障诊断技术的研究方面也取得了长足的进展。应当看到，诊断技术发展的历史并不长，诸多理论问题还未得到解决，特别是基于人工智能技术的故障智能诊断理论远未达到成熟阶段。

1.2.2 故障诊断技术研究现状及发展趋势

目前，故障诊断技术的研究大部分仍然停留在具有应用背景、计算机仿真或实验阶段，成功地应用于实践的实例仍属少数。造成这一现象的原因是大多数的故障诊断算法都是建立在一定量理想假设的情况下的，如故障算法中假设系统是线性的、系统没有外部干扰，或者系统的模型参数是不变的。所以当这些故障算法应用于实际时，经常会发生故障误报或漏报的现象，以致很难有实用价值。

故障诊断技术能应用于工程实际，一个必须解决的问题是故障诊断算法的鲁棒性，即故障诊断系统对故障具有高度敏感性的同时，具有对噪声、干扰及建模误差的不敏感性。目前，故障检测的敏感性及鲁棒性问题的研究已经成为故障诊断领域中的一个前沿课题。

故障诊断技术的研究经过专家学者们多年的努力，目前有许多成果得到了国际同行的首肯[30]。主要研究进展有包括以下几方面。

1. 基于数学模型的方法

（1）强跟踪滤波器的方法[31-33]。基于强跟踪滤波器理论，提出了一种高度系统化的参数偏差型故障检测及诊断方法，并被应用于一类非线性时变随机系统，得到了一套系统地检测并诊断这类系统部件、执行器故障和传感器故障的有效方法。故障类型可以是阶跃型、缓慢漂移型，在特定条件下可以是脉冲型。在国际上还首次得到了一种非线性系统故障幅值的在线估计方法，为进一步实现容错控制创造了条件。

（2）参数跟踪自适应观测器的方法[34]。对系统状态进行观测，得到状态偏差方程和系统偏差方程。针对观测器与实际对象参数不匹配的情况，提出一种自适应参数跟踪观测器的设计方法，使得观测器跟踪对噪声不敏感，而对实际对象的状态又能很好的估计。然后基于这个观测器进行自适应参数跟踪设计，产生状态与系统残差，进行系统的故障诊断。

（3）大系统的故障诊断方法[35-37]。张汉国[38]提出一种故障检测方案，通过构造一组全阶未知输入观测器来估计局部状态，而这些局部估计无须任何局部信息，这些观测器的残差被用于故障检测。马丽敏[39]用特征结构配置方法，去除动态交联项与故障残差的耦合，便于进行故障诊断。

（4）鲁棒故障诊断法。文献［40］利用 Clark 的奉献观测器的思想[41]，提出了一种两级故障诊断方法，通过局部、整体联合检测，提高了诊断的鲁棒性；李欢欢等[42]针对系统模型含有不确定性误差、传感器增益漂移，给出一种辅助系统产生故障特征信号，然后采用拟合的方法，从观测器残差中提出故障信息。

2. 基于信号处理的方法

（1）基于 s 算子的方法[43]。基于 s 算子构造 Hilbert 空间中的最小正交二乘投影算子，推导出完整的格型滤波器算法，用后向预测误差向量的首位元素作为包含系统故障信息的残差，考虑到工程信号不可避免地会受到噪声污染，引用自适应噪声抵消技术，使残差仅对故障敏感。

（2）基于小波变换的方法[44-49]。基于连续小波变换的信号奇异性检测方法与基于连续小波变换的动态系统特性的描述结合起来进行故障检测；基于离散正交小波变换的信号时域分析原理，通过分析观测信号的频谱随时间的变化情况来检测故障；根据脉冲响应函数的小波变换在大尺度下的少数几个关键系数进行故障检测[50]。

（3）基于信息融合的方法[51]。为了充分利用检测量所提供的信息，在可能的情况下对每个检测量采用多种诊断方法进行诊断，将各诊断方法得到的结果加以综合，用模糊推理的方法或用 Mary 理论[52]进行决策。

（4）信息校核的方法[30]。在许多控制系统的故障诊断中，都没有考虑信息校核的方法。实际上系统的信息校核是进行故障诊断比较简单有效的方法。因为信息是进行系统过程监测的依据，利用错误的信息去进行计算和推理是徒劳无益的，而且还会得出错误的结论。依据物料平衡与能量平衡等物理化学规律及数理统计知识来进行信息的校核，信息的矛盾一般意味着信号获取上的故障。

(5) 工艺参数的判断方法。在过程控制系统中，常常需要对工艺参数作出判断。工艺参数的正常与失效和过程模型精度、信息污染程度及具体工艺要求有密切的关系。只有深入了解工艺过程，才能根据具体情况给出合适的数值，根据工艺的具体要求把工艺参数数值区域分为满意区、合格区和故障区[40]。对不同的区域采取不同的监测方式，从而提高监测系统的有效性。

(6) 统计检验方法。颜东[53]研究了均值检验的分离的方法，提出通过求取最优性能指标得到分离故障的检测量，该方法可以扩展到检测两个或更多传感器出现故障的情况。

3. 基于人工智能的方法

(1) 基于神经网络的方法[54-58]。神经网络具有处理复杂多模式及进行联想、推理和记忆功能。目前，国内学者将其用于故障诊断先计算匹配度，然后将其送到第二级输出，再反馈到网络第一级，用学习算法训练相应的网络权值。重复上述过程直至达到期望目标为止。当输入的故障症状信息出现残缺时，能够恢复和联想。基于神经网络的故障诊断技术分为离线和在线两种方法。

(2) 基于图论的模型推理方法[52,59]。基于图论方法的故障诊断技术实质是根据一个实际系统中各个元件之间所存在的非常普遍的故障传播关系构成故障诊断网络，利用搜索和测试技术进行故障定位[60]。该方法已在大型工业过程和空间飞行器等领域中得到了应用。

(3) 基于专家系统的方法[61-63]。基于专家系统方法的故障诊断技术是目前国内最活跃的研究领域。近年来的主要工作进展有：机器学习的研究[64]，学习系统根据知识库中已有的知识，用户对系统提问的动态应答及故障示例等，采用各种学习方法来得到新的知识以提高系统性能[65]；自适应诊断专家系统研究[66]；基于规则的产生式系统与神经网络方法相结合，利用神经网络的自适应和自学习功能，克服传统专家系统不能用于非线性领域的弱点，取得了一系列的研究成果[67-68]；基于信息的专家系统研究[69]；将时态推理技术引入专家系统，建立基于时态推理的故障模型[70]。值得一提的是近年来国内基于深知识模型的故障诊断正在逐渐引起人们的兴趣，它具有浅知识模型所没有的许多良好的优点[71-74]。

(4) 组合智能故障诊断方法[75-81]。专家系统的知识处理模拟的是人的逻辑思维，神经网络的知识处理模拟则是人的经验思维（即模式类比，也称形象思维）机制。在人类自身的思维过程中，逻辑思维和经验思维是巧妙结合而成的有机整体，因此将专家系统与神经网络结合组成的故障诊断方法能够有效地对系统进行诊断。

1.3 故障诊断方法概述

故障诊断涉及现代控制理论、可靠性理论、数理统计、模糊理论、信号处理、模式识别和人工智能等多门学科。从不同的角度，故障诊断具有不同的分类方法。按照国际故障诊断权威，德国 Frank 教授的观点[82]，所有的故障诊断方法可以划分为基于信号处理的方法、基于解析模型的方法和基于知识的方法。当可以建立比较准确的被控过程的数学模型时，基于解析模型的方法是首选的方法；当可以得到被控过程的输入输出信号，但很难建立被控对象的解析数学模型时，可采用基于信号处理的方法；当很难建立被控对象的定量数学模型时，可以采用基于知识的方法。下面分类加以介绍。

1. 基于解析模型的故障诊断方法[83-95]

基于解析模型的方法是最早发展起来的，此方法需要建立诊断对象的较为精确的解析模型。其中包括参数估计法、状态估计法和等价空间法。其主要的诊断思路：利用观察器和滤波器对系统的状态和参数进行重构，并构成残差数列，然后采取相应的措施来增强残差数列中所包括的故障信息，抑制模型误差等非故障信息，通过对残差数列的统计分析就可检测出故障的发生并进行故障的诊断。而复杂的系统一般是非线性系统，因此系统的解析模型很难建立起来。

2. 基于信号处理的故障诊断方法[96-107]

这类方法不需要建立诊断对象的精确数学模型，包括利用 Kullback 信息准则检测故障方法、基于小波变换以及经验模态分解（empirical mode decomposition，EMD）方法的故障诊断方法、谱分析法、概率密度法等。其主要的诊断思路为：系统的输出在幅值、相位、频率及相关性上与故障之间会存在一定的联系，这些联系可以用数学形式来表示。在故障发生时则可利用这些量进行分析与处理，来判断故障源的所在。

3. 基于知识的故障诊断方法

当前的控制系统变得越来越复杂，不少情况下要想获得系统的精确数学模型是非常困难的，而基于知识的故障诊断方法不需要精确的数学模型，因此具有很好的应用前景。同时基于人工智能的故障诊断方法还具有以下优点：①适合用于模拟人的逻辑思维过程，解决需要进行逻辑推理的复杂诊断问题；②知识可用显式的符号表示，在已知基本规则的情况下，就无须输入大量的细节知识；③便于模块化，当个别事实发生变化时易于修改；④能与传统的符号数据库进行接口；⑤能解释自己的推理过程，并解释结论是怎样获得的。

（1）基于知识的故障诊断方法也存在着明显的局限性，主要表现如下：

1）知识获取的瓶颈问题。专家的某些经验知识往往只能意会，不能言传，很难用一定的规则来描述。因此把专家的经验知识以适当的方式组织成高质量的知识库是很困难的，这已成为研制基于知识的专家系统的瓶颈问题。

2）自适应能力差。许多知识处理诊断系统通常以专业领域的经验为基础的，对那些超出系统所拥有的专业领域经验知识的问题，即使问题所涉及的知识与现有专业知识有细微的差别，诊断系统就得不出结论，甚至会出现错误的结论。

3）学习能力差。专家的经验知识在不断地积累，而目前的知识处理诊断系统大多缺乏学习能力，限制了系统的自我完善和提高。

（2）基于知识的故障树诊断方法主要有以下几种：

1）基于故障树的诊断方法[108-110]。故障树诊断法是把所研究系统的最不希望发生的故障状态作为故障分析的目标，然后寻找导致这一故障发生的全部因素，再找出造成下一事件发生的全部直接原因，一直追查到毋须再深究的因素为止。从而构成一棵倒立的故障树。

故障树分析法将系统故障形成的原因作为总体至部分按树状一级级细化，因为方法简单，概念清晰，容易被人们接受，所以它是对动态系统的设计、工厂实验或现场设备工况状态分析的一种较好的工具。

2）基于模糊理论的故障诊断方法[111-112]。客观世界中一方面存在一些精确的概念和现象；另一方面也存在许多模糊的概念与现象，它们难以用经典的二值或多值逻辑来描述的，因为这些概念的外延没有明显的边界。在故障诊断中，“故障”状态与“正常”状态之间也没有完全确定的界限，它们之间存在着一些模糊的过渡状态。无论从现象的获取、现象到故障的推理，还是诊断的根本原理三个方面都存在着模糊性，因此可以采用模糊理论方法来进行故障诊断。应该指出的，基于模糊理论的模糊逻辑本身并不模糊，而是用来对“模糊”进行处理以达到消除模糊的逻辑。事实上，模糊逻辑本身也是一种精确的方法，只是其处理的对象是一些不精确、不完全的信息。它的最大的特点是能够比较自然地处理人类的语言信息和知识。许多故障诊断问题最终都可以归结为模式识别的问题，基于模糊理论的故障诊断方法实质上也是一种模式识别问题，根据所提出的征兆信息来识别系统的状态是诊断过程的核心。模式识别的内容十分丰富，其基本原则有：择近原则与最大隶属度原则两种。

3）基于专家系统的故障诊断方法[61-63]。专家系统实质是应用大量人类专家的知识和推理方法求解复杂的实际问题的一种人工智能计算机程序。它主要由专家知识库（诊断规则库）、数据库、推理机（推理算法）、解释程序、知识获取等部分组成。专家系统故障诊断主要是在专家知识库、数据库的基础上，通过推理机综合利用知识库中的知识，按一定的推理方法去逐步推理，诊断出故障原因。其具有能汇集众多的专家知识对随机发生的故障进行诊断等优点，但其主要缺点是知识获取困难、知识库更新能力差、多个领域专家知识之间矛盾难以处理、现有的逻辑理论的表达能力和处理能力有很大的局限性，使得基于规则的专家系统有很大的局限性。

4）基于神经网络的故障诊断方法[113-121]。神经网络是一个大量简单的处理单元广泛连接组成的复合网络，是利用现代神经生理学和心理学研究人脑组织所取得的成果基础上提出来的，模拟大脑神经的结构和行为。神经网络技术代表了一种新的方法，它以分布的方式存储信息，利用网络的拓扑结构和权值分布实现非线性的映射，并利用全局并行处理实现从输入空间到输出空间的非线性信息变换。对于特定问题适当建立的神经网络故障诊断系统，可以从输入数据（故障症状）直接推出输出数据（故障原因），从而实现故障检测与诊断。

神经网络故障诊断方法存在以下缺点：

首先，训练样本获取的困难性。神经网络故障诊断是建立在大量故障样本训练的基础上，系统性能受到所选训练样本的数量及其分布情况的限制，如果样本选择不当，特别在训练样本少、样本分布不均匀的情况下，很难得到良好的诊断能力。

其次，对于复杂的系统，网络各节点数较多，因而训练所需要的计算量和时间较多。

最后，基于神经网络的故障诊断方法无法对诊断结果作出解释。

5）基于灰色理论的故障诊断方法[122-124]。设备故障的灰色诊断是应用灰色系统的理论对故障的征兆模式和故障模式进行识别的技术。灰色系统理论认为，在客观世界中，既有大量的已知信息，也有不少未知、不确定的信息。未知、不确定的信息是黑色的，已知的信息成为白色的，既有未知信息又有已知的信息的系统成为灰色系统。大多数运行的机械设备系统发生故障时，必然有一些征兆表现出来，但也有不是全知的征兆，都具有灰色系统的特征。故障诊断就利用已知的信息去认识这个包含未知信息的系统特征、状态和发展趋势，并对未来作出预测和决策，来完成故障诊断的任务。

6）基于传统人工智能的融合技术的故障诊断方法[125-130]。所谓传统人工智能方法是指建立于 20 世纪 60—80 年代的人工智能技术，包括模糊逻辑、专家系统、神经网络和遗传算法等，这种称谓是相对于近期在国际上引起研究高潮的支持向量机而言的。各种智能诊断方法各有优劣，从而使得诊断专家们纷纷开展各种集成方法的研究，并在集成研究中不断融入各种技术，如信息熵理论、小波变换、遗传算法、混沌理论等[2]。目前主要融合方式为：

a. 专家系统与神经网络的集成。专家系统和神经网络从其本质上讲是密切相关的，犹如人的左右两个半脑：专家系统适合逻辑，如人的左半脑；神经网络长于形象思维，相当于人的右半脑。因而它们的有效集成能起到优势互补的作用，使得建立的诊断系统同时具有很强的学习能力、鲁棒性、解释能力和推理能力。

专家系统与神经网络的融合方式有两种：其一是构造基于神经网络的专家系统，整个诊断系统就是一个神经网络；其二是将神经网络作为一种知识表示方式，和其他知识表示方式一起构成整个诊断系统的知识库。

b. 模糊系统与神经网络的集成。在诊断领域中，模糊逻辑理论和神经网络技术在知识表示、知识存储、推理速度及克服“知识窄台阶”和“组合爆炸”等方面起到了很大的作用，但由于它们各有侧重，互有优劣，因而一种自然的想法就是对它们进行集成，使之兼备神经网络和模糊系统的优点。

模糊系统与神经网络的集成方法有两种：一是以模糊系统为主，使建立的模糊神经网络与一个模糊系统相对应；二是使传统神经网络模糊化，使其处理模糊信息。

c. 遗传算法与神经网络的集成。在故障诊断中，遗传算法与神经网络的融合方式通常以神经网络为基础，遗传算法的作用有二：一是优化神经网络结构；二是训练神经网络，克服神经网络训练中经常出现的局部最小问题。

核方法[131-132]能够实现数据空间到特征空间的非线性变换，采用不同的核函数可以满足不同的非线性变换的要求，由于在很多数据处理问题中都包含向量的内积运算，因此，核方法有着广泛的应用前景。

核方法的优势在于数据空间中难以处理或处理效果不好的问题在特征空间中变得容易处理或处理效果相对好些。核方法的迷人之处在于由数据空间到特征空间之间的映射非常复杂，然而设计需要的计算却是相对简单得多的核函数运算。

支持向量机（support vector machine，SVM）从本质上讲是一种核方法，它诞生于 1995 年，最近 10 年，国外人工智能界已将 SVM 作为一大研究热点，但由于开展研究的时间不长，所取得的成果还不是很系统。在学习样本数较少的情况下，支持向量机分类方法比 BP 神经网络分类方法具有较强的适应性和更好的分类能力，更高的计算效率。且该方法不需要对数据进行预处理就可达到满意的效果，为设备故障诊断提供了很好的数据实时处理手段。该方法在故障诊断领域具有很好的应用前景，为故障诊断向智能化方向发展提供了一个新的途径[133]。

近几十年来，以解析冗余为指导的控制系统故障诊断技术得到了深入研究，呈现出不胜枚举的理论成果[134-138]。但是，与其他较为成熟的理论成果相比，其应用研究亟待加强。目前，基于人工智能的故障诊断及应用研究较基于数学模型的方法有所增长。还有待发展研究的问题有：①多输入输出系统故障诊断，其系统中存在两个以上故障时的检测与辨识；②基于人工智能的方法，研究分布式、层次性的故障推理；③研究模糊故障树、模糊理论与图论理论结合的故障诊断推理方式；④具有未建模动态、外部干扰影响较大系统的故障诊断研究；⑤由于实际诊断问题的复杂性，不能寄希望于任何一种单一的方法就能解决所有问题，基于人工智能和数学模型方法作为两种有代表性的控制系统故障诊断方法，如能结合起来，产生的作用将是深远的；⑥根据实际工程的需要，开发出实用的工程故障诊断系统软件，使我国自动控制系统向高可靠性发展。

1.4　智能故障诊断技术未来发展相关的新技术

人工智能在故障诊断领域中的应用，实现了基于人类专家经验知识的设备故障诊断技术，并且将其提高到一个新的水平——智能化诊断水平。目前，智能故障诊断技术正处于研究热点之中。

1.4.1　机器学习

对于机器学习，目前众说纷纭。一般认为，学习是一个有特定目的的知识获取过程，从学习的内在行为看，是从未知到知的过程，是知识增加和积累经验的过程；从外在表现看，学习是使系统改进性能、适应环境，使其在下一次完成同样的或类似的任务时比前一次更有效。

当前机器学习已成为人工智能的核心，它的应用遍及人工智能的各个领域，特别是专家系统、模式识别、计算机视觉等。学习是一切智能行为的基础，但是现存的智能系统都普遍缺乏学习的能力。例如，当它们遇到错误时，不能自我改正；它们不会通过经验改善自身的性能，它们不能自动产生合理的启发式方法和推理策略；而且它们的推理只限于演绎而缺乏归纳，因此它们至多能够证明已存在的事实、定理，而不能发现新的定律、定理。为了克服这些局限性，人工智能不得不求助于机器学习。

因为通过机器学习，智能系统往往可以克服知识获取瓶颈问题和知识脆弱性问题，克服知识库过于庞大和非结构性问题、求解方法单一问题以及系统直觉判断能力差的问题。

1.4.2　智能计算机

所谓智能计算机就是用来模拟、延伸、扩展人类智能的一种新型计算机。它与目前人们使用的冯·诺依曼型计算机相比，无论在体系结构、运行模式还是功能上都有本质的不同。传统的冯·诺依曼型计算机虽然在科学与工程计算、工程控制与现代化管理等领域取得了惊人成就，极大地推动了人类社会与科学技术的发展与进步，但与人脑相比，冯·诺依曼型计算机存在着如下一些局限性：

(1) 冯·诺依曼型计算机的数据处理与存储是完全分离的，在处理器与存储器之间仅仅通过一条狭窄的通道逐字地交换数据，与大脑中记忆与思维合一及信息分布的方式不一致，不能满足模拟人类记忆与思维的需要。

(2) 目前，计算机的工作方式不是像串行与并行共存且以并行为主的人的思维过程一样，而是顺序的、串行的，它们所能执行的算法都是串行算法，当需要计算机求解问题时，必须事先用某种程序设计语言编制程序，具体地指出先做什么，后做什么以及怎样做，计算机只能按程序规定的次序完成指定的工作。

(3) 目前的计算机是基于两态逻辑，任何数据或符号在计算机内部都是用二进制表示的。因此，需要求解的问题必须先把它转化为一系列的布尔代数运算，这样才能在计算机上实现。对于不确定性信息的处理，还需要从软件上想办法，这就增加了软件设计的复杂性及难度。

(4) 目前在计算机上进行处理的问题都必须表示为一串符号序列，并且还要给出处理这些符号的规则，它们所能解决的问题仅仅局限于逻辑思维所能解决的问题范畴内，对于那些需要形象思维的问题，只能望尘莫及。

(5) 目前计算机也不能像人一样具有多种形式的表达能力及行为能力，以及能对外部刺激及时作出反应。

总之，目前的冯·诺依曼型计算机已经为人类作出了巨大的贡献，它不仅具有非凡的计算能力，丰富的记忆能力，而且具有判断能力。根据研究，人类大脑的左半脑和右半脑是有分工的，左半脑承担推理思考，右半脑承担感知、认识、学习。目前的冯·诺依曼型计算机，从模拟人类大脑的功能方面看，是属于承担推理思考能力、进行数值计算的左半脑型，可以说是人类大脑的延伸，但在视觉、听觉、触觉及形象思维方面的功能特别差，与人类大脑相比还相差甚远。智能计算机应该是研究一个包括左半脑计算机和右半脑计算机在内，更接近人类智能的完整计算机系统。为了实现人类智能在计算机上的模拟、延伸、扩展，必须对其体系结构、工作模式、处理能力、接口方式等进行彻底的变革，这样造出来的计算机才能称为智能计算机。然而，至今人类对大脑的认识还很肤浅，智能计算机不是一朝一夕就可以实现的，许多问题需要今后的科学家去探索。

智能计算机的研究目标大体上是：①像人脑一样能进行自然信息/数据的处理，而不像现代（第四代）计算机那样，单纯地把信息和数据数字化（二值）后再进行计算或处理；②像人脑一样处理的信息/数据既可取数字形式，也可取模拟的形式；③像人脑一样采用并行、分布的模式处理信息/数据；④信息/数据存储及处理的硬件均采用分布式，密集式互连的巨量处理机的构架。

近年来，为了实现上述要求，让计算机模仿人脑的方式来处理自然信息，各经济发达国家开展了人工神经网络的研究。人工神经网络是采用大量的、比较简单的人工神经元作为基本单元，依靠单元之间复杂繁多的连接关系构成具有良好功能的网络。它是一种动态非线性系统，以分布式存储和广泛并行协同处理为特征，具有容错、联想记忆、自学习进化等特性。同冯·诺依曼型计算机相比，人工神经网络在人工智能和形象思维等相关领域具有明显优势，被公认为是解决下一代（第六代）智能型计算机的主要途径。

根据实现人工神经网络计算机的不同技术，可把它分为电子神经网络计算机、光学神经网络计算机和生物分子计算机等类型。

1.5　智能故障诊断系统发展的现状

1.5.1　发展的现状

智能故障诊断系统的发展历史虽然短暂，但在电路与数字电子设备、机电设备、军事设备、船舶等方面已取得了令人瞩目的成就[1-2]。

在电路和数字电子设备方面，MIT 研制了用于模拟电路操作并演绎出故障可能原因的 EL 系统等；美国海军人工智能中心开发了用于诊断电子设备故障的 IN - ATE 系统；波音航空公司研制了诊断微波模拟接口 MSI 的 IMA 系统；意大利米兰工业大学研制了用于汽车启动器电路故障诊断的系统。

在机电设备方面，如日本日立公司研制了用于核反应堆的故障诊断系统；法国 CGE 研究中心研制的旋转机械故障诊断专家系统 DIVA；美国通用电气公司研制地用于内燃电气机车故障诊断的专家系统 CATS - 1；华中理工大学研制的用于汽轮机组工况监测和故障诊断的智能系统 DEST；哈尔滨工业大学和上海发电设备成套设计研究所联合研制的汽轮发电机组故障诊断专家系统 MMMD - 2；清华大学研制的用于锅炉设备故障诊断的专家系统等。

在军事设备方面，故障智能诊断技术应用较多的领域是导弹武器系统，较有代表的系统是美国佛罗里达空军基地研制开发的系统 EMMA 和美国马里兰大学计算机系研制开发的系统 AMM[1]。

1.5.2　存在的问题

1. 知识库庞大

目前，故障智能诊断系统大多采用产生式规则来表示专家的经验知识。为了使诊断系统达到高效、实用的目标，必然需要大量的专家经验知识组成庞大的知识规则库。

2. 解决问题能力的局限性

由于受到系统中知识的限制，大多数诊断系统只能解决狭窄的专家知识领域以内的问题，而对其他领域的知识是一般一无所知的。这使它的解决问题的能力受到很大的限制。

3. 深、浅知识结合能力差

在具体故障智能诊断系统中，系统在实现某领域的基本原理和专家知识相结合时表现出较差的能力。

4. 自动获取知识能力差

目前，多数故障智能诊断系统在自动获取知识方面表现的能力还比较差，限制了系统的自我完善、发展和提高。虽然一些系统或多或少地加入了机器学习的功能，但基本上不能在运行中发现和创造知识，系统的诊断能力往往局限于知识库原有的知识。目前人工神经网络技术应用于各类故障智能诊断系统中，一个重要目的就是提高系统的学习能力。

1.6 智能故障诊断系统的发展趋势

1.6.1 多种知识表示方法的结合

在实际的诊断系统中，往往需要多种方式的组合才能表达清楚诊断知识，这就存在着多种表达方式之间的信息传递、信息转换、知识组织的维护与理解等问题，这些问题曾经一直影响着对诊断对象的描述和表达。近几年在面向对象程序设计技术的基础上，发展起来了一种称为面向对象的知识表达方法，为这一问题的解决提供了一条很有价值的途径。

1.6.2 经验知识与理论知识的结合

这两种知识各自使用不同的表示方法构成两种不同类型的知识库，每个知识库有各自的推理机。它们在各自的权力范围内形成子系统，两种子系统再通过一个执行器综合起来构成一个特定诊断问题的专家系统。这个执行器记录诊断过程的中间结果和数据，并且还负责经验与原理知识之间的切换。整个系统相比之下更加完善、功能更强。

1.6.3 诊断系统与神经网络的结合

神经网络理论为故障智能诊断系统发展开辟了崭新的途径。用神经网络技术建立诊断系统，不需要组织大规模的产生式规则，也不需要进行树搜索，系统可以自组织、自学习、并可进行模糊推理，这对用传统人工智能方法建立专家系统最感困难的知识获取和推理等问题提供了新的解决方法。神经网络具有实现右半大脑直觉形象思维的特征，而专家系统理论与方法则具有实现左脑逻辑思维的特征，两者有着很强的互补作用。

1.6.4 虚拟现实技术和故障智能诊断系统的结合

虚拟现实技术（virtual reality，VR）是继多媒体技术以后另一个在计算机界引起广泛关注的研究热点，它有四个重要的特征，即感知性、存在性、交互性和自主性。这种技术是人们通过计算机对复杂数据进行可视化、操作及交互的一种全新的方式。应用该技术后，用户、计算机和控制对象视为一个整体，通过各种直观的工具将信息进行可视化，用户直接置身于这种三维信息空间中自由地操作、控制计算机。可以预言，随着虚拟现实技术的进一步发展，其将在故障智能诊断系统中，得到广泛的应用。

1.6.5 数据库技术与人工智能技术相互渗透

人工智能和数据库相比，它缺乏较为成熟的理论基础和实用技术。与数据库的结合是其发展的方向，并被认为是成功的一个关键。对于故障诊断系统来说，知识库一般比较庞大，因此可以借鉴数据库关于信息存储、共享、并发控制和故障恢复技术，改善诊断系统的性能。人工智能与数据技术的相互渗透将会给智能故障诊断系统带来更广阔的应用前景。

智能故障诊断技术是传统故障诊断技术的发展趋势，是在结合当前众多先进技术、结合计算机技术、结合面向对象技术而发展起来的综合性技术。

本章参考文献

[1] 吕琛．故障诊断与预测：原理，技术及应用［M]．北京：北京航空航天大学出版社，2012.

[2] 瓦克塞万诺斯（Frank L. Lewis)．工程系统中的智能故障诊断与预测［M]．袁海文，王秋生，等译．北京：国防工业出版社，2013.

[3] 司景萍，马继昌，牛家骅，等．基于模糊神经网络的智能故障诊断专家系统［J]．振动与冲击，2017，36：164－171.

[4] 赵炯，盛凡，周杰，等．设备故障监测与诊断系统数据库设计［J]．机械设计与制造，2014（5)：155－158.

[5] 时彧．机械故障诊断技术与应用［M]．北京：国防工业出版社，2014.

[6] 黄志坚，高立新，廖一凡．机械设备振动故障监测与诊断［M]．北京：化学工业出版社，2010.

[7] ARUNTHAVANATHAN R，KHAN F，AHMED S，et al. Fault detection and diagnosis in process system using artificial intelligence－based cognitive technique [J]. Computers & Chemical Engineering，2020，134：106697.

[8] 李晗，萧德云．基于数据驱动的故障诊断方法综述［J]．控制与决策，2011，26（1)：1－9，16.

[9] SANTOS M R，COSTA B S J，BEZERRA C G，et al. An evolving approach for fault diagnosis of dynamic systems [J]. Expert Systems with Applications，2022，189：115983.

[10] 周东华，史建涛，何潇．动态系统间歇故障诊断技术综述［J]．自动化学报，2014，40（2)：161－171.

[11] JIA C，FERDOWSI H，SARANGAPANI J. Model－based fault detection，estimation，and prediction for a class of linear distributed parameter systems [J]. Automatica，2016，66：122－131.

[12] 梁冰，王国胜．线性系统有限时间函数观测器设计的参数化方法［J]．系统工程与电子技术，2014，36（6)：1169－1173.

[13] 胡正高，赵国荣，李飞，等．基于自适应未知输入观测器的非线性动态系统故障诊断［J]．控制与决策，2016，31（5)：901－906.

[14] 陈刚，林青．基于观测器的多智能体系统一致性控制与故障检测［J]．控制理论与应用，2014（5)：584－591.

[15] JAHROMI A T，MENG J E，XIANG L，et al. Sequential fuzzy clustering based dynamic fuzzy neural network for fault diagnosis and prognosis [J]. Neurocomputing，2016，196：31－41.

[16] RODRÍGUEZ－RAMOS A，SILVA NETO A J，LLANES－SANTIAGO O. An approach to fault diagnosis with online detection of novel faults using fuzzy clustering tools [J]. Expert Systems with Applications，2018，113：200－212.

[17] 吴晓平，郑之松，付钰．基于模糊逻辑和证据理论的故障诊断方法［J]．海军工程大学学报，2012，24（1)：10－14，51.

[18] DHIMISH M，HOLMES V，MEHRDADI B，et al. Comparing Mamdani Sugeno fuzzy logic and RBF ANN network for PV fault detection [J]. Renewable Energy，2018，117：257－274.

[19] YADAV A，SWETAPADMA A A. Single ended directional fault section identifier and fault locator for double circuit transmission lines using combined wavelet and ANN approach [J]. International Journal of Electrical Power and Energy Systems，2015，69：27－33.

[20] 孙蓉，刘胜，张玉芳．基于参数估计的一类非线性系统故障诊断算法［J]．控制与决策，2014，29（3)：506－510.

[21] 周东华，刘洋，何潇．闭环系统故障诊断技术综述［J]．自动化学报，2013，39（11)：1933－1943.

[22] WANG Q, WANG C, SUN Q H. A model - based time - to - failure prediction scheme for nonlinear systems via deterministic learning - Science Direct [J]. Journal of the Franklin Institute, 2020, 357: 3771 - 3791.

[23] HAN S I. Fuzzy Supertwisting Dynamic Surface Control for MIMO Strict - Feedback Nonlinear Dynamic Systems With Supertwisting Nonlinear Disturbance Observer and a New Partial Tracking Error Constraint [J]. IEEE Transactions on Fuzzy Systems, 2019, 27: 2101 - 2114.

[24] HERACLEOUS C, KELIRIS C, PANAYIOTOU C G, et al. Fault diagnosis for a class of nonlinear uncertain hybrid systems [J]. Nonlinear Analysis - Hybrid Systems, 2022, 44: 101137.

[25] KOPBAYEV A, KHAN F, YANG M, et al. Fault detection and diagnosis to enhance safety in digitalized process system [J]. Computers & Chemical Engineering, 2022, 158: 107609.

[26] GRAVANIS G, DRAGOGIAS I, PAPAKIRIAKOS K, et al. Fault detection and diagnosis for non - linear processes empowered by dynamic neural networks [J]. Computers & Chemical Engineering, 2022, 156: 107531.

[27] 张家良，曹建福，高峰，等. 基于非线性频谱数据驱动的动态系统故障诊断方法 [J]. 控制与决策，2014，29 (1)：168 - 171.

[28] 明先承，周红阳，梅晓军. 复杂自动化控制系统故障诊断方法研究与改进 [J]. 计算机测量与控制，2017，25 (3)：36 - 39.

[29] 张可，周东华，柴毅. 复合故障诊断技术综述 [J]. 控制理论与应用，2015，32 (9)：1143 - 1157.

[30] 杨更青. 过程监测系统的应用 [J]. 机械管理开发，2020，35 (2)：154 - 156，176.

[31] 陶洪峰，陈大朋，杨慧中. 基于扩展滤波器的非线性系统迭代学习故障诊断算法 [J]. 控制与决策，2015，30 (6)：1027 - 1032.

[32] 姜斌. 控制系统的故障诊断与故障调节 [M]. 北京：国防工业出版社，2009.

[33] 周东华，魏慕恒，司小胜. 工业过程异常检测、寿命预测与维修决策的研究进展 [J]. 自动化学报，2013，39 (6)：711 - 722.

[34] 沈启坤. 基于自适应控制技术的故障诊断与容错控制研究 [D]. 南京：南京航空航天大学，2015.

[35] LUO L, PENG X, TONG C A. Multigroup framework for fault detection and diagnosis in large - scale multivariate systems [J]. Journal of Process Control, 2021, 100 (7): 65 - 79.

[36] DENG Z, QUAN C, DUAN F. A robust fault diagnosis approach for large - scale production process [J]. Measurement, 2020, 170: 108737.

[37] ER - RAHMADI B, MA T. Data - driven mixed - Integer linear programming - based optimisation for efficient failure detection in large - scale distributed systems [J]. European Journal of Operational Research, 2022, 303 (1): 337 - 353.

[38] 张汉国. 分散化估计方法及其在容错组合导航系统中的应用 [D]. 北京：北京航空航天大学，1991.

[39] 马丽敏. 故障系统的基于观测器的容错控制 [D]. 沈阳：东北大学，2018.

[40] YIN X, CHEN J, LI Z J, et al. Robust Fault Diagnosis of Stochastic Discrete Event Systems [J]. IEEE Transactions on Automatic Control, 2019: 64 (10): 4237 - 4244.

[41] LIN P P. Intelligent fault diagnosis for dynamic systems via extended state observer and soft computing [J]. Fault Diagnosis and Prognosis Techniques for Complex Engineering Systems, 2021: 181 - 206.

[42] 李欢欢，司风琪，徐治皋. 一种基于鲁棒自联想神经网络的传感器故障诊断方法 [J]. 中国电机工程学报，2012，32 (14)：116 - 121.

[43] 罗浩，霍明夷，尹珅，等. 复杂工业系统故障诊断与安全控制方法 [J]. 信息与控制，2021，50 (1)：20 - 33.

[44] 王群仙，李少远，李俊芳．小波分析及其在控制中的应用 [J]．控制与决策，2000，15 (4)：385 - 389.
[45] 陈俊风，王玉浩，张学武，等．基于小波变换与差分变异 BSO - BP 算法的大坝变形预测 [J]．控制与决策，2021，36 (7)：1611 - 1618.
[46] ALEXANDRIDIS A K，ZAPRANIS A D. Wavelet Neural Networks：A Practical Guide [J]. Neural Networks，2013，42：1 - 27.
[47] KHAN M M，MENDES A，ZHANG P，et al. Evolving multi - dimensional wavelet neural networks for classification using Cartesian Genetic Programming [J]. Neurocomputing，2017，247：39 - 58.
[48] HOU M，HAN X. The multidimensional function approximation based on constructive wavelet RBF neural network [J]. Applied Soft Computing，2011，11：2173 - 2177.
[49] 陈子龙，冀卓婷，郑重，等．基于传递函数和小波变换的变压器故障诊断研究 [J]．电气技术，2017 (12)：30 - 37.
[50] 王瑞，施伟锋．小波变换在电网故障诊断中的应用 [J]．电子科技，2014，27 (12)：128 - 130.
[51] 谢文武，王子筝，黄婷玉，等．多元信息融合技术在导航定位中的研究与应用 [J]．信息技术与信息化，2021 (1)：175 - 178.
[52] 孙德博，胡艳芳，牛峰，等．开关磁阻电机调速系统故障诊断和容错控制方法研究现状及展望 [J]．电工技术学报，2022，37 (9)：2211 - 2229.
[53] 颜东．导航、制导系统状态估计方法及容错理论研究 [D]．北京：北京航空航天大学，1995.
[54] 朱懿峰．基于 SOC 的神经网络软测量平台设计与实现 [D]．杭州：浙江大学，2011.
[55] 韩利芬，李光耀，韩旭，等．多层前向网络的动态结构设计方法及其在回弹预测中的应用 [J]．机械工程学报，2008，44 (11)：93 - 98，104.
[56] 庞强，邹涛，丛秋梅，等．双层结构预测控制中积分过程的稳态目标优化方法 [J]．信息与控制，2014，43 (4)：405 - 410.
[57] 单显明，李长伟，张忠传．基于神经网络的复杂电子设备故障诊断系统的设计 [J]．电子测量技术，2022，45 (11)：52 - 56.
[58] 卞景艺，刘秀丽，徐小力，等．基于多尺度深度卷积神经网络的故障诊断方法 [J]．振动与冲击，2021，40 (18)：204 - 211.
[59] 刘鹏鹏，左洪福，苏艳，等．基于图论模型的故障诊断方法研究进展综述 [J]．中国机械工程，2013，24 (5)：696 - 703.
[60] 沈毅，李利亮，王振华．航天器故障诊断与容错控制技术研究综述 [J]．宇航学报，2020，41 (6)：647 - 656.
[61] 夏正龙，邓斌．基于 PLC 专家规则控制的恒压供水系统设计 [J]．制造业自动化，2020，42 (4)：24 - 28.
[62] 李鑫，杨忠君．基于 SMPT - 1000 多段式温度专家控制系统的设计与实现 [J]．自动化与仪器仪表，2022 (6)：5.
[63] 张小艳，李婷，魏本龙．气化用煤配煤专家系统的研究 [J]．煤炭技术，2017 (3)：240 - 242.
[64] 蔡自兴，余伶俐，肖晓明．智能控制原理与应用 [M]．北京：清华大学出版社，2014.
[65] 张天放，张先玲，韩涛，等．人工智能图像识别技术在高炉风口监测中的应用 [J]．冶金自动化，2021，45 (3)：58 - 66.
[66] 陈立潮．知识工程与专家系统 [M]．北京：高等教育出版社，2013.
[67] 何敏聪．基于聚类的神经网络规则提取算法的研究 [D]．广州：华南理工大学，2011.
[68] 彭华亮，沈暑龙，李军，等．基于故障树的故障诊断专家系统设计 [J]．控制工程，2019，26 (3)：584 - 588.
[69] 蔡自兴，约翰·德尔金，龚涛，等．高级专家系统：原理、设计及应用 [M]．北京：科学出版

社，2014.

[70] 徐彪，尹项根，张哲，等．计及拓扑结构的时间 Petri 网故障诊断模型 [J]. 中国电机工程学报，2019，39 (9)：2723-2735.

[71] 郭亮，董勋，高宏力，等．无标签数据下基于特征知识迁移的机械设备智能故障诊断 [J]. 仪器仪表学报，2019，8：58-64.

[72] 张西宁，郭清林，刘书语．深度学习技术及其故障诊断应用分析与展望 [J]. 西安交通大学学报，2020，54 (12)：1-13.

[73] 王娟，李悦，杨秀，等．蒸馏塔故障诊断专家系统知识库的研究 [J]. 自动化与仪器仪表，2015 (6)：45-47.

[74] 胡正高，赵国荣，马合宝，等．基于自适应奇异观测器的连续系统故障诊断 [J]. 计算机测量与控制，2015，23 (7)：2298-2301.

[75] 王刚，黄丽华，张成洪．混合智能系统研究综述 [J]. 系统工程学报，2010 (4)：10：569-578.

[76] 宁志强，陶元芳．智能语音交互机械故障诊断专家系统研究 [J]. 中国工程机械学报，2018，16 (1)：87-94.

[77] 庞威，吕晓峰，刘理国，等．某型飞机军械发射电路混合式故障诊断专家系统 [J]. 计算机测量与控制，2013，21 (9)：2333-2335，2351.

[78] 任伟建，王重云，康朝海，等．基于神经网络和专家系统的故障诊断技术 [J]. 电气应用，2013 (15)：66-71.

[79] 刘晓威，谭郭英，任鹏．关于智能控制工程研究的进展探析 [J]. 卷宗，2015，5 (7)：347-347.

[80] 任伟建，王重云，康朝海，等．基于神经网络和专家系统的故障诊断技术 [J]. 电气应用，2013 (15)：66-71.

[81] 姚智刚，王庆林．复杂装备控制系统智能故障诊断技术 [J]. 火力与指挥控制，2012，37 (12)：1-6.

[82] ARUNTHAVANATHAN R. An analysis of process fault diagnosis methods from safety perspectives [J]. Computers & Chemical Engineering，2021，145：107197.

[83] JEONG H，PARK B，PARK S，et al. Fault Detection and Identification Method using Observer-based Residuals [J]. Reliability Engineering & System Safety，2019，184：27-40.

[84] Nguang S K，Ping Z，Ding S X. Parity Relation Based Fault Estimation for Nonlinear Systems：An LMI Approach [J]. Fault Detection Supervision & Safety of Technical Processes，2007，4 (2)：366-371.

[85] 杨俊起，朱芳来．基于高增益鲁棒滑模观测器的故障检测和隔离 [J]. 自动化学报，2012，38 (12)：2005-2013.

[86] EDWARDS C，SPURGEON S K，PATTON R J. Sliding mode observers for fault detection and isolation [J]. Automatica，2011，36 (4)：541-553.

[87] 秦利国，何潇，周东华．一种基于鲁棒残差生成器的故障估计方法 [J]. 上海交通大学学报，2015，49 (6)：768-774.

[88] 胡正高，赵国荣，马合宝，等．基于自适应奇异观测器的连续系统故障诊断 [J]. 计算机测量与控制，2015，23 (7)：2298-2301.

[89] 王日俊，白越，曾志强，等．基于自适应观测器的四旋翼无人飞行器传感器故障诊断方法 [J]. 传感技术学报，2018，31 (8)：1192-1200.

[90] 李文凯，冒泽慧，姜斌，等．基于自适应观测器的列车牵引系统执行器故障诊断 [J]. 山东科技大学学报：自然科学版，2017，36 (5)：60-64.

[91] DUAN C，FEI Z，LI J. A variable selection aided residual generator design approach for process control and monitoring [J]. Neurocomputing，2016，171：1013-1020.

[92] ARRICHIELLO F, MARINO A, PIERRI F. Observer - Based Decentralized Fault Detection and Isolation Strategy for Networked Multirobot Systems [J]. IEEE Transactions on Control Systems Technology, 2015, 23 (4): 1465 - 1476.

[93] DAVOODI M R, KHORASANI K, TALEBI H A, et al. Distributed Fault Detection and Isolation Filter Design for a Network of Heterogeneous Multiagent Systems [J]. IEEE Transactions on Control Systems Technology, 2014, 22 (3): 1061 - 1069.

[94] ZAREI J, SHOKRI E. Robust sensor fault detection based on nonlinear unknown input observer [J]. Measurement, 2014, 48: 355 - 367.

[95] LU S Y, JIN X Z, WU X M, et al. Robust adaptive event - triggered fault - tolerant control for time - varying systems against perturbations and faulty actuators [J]. Applied Mathematics and Computation, 2022, 426: 127133.

[96] 周克敏．故障诊断与容错控制的一个新框架 [J]. 自动化学报，2021，47 (5)：1035 - 1042.

[97] 王芳，帕孜来·马合木提，张宝伟．基于键合图的鲁棒故障诊断及容错控制 [J]. 电测与仪表，2019，56 (3)：124 - 128.

[98] 李岳炀，钟麦英．具有多测量数据包丢失的线性离散时变系统故障检测滤波器设计 [J]. 自动化学报，2015，41 (9)：1638 - 1648.

[99] 王佳伟，崔一鸣，王振华，等．切换系统 H_{-}/H_{∞} 异步切换故障检测滤波器设计 [J]. 控制与决策，2017，32 (2)：223 - 231.

[100] 丁强，钟麦英．一类线性 Markov 跳跃区间时滞系统的鲁棒 H_{∞} 故障检测滤波器设计 [J]. 控制与决策，2011，24 (5)：712 - 716.

[101] ALIKHANI H, MESKIN N. Event - triggered robust fault diagnosis and control of linear Roesser systems: A unified framework [J]. Automatica, 2021, 128 (12): 109575.

[102] 伯勒斯，戈皮纳特．小波与小波变换导论 [M]. 芮国胜，程正兴，王文，译．北京：电子工业出版社，2013.

[103] STRICHARTZ R S. Construction of orthonormal wavelets [C]//BENEDETTO J J. Wavelets. Boca Raton: CRC Press2021.

[104] TEOLIS A. Computational Signal Processing with Wavelets [M]. Cham: Birkhäuser, 2017.

[105] AKUJUOBI CM. Generations of Wavelets [C]//AKUJUOBI C M. Wavelets and Wavelet Transform Systems and Their Applications. Cham: Springer, 2022: 45 - 59.

[106] 解成俊．小波分析理论及工程应用．[M]. 2 版．长春：东北师范大学出版社，2015.

[107] 马岚，王厚军．基于复互小波分析的模拟电路故障诊断方法 [J]. 电子科技大学学报，2013，42 (3)：380 - 384.

[108] 陈彬强，张周锁，訾艳阳，等．机械故障诊断的衍生增强离散解析小波分析框架 [J]. 机械工程学报，2014，50 (17)：77 - 86.

[109] 宛伟健，黄志球，沈国华，等．一种基于 GO 图的故障树自动生成方法 [J]. 小型微型计算机系统，2019，40 (8)：1775 - 1780.

[110] 陈洪转，赵爱佳，李腾蛟，等．基于故障树的复杂装备模糊贝叶斯网络推理故障诊断 [J]. 系统工程与电子技术，2021 (5)：1248 - 1261.

[111] 姚成玉，张荧驿，王旭峰，等．T - S 模糊故障树重要度分析方法 [J]. 中国机械工程，2011，22 (11)：1261 - 1268.

[112] ATANASSOV K T. On Intuitionistic Fuzzy Sets Theory [M]. Heidelberg: Springer Berlin, 2012.

[113] 王久崇，樊晓光，万明，等．改进的故障树模糊诊断方法及其应用 [J]. 计算机工程与应用，2012，48 (14)：226 - 230.

[114] LU Q, YANG R, ZHONG M, et al. An Improved Fault Diagnosis Method of Rotating Machinery

Using Sensitive Features and RLS - BP Neural Network [J]. IEEE Transactions on Instrumentation and Measurement, 2020, 69 (4): 1585 - 1593.

[115] WANG Y, SONG Y, LEWIS F L. Robust Adaptive Fault - Tolerant Control of Multiagent Systems With Uncertain Nonidentical Dynamics and Undetectable Actuation Failures [J]. IEEE Transactions on Industrial Electronics, 2015, 62 (6): 3978 - 3988.

[116] 司景萍，马继昌，牛家骅，等．基于模糊神经网络的智能故障诊断专家系统 [J]. 振动与冲击，2017，36 (4)：164 - 171.

[117] HOU S, CHU Y, FEI J. Robust Intelligent Control for a Class of Power - Electronic Converters Using Neuro - Fuzzy Learning Mechanism [J]. IEEE Transactions on Power Electronics, 2021, 36 (8): 9441 - 9452.

[118] RAJABI S, AZARI M S, SANTINI S, et al. Fault diagnosis in industrial rotating equipment based on permutation entropy, signal processing and multi - output neuro - fuzzy classifier [J]. Expert Systems with Applications, 2022, 206: 117754.

[119] LIU Y. Dynamic Neuro - fuzzy Based Human Intelligence Modeling and Control in GTAW [J]. IEEE Transactions on Automation Science and Engineering, 2013, 12 (1): 324 - 335.

[120] FADEL I A, ALSANABANI H, ÖZ C, et al. Hybrid fuzzy - genetic algorithm to automated discovery of prediction rules [J]. Journal of Intelligent & Fuzzy Systems, 2021, 40 (1): 43 - 52.

[121] FAN C Y, CHANG P C, LIN J J, et al. A hybrid model combining case - based reasoning and fuzzy decision tree for medical data classification [J]. Applied Soft Computing, 2011, 11 (1): 632 - 644.

[122] QIAO B, CHEN X, XUE X, et al. The application of cubic B - spline collocation method in impact force identification [J]. Mechanical Systems and Signal Processing, 2015, 64: 413 - 427.

[123] 赵新文，任鑫．改进灰色关联度模型在蒸汽发生器故障分析中的应用 [J]. 核动力工程，2014，35 (3)：97 - 101.

[124] 张弢，王金波，张涛，等．基于灰色理论的复杂系统多故障模糊诊断 [J]. 北京航空航天大学学报，2017，43 (9)：1832 - 1840.

[125] 曲丽萍，周浩涵，孟妍．基于加权改进的灰色关联度故障诊断方法 [J]. 控制工程，2016，23 (5)：783 - 787.

[126] 傅鹤川．基于模糊神经网络的汽车发动机故障诊断系统及其方法研究 [D]. 广州：华南理工大学，2017.

[127] 张岩，张勇，文福拴，等．容纳时序约束的改进模糊 Petri 网故障诊断模型 [J]. 电力系统自动化，2014 (5)：72 - 78.

[128] CHEN S M, CHIOU C H. Multiattribute Decision Making Based on Interval - Valued Intuitionistic Fuzzy Sets, PSO Techniques, and Evidential Reasoning Methodology [J]. IEEE Transactions on Fuzzy Systems, 2015, 23 (6): 1905 - 1916.

[129] CHEN S M, LEE L W. Fuzzy interpolative reasoning for sparse fuzzy rule - based systems based on interval type - 2 fuzzy sets [J]. Expert Systems with Applications, 2011, 38 (8): 9947 - 9957.

[130] 于犇．汽车发动机信息采集与故障诊断系统的设计与研究 [D]. 沈阳：东北大学，2018.

[131] 吴桂清，张利民，胡弦，等．铁路捣固车状态监测与故障诊断系统设计与实现 [J]. 湖南大学学报：自然科学版，2012，39 (5)：49 - 52.

[132] LIU K, LIU B, FANG Y. An intelligent model based on statistical learning theory for engineering rock mass classification [J]. Bulletin of Engineering Geology and the Environment, 2019, 78 (6): 4533 - 4548.

[133] LI Z, TIAN L, JIANG Q, et al. Dynamic nonlinear process monitoring based on dynamic correlation variable selection and kernel principal component regression [J]. Journal of the Franklin Insti-

tute，2022，359：4513 - 4539.

[134]　焦卫东，林树森．整体改进的基于支持向量机的故障诊断方法 [J]. 仪器仪表学报，2015，36 (8)：1861 - 1870.

[135]　于春蕾，郭玉辉，何源，等．基于冗余技术的强流质子 RFQ 控制系统设计 [J]. 原子能科学技术，2014，4：740 - 745.

[136]　雷云涛．基于神经网络和冗余技术的传感器检测系统 [J]. 电力系统及其自动化学报，2013，25 (3)：158 - 161.

[137]　刘强，卓洁，郎自强，等．数据驱动的工业过程运行监控与自优化研究展望 [J]. 自动化学报，2018，44 (11)：1944 - 1956.

[138]　耿飞龙，李爽，黄旭星，等．基于深度神经网络的航天器姿态控制系统故障诊断与容错控制研究 [J]. 中国空间科学技术，2020，40 (6)：1 - 12.

[139]　陶涛，赵文祥，程明，等．多相电机容错控制及其关键技术综述 [J]. 中国电机工程学报，2019，(2)：316 - 326，629.

[140]　金小峥，原忠虎，李彦平．主动容错控制理论 [M]. 北京：电子工业出版社，2014.

第 2 章　故障诊断知识智能处理

经过近 30 年的发展与应用，基于信号处理和建模处理的故障诊断技术，虽然取得了显著的社会与经济效益，但进一步的理论研究与应用结果表明，它本身存在着以下几个方面的局限性[1]：

（1）各种信息检测手段和诊断方法都未将诊断对象看成是一个有机的整体，大多是利用诊断对象所表现出的特定信号（特征信号）来诊断特定类型的故障，未能有效地考虑多故障同时发生和各种故障之间可能存在的相互联系及影响。

（2）这种设备故障诊断技术只是种类繁多的检测手段和多种具体的诊断方法在某种程度上的“堆积”，缺乏统一的概念体系和系统化的理论。

（3）利用信号处理和建模处理，仅仅在一定程度上弥补了人类在数值处理上的不足。然而大量的理论研究与应用结果表明，为了进一步提高诊断效率与水平，几乎在每个主要环节上都需要领域专家的知识处理问题的方法，尤其是辩证思维和符号处理能力。

（4）基于信号处理和建模处理构造的诊断系统专用性非常强，一旦完成，它们的诊断能力在很大程度上也就确定了，其功能难以扩充或修改，并且人-机接口“柔性”很差。

而近 20 多年来人工智能特别是专家系统、知识工程发展迅速，领域专家的知识将得到充分的重视，诊断问题的研究将致力于模拟专家的推理过程、控制和运用各种诊断知识的能力。目前，基于信号处理和建模处理的设备诊断技术正发展为基于知识处理的设备诊断技术，在知识层次上，着力于实现辩证逻辑与数理逻辑的集成、符号处理与数值处理的统一、推理过程与算法过程的统一以及知识库与数据库的交互等。

2.1　诊断知识的基本概念

知识处理本质上属于一类信息处理，主要是符号的处理，包括符号表示、符号推理和搜索。虽然这种符号处理可以看成传统数据处理的延伸和发展，但是，符号的内涵不再局限于数据计算和数据处理中的数据和一般的信息，而主要表示人类推理所需要的数学、物理学、逻辑学以及大量与所解问题领域密切相关的领域知识。

而领域知识则是专家在长期的领域研究和处理各种领域问题的过程中，实践经验的概括和总结。它来源于专家的实践又指导着专家的实践，为了把领域知识和经验从专家的头脑和书本中抽取出来，研究各种获取知识的方法和途径成了知识处理中第一个需要解决的问题。然而，知识是一种抽象的东西，要把它告诉计算机或者在其间进行传递，还必须把它们以某种形式逻辑地表现出来。并最终编码到计算机中去。这就是知识处理中要研究的“表示知识”问题。正如记数法是数据处理的基础一样，知识的表示也是知识处理的基础。

因为只当有了知识的表示以后才谈得上对它进行处理。而且不同的知识需要用不同的形式和方法来表示。它应既能表示事物间结构关系的静态知识，又能表示如何对事物进行多种处理的动态知识，它既要能表示各种各样客观存在着的事实，又要能表示各种客观常律和处理规则，它既要能表示各种精确的、确定的和完全的知识，还应能表示更加复杂的、模糊的、不确定的和不完全的知识，因此一个问题能否有合适的知识表示往往成为知识处理成败的关键。当然，“获取知识”和“表示知识”的最终目的还是为了“运用知识”来解决各种实际问题。综上所述，“知识的获取”“知识的表示”以及“知识的运用”也就成为知识处理学的三大要素或主要研究内容[2-3]。

运用符号表示的知识或经验规则，而不是运用算法或数据处理方法来执行任务的任何系统，都可以称为基于知识的系统。它具有符号推理、联想、学习和解释的能力，能够帮助人们进行判断、决策，开拓未知的领域和获取新的知识。

一般地，对于那些能够完全用数学精确描述的系统，为了保证在精确性科学计算与确定性过程控制应用中取得成功，往往采用把问题转化为数学模型、模型用精确的算法来描述、算法映射成计算机语言、计算机按算法指定的路径运行并得到结果等四种强方法来求解实际问题。而知识处理主要用于那些没有精确数学模型或很难建立精确数学模型的复杂系统，并且采用弱方法进行搜索求解，求解问题时不存在可资使用的精确模型，更没有现成的算法。这里所谓的弱方法是指：①它对给定信息的要求比较弱，即问题的已知信息可能是不精确的、不完整的或模糊的；②使用的知识本身属经验的、不严格的或人类尚未完全掌握的；③求解问题需要经过反复的试探或搜索，求解的过程就是搜索的过程。搜索包括对知识块的匹配、选择和解释，匹配和解释的结果往往引起再搜索。如此往复，直到达到目的，并作出决策。

2.2　故障诊断知识的获取

2.2.1　故障诊断知识的分类

在故障诊断过程中，诊断知识来源于两个方面：①自然语言文献，包括专业书籍、期刊、产品说明书、操作规程、设计施工总结、安装调试记录以及设备运行历史资料等；②领域专家的经验，包括领域专家在问题求解过程中所利用的结构知识、因果知识、行为知识等。

为完成一个实际的故障诊断任务所使用的有关具体诊断对象的知识，一般可分为以下几种。

1. 结构与功能知识

表示诊断对象的结构和性能的描述知识，这种知识又称为深知识（deep knowledge，DK），主要包括诊断对象的结构层次、功能层次和相互间的输入、输出行为关系以及设备本身的工作原理等。

2. 专家启发式经验知识

表示故障、征兆和原因等直接相联系的专家启发式经验知识，这种知识通常称为浅知识（shallow knowledge，SK）。它是领域专家的经验总结，常以规则的形式存在于专家的头脑而被专家非常灵活地应用。由于对这种知识常常缺乏本质性的认识，在很多情况下，即使专家本人也难以清楚地表达出来。因此，这种知识很难获取。经验知识作为诊断知识的一个重要组成部分，虽然缺乏充分的理论依据，但在解决复杂的实际问题时往往十分有效，开发故障诊断知识库的一个重要任务就是挖掘诊断领域专家的这种知识。

3. 运行工况下状态知识

表示诊断对象在某一工况下正常工作时应具备的性能参数指标，如发动机在额定转速下的功率、扭矩、油耗、怠速和稳定转速等。

4. 信号特征知识

在复杂设备的诊断中，由于要求进行不解体在线诊断，许多参数是无法检测的（如发动机汽缸内压力、气门间隙等），因此，大量应用的是设备运行过程中产生的外部直接可观测的信号（如振动、噪声、温度等），通过对这些特征参数信号的分析能比较准确地诊断设备故障。

5. 环境知识

表示与诊断对象有关的外围知识，如设备使用时间、大修间隔与大修总次数、工作环境与故障频率及故障类型分布等。

6. 控制知识

表示对领域知识的运用起指导作用的知识，如引导规则的选择、按制推理路径；检查推理是否正常结束以及推理结果是否能够确诊故障等。

以上是根据故障诊断领域知识的特点来进行分类的。但从不同角度进行划分，可得到不同的分类方法。比如：

（1）若就知识的确定性来划分，知识可分为确定性知识和不确定性知识。确定性知识是指可指出其“真”或“假”的知识；不确定性知识是泛指不完全、不精确及模糊的知识。

（2）若就知识的结构及表现形式来划分，知识可分为逻辑型知识和形象性知识。逻辑型知识是反映人类逻辑思维过程的知识，例如人类的经验性知识等。在下面将要讨论的知识表示方法中，逻辑表示法、产生式表示法等就是用来表示这一类知识的。人类的思维过程除了逻辑思维方式之外，还有一种称为形象思维的方式，凡是通过事物的形象建立起来的知识称为形象性知识。目前，人们正在研究用神经网络来表示这类知识。

（3）若从抽象的、整体的观点来划分，知识可分为常识性知识、领域知识和元知识。常识性知识是指问题领域的事实、定理、方法和操作等常识性知识及原理性知识；领域知识是面向某个具体领域的专业性知识，例如领域专家的启发性经验知识；元知识是指如何运用以上两种知识的知识。元知识又可具体地划分为两类：一类是关于所知道些什么知识的元知识，这些元知识刻画了领域知识的内容和结构的一般特征，如知识的产生背景、范围、可信程度等；另一类是关于如何运用所知道的知识的元知识，例如问题求解中的推理策略、搜索策略等。

一般来说，诊断知识表现出以下几种性质：

（1）层次性。它表现为诊断知识在智能诊断系统中所起的作用不同，和对诊断对象的各子系统故障与征兆对应关系描述精确程度的不同，即知识的深与浅的不同。

（2）模糊性。系统内部征兆与故障对应关系描述的不精确性。

（3）相关性。来自于系统本身各子系统之间及其故障之间的相互联系。

（4）多样性。从不同角度可以给出多种诊断知识，从而使诊断知识表现出多样性。

（5）冗余性。它是由诊断知识的相关性与多样性决定的，从不同的角度给出的诊断知识常常存在包容。

（6）动态性。它是由智能诊断系统对诊断知识的更新决定的。

2.2.2　诊断知识的获取方式

拥有知识是智能系统或专家系统有别于其他计算机软件系统的重要标志，而知识的质量和数量又是决定智能系统性能的关键因素。如何将专业领域的大量概念、事实、关系和方法，包括专家处理问题的各种启发性知识，从专家头脑中或其他知识源（如文献资料）中提取出来，并按照一种合适的知识表示形式将它们转移到计算机中去，就成为专家系统开发研究的一个重要课题。知识从外部知识源（人类专家、书籍文献等）到计算机内部的转换过程通常称为知识获取。

目前，对知识的获取有三种方式：非自动知识获取、全自动知识获取和基于神经网络的知识获取[2-5]。

1. 非自动知识获取

目前，非自动知识获取仍是成功的传统专家系统所采用的，如图2.1所示。

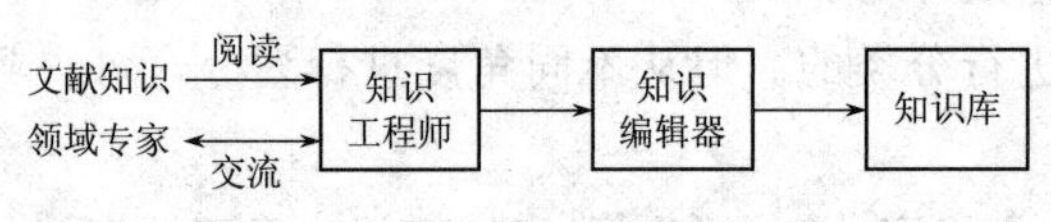

图2.1　非自动知识获取

从外部知识源获取知识需要一个中间媒介，一般地，这个角色是由经过专门训练的人——知识工程师来担任。知识工程师通过大量查阅文献、同领域专家反复交谈等，深入地分析领域专家处理问题的思想方法和思维特点，将从领域专家及有关文献中获得的专家系统所需要的知识，用合适的知识表示模式或语言表示出来，交给知识编辑器进行编辑输入。知识编辑器是一种用于知识输入的软件工具，它把知识工程师用某种语言表示的知识转换成计算机可接受的内部形式，并输入到知识库中。

2. 全自动知识获取

近年来，研究者们试图建立一种不需要知识工程师介入的专门人-机交互系统来完成知识工程师的工作，这是未来专家系统知识获取的发展方向。一个理想的人机交互系统应具备以下功能：

（1）自动地将领域专家知识转换成为专家系统推理机可执行的知识代码。

（2）自动地将可执行的知识代码按一定的规律组织起来，支持推理且便于维护。要实现全自动的知识获取，一般要解决机器感知、机器识别和机器学习的问题。图2.2是一个全自动知识获取模型简图。

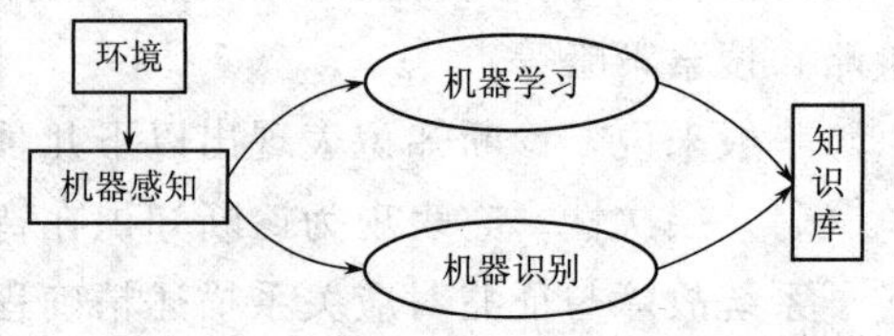

图2.2　全自动知识获取模型简图

3. 基于神经网络的知识获取

在领域专家对设备进行故障诊断时，首先是利用设备所表现的症状（或征兆），按所积累的经验知识诊断出设备故障的原因及类型。这种经验知识是领域专家从大量有意义的故障诊断实例中抽象出来的，有关故障、征兆和原因之间相互关系的知识，往往是故障诊断的关键。也就是说，领域专家每当遇到一个新的实例。他首先是由相似性而联想到过去的某一实例，并与之相比较，然后作结论，这是一种按相似进行分类的方法。然而传统诊断专家系统广泛采用的是基于规则表示领域专家知识的方法。只能对分类作出明确表示，很难表示出故障实例与实例相对比所表现出来的相似性。另外，知识工程师提取规则不仅工作量大、周期长、效率低，而且对某些经验知识也很难用明确的规则表达出来。因此，知识获取就成为传统专家系统研制中的瓶颈问题。而基于神经网络的知识获取并不需知识工程师从领域专家的经验中提取规则，它只是对领域专家提供的大量故障实例进行学习，自动从领域专家的实例中提取知识，知识也是隐含地分布存储在神经网络中，并不像规则那样显式地表示出来，这种知识的获取方式是自动的，它在一定程度上缓解或克服了传统专家系统研制中存在的知识获取瓶颈问题。

基于大脑神经系统结构和功能模拟基础上的神经网络，可以通过对故障实例的不断学习而提高神经网络中所存储知识的数量和质量，特别是它可以提取类似实例之间的相似性和不同类别实例之间的差异，并体现在神经网络中神经元之间连接权值调整过程中。另外，神经网络的求解能力也较强。当环境信息不十分完全时，它仍然可以通过计算而得出一个比较令人满意的解答。因而如果用神经网络方法来构造智能故障诊断不仅可以在一定程度上克服知识获取的瓶颈问题，而且也将提高系统的强壮性，为智能故障诊断系统的研制开辟一条新途径。

可以认为，神经网络获取知识至少有以下两条途径：

（1）直接从数值化的实例学习。根据领域专家给出的一些诊断实例偶对（如故障征兆与原因等），通过神经网络学习算法自动从这些数值化的偶对所表示的诊断经验中获取知识，并将这些知识分布存储在神经网络中。

（2）将传统专家系统已获取的知识特例化为神经网络的分布式存储，且由神经网络完成并行推理。神经网络可以采用以下策略来获取前面介绍的几类诊断知识：①结构与功能知识的获取，即采用领域专家人工方法归纳给出，交由神经网络学习；②工况状态知识获取，即此类知识也主要是由人工给出，它的获得比较容易，也比较单一化，对于此类知识的描述与定义，可依赖于系统程序化的模块完成；③环境知识获取，即采用提供样本由系统自动学习方式获取；④信号特征知识获取，即以样本学习为主要知识获取途径；⑤专家启发式经验知识获取，即专家提供样本，系统格式化后由神经网络学习获得；⑥诊断控制知识获取，即领域专家定义，通过人工给出。

2.3 诊断知识的表示

任何需要进行交流、处理的对象都需要用适当的形式表示出来才能被应用，对于知识当然也是这样。人工智能研究的目的是要建立一个能模拟人类智能行为的系统。为达到这个目的，就必须研究人类智能行为在计算机系统中的表示形式，只有这样才能把知识存储到计算机中，供求解现实问题使用。所谓知识的表示就是一种描述，一种计算机可接受的对人类智能行为的描述。所以，知识表示问题是智能系统研究的首要任务。

当前知识表示的方式多种多样，但由于对人类的知识结构及机制尚不完全清楚，因此关于知识表示的理论及规范尚未系统建立起来。一般来说，在选择知识表示模式时，一种知识表示模式除了应符合人们的思维习惯，便于人们理解外，还应从以下几方面进行考虑。

1. 有利于领域知识的充分表示

确定一个知识表示模式时，需要深入地了解领域知识的特点以及每一种表示模式的特征，以便做到"对症下药"。例如，在故障诊断领域中，其浅知识一般具有经验性、因果性的特点，适用于产生式表示模式；而深知识是对诊断对象的结构与功能关系进行描述，此时用产生式表示就不能反映出知识间的结构关系，而需要用框架表示模式才合适。

2. 有利于推理效率的提高

所谓推理是指根据问题的已知事实，利用存储在计算机中的知识推出新的事实或者执行某个操作过程。而把知识表示出来并存储到计算机中是为了利用这些知识进行推理，以便求解现实问题。推理与知识表示有着密切的关系，如果一种表示模式的数据结构过于复杂或者难以理解及实现，则系统的推理效率则必然会受到影响，导致系统求解问题的能力的降低。

3. 应充分考虑维护与管理的方便性

在一个智能诊断系统初步建成后，经过对一定数量实例的运行可能会发现其知识在质量或性能方面存在某些问题，需要增补一些新知识或修改甚至删除某些已有的知识。因此，在确定知识的表示模式时，应充分考虑维护与管理的方便性。

4. 正确性

即知识表示方法是否具备良好定义的语义并保证推理过程与结果的正确性。如一种表示方法不能保证语义的准确性和推理过程与结果的正确性，则它就没有任何的实用价值。

目前，用得较多的表示方法主要有包括谓词逻辑表示法、语义网络表示法、产生式表示法、框架式表示法等传统的知识表示法，以及脚本表示法、过程表示法、Petri 网表示法、神经元网络表示法、面向对象的表示法与不精确知识的表示法。

2.3.1　谓词逻辑表示法

谓词逻辑适合于表示事物的状态、属性、概念等事实性的知识，也可方便地表示事物间的因果关系、即规则[4-5]。对于简单的事实，如这台发动机是康明斯牌可表示为

is_a(diesel cummins)

即事实由单个关系 is _ a 和客体 diesel，cummins 组成，关系名被称为谓词，客体被称为变元。客体可为常量或变量，在上例中的两个客体都是常量。再如，有些发动机是康明斯牌这一事实可表示为

is_a(X cummins)

在以后的推理过程中，变量可被某个常量填入，称为实例化。

客体的顺序必须事先给定，不同的定义方式可将同一个事实理解成完全相反的意思。如下面这个例子：

imply(high - temperature - of - radiator fault - of cooling - system)

在不同的顺序定义中可以理解为

high - temperature - of - radiator imply fault - of cooling - system

和　fault - of cooling - system imply high - temperature - of - radiator

但顺序一给定，意思也就明确了。

上面所列的都是两个客体，称为二元谓词。而 is _ a(boiler) 为一元谓词，同样，可定义三元谓词，四元谓词……

可以通过逻辑词将简单的谓词公式连接起来构成复合的谓词公式，用来表达复杂的内容。这些连接词有否定词、合取词、析取词、条件词、双条件词等。

对于经验知识“如果发动机冷却水温度过高，发动机油压过低，同时发动机声音异常，且有油煳味，那么，发动机内有烧结物”，可用表示为

rule（1，“发动机内有烧结物”“发动机冷却水温过高”“发动机油压过低”“有油煳味”“发动机声音异常”），rule 是谓词，数字 1 是知识编号。

在更多的情况下，为了方便，利用表的形式将知识表示出来，如上面这条知识可以按照下面这种方式表示出来：

rule（1，“有烧结物”，“发动机内”，[1，2，3，4]）

cond（1，“发动机冷却水温过高”）

cond（2，“发动机油压过低”）

cond（3，“有油煳味”）

cond（4，“发动机声音异常”）

第一条中的“有烧结物”是发动机内故障原因，[1，2，3，4] 是故障症状表。下面的四条是用来表示事实的，cond 是谓词，前面的数字是故障症状编号，后面的中文是故障症状。显然，在知识库中拥有大量知识的情况下，使用这种表示方法，可以使得知识库简洁易读，且利于扩充，另外，谓词逻辑是一种接近于自然语言的形式语言，人们比较容易接受，用它表示的知识便于理解。但是，谓语逻辑表示法只能表示精确性的知识，不能表示不精确性的知识，而在人类的知识中大多都是不精确及模糊的知识，这就使得谓词逻辑表示知识的范围受到了限制。

2.3.2 语义网络表示法

语义网络是一种采用网络形式表示人类知识的方法[6-8]。形式上，语义网络是由一组节点和一组连接节点的弧线构成，节点表示问题领域中的物体、概念、动作、状态、属性等，弧线表示各种语义联系，指明所连接节点间的某种关系。节点和弧线都必须带有标记，以便区分各种不同对象以及对象间的各种不同的语义联系。每个节点可以带有若干属性，一般用框架表示。另外，节点还可以是一个语义子网络，形成一个多层次的嵌套结构。

语义网络可以描述事物间复杂的语义联系，常见的主要有如下几种。

1. 实例联系

用于表示类节点与所属实例节点之间的联系，通常标识为 ISA（is _ a）。例如“冒黑烟是一种故障”，可以表示为如图 2.3 所示，其中，“冒黑烟”与“故障”是两个节点，它们之间的弧线及其上面的标识“ISA”是这两个节点之间的语义联系，它具体地指出“冒黑烟”是“故障”中的一种，两者之间存在类属关系。

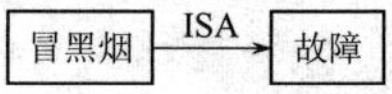

图 2.3　ISA 联系图

ISA 是在人工智能中用得最多的一种语义联系，其含义很广泛，可以认为它既能表示概念与概念之间、类属与类属之间的关系，也可以表示类属与个体之间的关系。通常把它理解为“是一个”“是一种”“是一条”等。

2. 泛化联系

用于表示一种节点（如往复机械）与更抽象的类节点（如机械）之间的联系，通常用 AKO（a kind of）表示。AKO 是一个偏序联系，通过 AKO 可以将问题领域中的所有类节点组织成一个 AKO 层网络。图 2.4 给出机械设备分类系统中的部分概念类型之间的 AKO 联系描述。

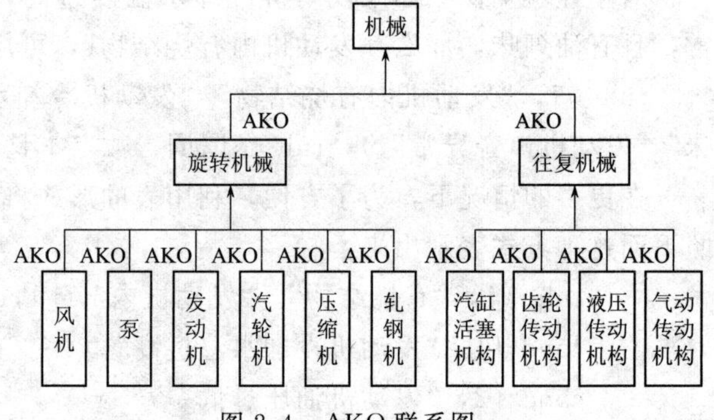

图 2.4　AKO 联系图

3. 聚集联系

用于表示部分（或部件）与整体之间的联系，通常用 part _ of 表示。例如“省煤器是锅炉的一个部件”可用图 2.5 表示。聚集联系基于概念的分解性，将高层概念分解为若干低层概念的集合。

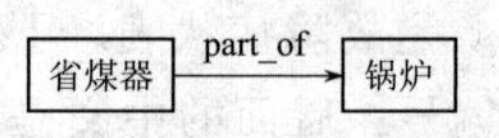

图 2.5　part _ of 联系图

4. 属性联系

用于表示个体属性及取值之间的联系，通常用有向弧表示属性，用这些弧所指向的节点表示各自的值。

图 2.6 是关于描述柴油发动机的语义网络，其中包含有实例、泛化、聚集和属性四种联系。

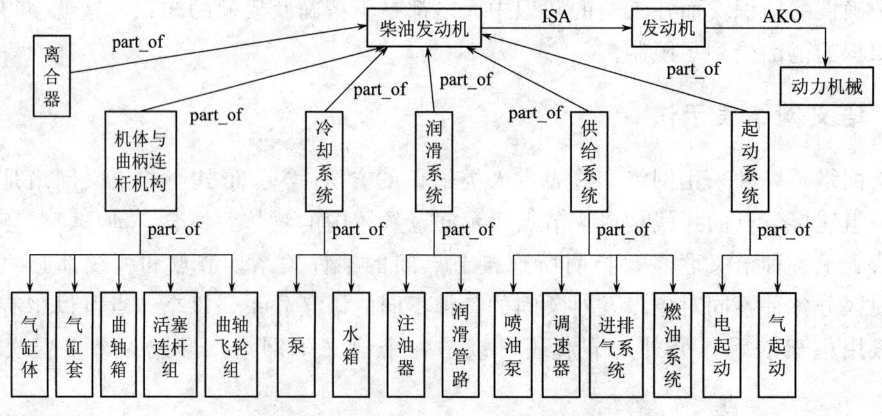

图 2.6　描述柴油发动机的语义网络

语义网络知识表示法的优点是能把各种事物有机地联系起来，知识表示简洁、直观，且求解问题时可以通过网络的连接关系推导有关对象和概念，而不必遍历整个庞大的知识库，因而在专家系统等领域得到了广泛的应用。它的缺点是不便于表达深知识，如与时间因素有关的动态知识。另外，知识表达的内容受到节点联系的限制，如增加节点之间的联系将会大大增加网络的复杂程度，给知识的存储、修改及管理维护带来困难。

2.3.3 产生式表示法

产生式（production rules）表示法又称规则表示法[6]，通常用于表示具有因果关系的知识，其基本形式是

$$P \rightarrow Q$$

或者

$$\text{IF } P \text{ THEN } Q$$

其中，P 代表条件，如前提、状态、原因等；Q 代表结果，如结论、动作、后果等。其含义是，如果前提 P 被满足，则可推出结论 Q 或执行 Q 所规定的动作。典型的产生式的表示模式是：

IF[Premisers] THEN [action(s)] ELSE [action(s)](如果[前提]则[结果]否则[结果])

下面利用发动机诊断领域的实例来说明产生式表示法：

IF {(Fuel - Consume - Enlarge), AND(Black - Smoke), AND(Exhaust - Pipe - Blowout)}

THEN{(Ignition - Ahead - Time - Small)}

（如果燃料消耗过大，而且发动机冒黑烟，以及排气管发出爆破声，则发动机点火提前时间少）。

把一组产生式放在一起，让它们互相配合，协同作用，一个产生式生成的结论可以供另一个产生式作为前提使用，以这种方式求得问题的解决，这样的系统就称为产生式系统，也称之为基于规则的系统。一个产生式系统由三个基本部分组成：

（1）规则库。由产生式所组成的集合称为规则库，它反映了领域知识。其内容是否完整、一致将直接影响到系统的功能和性能。规则库中的每一条规则都有一个编号，系统运行时通过编号标识每一条规则。

（2）综合数据库。综合数据库又称为事实库、上下文、黑板等。它是一个类似缓冲器的数据结构，用于存放问题求解过程中的各种当前信息。例如问题的初始状态、推理时得到的中间结论及最终结论等。当规则库中某条产生式的前提可与综合数据库中某些事实匹配时，该产生式就被激活，并把其结论放入到综合数据库中，所以综合数据库的内容是在不断变化的，是动态的。

（3）推理结构。这是一组程序，负责整个产生式系统的运行。粗略地说，它要做以下几项工作：

1）按一定的策略从规则库中选择规则与综合数据库中的已知事实进行匹配。所谓匹配就是把综合数据库中的事实与规则的前提进行比较，如果二者一致，称为匹配成功，相应的规则称为可用的；否则称为匹配不成功，相应的规则称为不可用的。

2）匹配成功的规则可能不止一条，此时称为发生了冲突，推理机构必须有相应的解

决冲突的策略，以便从中选出一条执行。

3）在执行某一条规则时，如果规则的右部是一个或多个结论、就把这些结论加入到综合数据库中；如果规则的右部是一个或多个操作，则执行这些操作。

4）随时掌握结束产生式系统运行的时机，以便在适当的时候终止问题的求解。

产生式表示法的优点在于接近人的思维方式，知识表示直观、自然，又便于推理。产生式有固定的格式，任何一个产生式都由前提与结论这两部分组成，这种统一格式易于设计、控制和检测。规则表示模块化，它为知识的增、删、改带来了方便；为规则库的建立与扩展提供了可管理性。但是，产生式表示的刚性太强，对层次的表达力很弱，在推理过程中不能省略事先确定的相继关系，必须一步步前后匹配，从而降低了推理效率。另外，产生式适合表示具有因果关系的知识，不能表达具有结构性的知识。因此，在近几年的发展中，大型复杂的专家系统已转向采用框架式表示法。

2.3.4　框架式表示法

在由若干个子系统组成的复杂系统的工作过程中，这些子系统相互之间密切配合，按照一定的规律工作，并能完成一定的功能，从而可实现整个系统的功能。对系统的这种结构与功能关系进行定性描述的一种有效方式，即是框架（frame）式结构[1]。

框架理论认为人们对现实世界中各种事物的认识都是以某种类似于框架的结构存储在大脑之中，当面临新事物时，就从脑中取出一个相近的框架来进行匹配，如能匹配成功，就得到了对此新事物的认识，如果匹配不成功，则寻找原因，重新取一个更能与新事物匹配的框架，或者根据实际情况对最相近的框架进行修改、补充，从而形成新的认识。

框架的形式为

框架名

　　槽名 1：槽值 1

　　槽名 2：槽值 2

　　……

　　槽名 i：侧面 1：槽值 i_1

　　　　　侧面 2：槽值 i_2

　　　　　……

　　　　　侧面 m：槽值 i_m

　　槽名 n：槽值 n

框架中的槽可以有一个或多个描述体，每个描述体各有对应的槽值。框架表示法的优点如下：

（1）框架式表示法是一种经过组织的结构化的知识表示方法，易于表达结构性的知识，能够把知识间的结构关系充分表示出来，这一特点是产生式表示法所不具备的。另外，它与语义网络所表示的结构性又不完全相同，语义网络通常用于表达知识间的宏观结构关系，而框架表示法适于表示固定的、典型的概念、事件和行为，当把一种事物、概念、情况、属性等作为一个节点，节点间的语义关系通过语义网络表示出来，而每个节点则可用框架表示其内部的结构关系。

（2）框架之间可以形成层次的或更复杂的关系，组成一种框架网络，代表整块的知识结构，可以表示复杂的知识内容。在框架网络中，下层框架可以继承上层框架的槽值，也可以进行补充和修改，这样不仅能把知识充分地表达出来，而且减少了知识的冗余，较好地保持了知识的一致性。

（3）框架表示法体现了人们在观察事物时的思维活动，当遇遭到新的事物时，就从已有的记忆中调用类似事物的框架，将其中某些细节加以修改、补充，形成对当前事物的认识。

框架表示法除了上述优点之外，其主要的不足之处是不善于表达过程性的知识。因此，框架表示法经常与产生式表示法结合起来使用，这样可以取得互补助效果。

2.3.5 面向对象的表示法

面向对象的表示法的第一个基本观点是：认为世界是由各种“对象”组成的，任何事物都是对象，是某对象类的元素；复杂的对象可由相对比较简单的对象以某种方式组成。甚至整个世界也可从一些最原始的对象开始，经过层层组合而成。从这个意义讲，整个世界可认为是一个最复杂的对象。根据这种观点，为了要认识一个复杂对象必须首先去认识构成该复杂对象的各子对象。

面向对象的表示法的第二基本观点是：所有对象被分成各种对象类，每个对象类都相应地定义了一组所谓“方法”，实际上可视它们为允许作用于该类对象上的各种操作。对该类中的对象的操作都可通过应用相应的“方法”于该对象来实现。这种操作在面向对象的方法学中被称为“送一个消息给某对象”。

面向对象的表示法的第三个基本观点是：对象之间除了互递消息的联系之外，不再有其他联系。因此，对象之间的界面很清楚。

面向对象的表示法的第四个基本观点是：一切局限于对象的信息和“方法”的具体实现等都被封装在相应对象类的定义之中，在外面是不可见的，这即所谓“封装”的概念，所以对象类的定义非常模块化它们具有类间联系少和类中凝聚力大的优点，这是完全符合软件工程的基本原则的。而且，容易通过“封装”来实现“数据抽象”。

面向对象的表示法的第五个基本观点是：对象类将按“类”“子类”与“超类”的概念构成一种层次关系（或树形结构）。在这种层次结构中，上一层对象具有的一些属性或特征可被下一层对象继承，除非在下一层对象中对应的属性作了重新描述（这时以新的属性为准），从而避免了描述中的信息冗余。这称为对象类之间的属性继承关系。

按照面向对象方法学的观点，一个对象的形式定义可以用如下四元组表示：

对象：：＝(ID,DS,MS,MI)

对象的标识符ID（identifier）又称对象名，用以标识一个特定事物（如机械故障）有特定的标记。

对象的数据结构DS（data structure）描述了对象当前的内部状态或所具有的静态属性，常用一组（属性名 属性值）表示。

对象的方法集合MS（method set）用以说明对象所具有的内部处理方法或对受理的消息的操作过程，它反映了对象自身的智能行为。在面向对象的系统中，这些措施和决策都要通过方法描述。

对象的消息接口MI（message interface）是对象接收外部信息和驱动有关内部方法的唯一对外接口，这里的外部信息称为消息。发送消息的对象称为发送者，接收消息的对象称为接收者。消息接口以消息模式集的形式给出，每一消息模式有一消息名，通常还包含必要的参数表。当接收者从它的消息接口受理发送者的某一消息时，首先要判断该消息属哪一消息模式，找出与之匹配的内部方法，然后，执行与该消息相联的方法，进行相应的消息处理或回答某些信息。

在面向对象的系统中，问题求解或程序执行是依靠对象间传递消息完成的。最初的消息通常来自用户的输入，某一对象在处理相应的消息时，如果需要，又可以通过传递消息去请求其他对象完成某些处理工作或回答某些信息，其他对象在执行所要求的处理时同样可以通过传递消息与别的对象联系，至此下去，直至得到问题的解。

消息流统一了数据流和控制流，它是实现对象之间联系的唯一途径。消息中只包含发送者给出的信息，这些信息往往表示对接收者的某种要求，但仅仅告诉接收者需要做什么，并不指示接收者如何去完成所需的处理。消息完全由接收者解释，接收者可以独立决定以何种方式或通过什么样的操作过程去完成相应的工作。同样的消息可以传递给不同的对象，不同的对象可以对同样的消息作出不同的反应，同一对象可以接收多个对象传来的不同消息，对传来的消息可以返回相应的回答信息，也可以不予回答。可以看出。面向对象系统中的消息传递与传统的子程序调用和返回有着明显的差别。

消息模式不仅定义了该对象所能受理的消息。而且还规定了该对象的固有处理能力。每个对象的一种消息模式都对应于该对象内部的方法。方法是对象固有处理能力的具体实现，软件中通常用一个可执行的代码段表示。通过消息模式及消息引用。对应方法的代码段执行，相应的处理能力也就表现出来了。在方法实施期间，通常还需要引用自己的内部状态，对有关数据进行操作，必要时可以修改自己的内部状态，还往往要发送一批消息依次请求其他对象做事。每个对象的内部状态不允许其他对象直接引用和修改。对象的内部状态和方法对外界是隐蔽的。因此，只要给出对象的所有消息模式，包括相应于每个消息的处理能力，也就定义了一个对象的外部特性。于是，每个对象就像集成电路的芯片一样被封装在一明确的范围内，对外接口是它的消息模式集，受“黑盒”保护的内部实现由它的状态和操作细节组成。这就是面向对象方法的学习封装性。

如前所述，一个复杂对象常由若干相对简单的对象组成。简单对象所提供的某些消息有时可能仅供复杂对象内部使用，复杂对象的这种不向外界公开的消息称为该复杂对象的私有消息，相对地，复杂对象向外界公开提供的消息称为该对象的公有消息。在面向对象的语言中，对象的外部接口是以对象协议或规格说明的形式提供的，协议是一个对象对外服务的说明。它告知该对象可以为外界做些什么。外界对象能够并且只能够向该对象发送协议中所包含的消息，也就是说，请求对象进行操作的唯一途径是通过该对象协议中所包含的消息进行。从私有消息和公有消息上看，协议是一个对象所能接受的所有公有（消息模式）的集合。可以说，一个对象就是在它的协议下封装起来的。

封装是一种信息隐蔽技术，它使对象的设计者与对象的使用者分开，使用者无须知道对象行为的实现细节，而只需通过对象协议中的消息便可访问该对象。显式地把对象的外部定义和对象的内部实现分开是面向对象系统的一大特色。封装性本身就是模块性，模块的定义和实现分开，使面向对象的软件系统便于维护和修改，这也是软件工程所追求的目标之一。

面向对象的知识表达方法以领域对象为中心，以对象为基本单位表示知识，将多种单一的知识表示方法如规则、框架等表示方法按面向对象的原则组成一种混合的知识表达形式，即以对象的属性、动态的行为特征、相关领域的知识和数据处理方法等有关知识封装在表达对象的结构中。对象类是对一类对象的抽象描述，而对象的实例则是表达具体的对象。类、实例和对象是三个不同的概念。对象之间除了通过消息传递之外，不再有其他任何联系，实现了信息的封装。

面向对象的知识表示方法将对象抽象成类，将类实例化为对象。这种知识表示方法与人的认知习惯相近；在结构上具有层次分明、模块性强、知识单位独立性强等优点。通过继承可以减少知识表达上的冗余，知识库的修改、增删以及使用维护都十分方便，对一个知识单元进行修改不会影响其他单位，每一知识单元中所包含的知识规则有限，推理空间小，从而提高了推理效率。

2.3.6 神经元网络表示法

在人类的知识中，有一些知识是需要通过一系列的例子才能总结出来的，如果把它们都穷举编码，就可能引起知识组合爆炸，这就需要用别的办法来表达这样的知识。如果在表达一个概念时，不是像语义网络那样用一个节点表示一个概念，而是把表示这个概念的有关信息分布在许多单元上，并将信息的某种分布方式加以表达，那么不仅可以避免组合爆炸，而且当某个单元上的信息发生畸变失真时，也不会使所表达的概念属性发生重大的变化。此外，用这种方式表示知识时，还可使一些类似的概念分布在共同的单元上，这就是神经网络表示知识的基本思想。

在目前神经网络的研究中，较有代表性的工作是“并行信息分布处理”模型。这种模型假设信息处理是通过大量称为“单元”的简单处理元件交互进行的，每个单元都对上层的单元发出激励或抑制信号。这里所说的“并行性”是指网络是针对全局的，所有的目标都同时进行处理；这里所说的“分布性”是指信息分布在整个网络内部，每个节点及其连线上只表达部分信息，而不是一个完整的概念。

传统的知识表示，不管是产生式规则，还是语义网络，都可以看作一种显式表示，而神经网络知识表示是一种隐式表示。产生式系统中知识独立表示为规则，在神经网络中将同一问题的知识表示在同一网络中。如下列规则可以用图2.7所示的神经网络来表示。

If($x_1=0$) and($x_2=0$) then($y=0$)

If($x_1=0$) and($x_2=1$) then($y=1$)

If($x_1=1$) and($x_2=0$) then($y=1$)

If($x_1=1$) and($x_2=1$) then($y=0$)

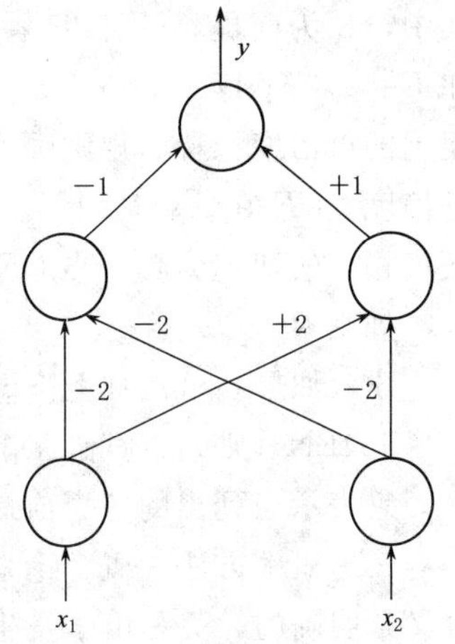

图 2.7 神经网络表示法

神经网络的知识表示法有如下优点：①以分布方式表示信息，任何知识规则都可以变换成数的形式，因而便于知识库的组织与管理，且通用性强；②可以拥有大量的知识，如果神经网络拥有 N 个输入单元，且输入模型是二值逻辑，则可提供表达知识的样本数为 2^N；③便于实行并行联想推理和自适应推理，因而在模式识别、图像信息压缩、故障智能诊断方面的应用上取得了较大的进展；④在一定程度上模拟了专家凭直觉解决不确定性问题的过程，能够表示事物的复杂关系，如模糊因果关系等。

但是神经网络对于给定的输入，用户只能得到一个结果，不清楚整个推理过程，因此解释困难。

2.3.7　不精确知识的表示法

前面介绍的几种知识表示方法都假定所表示的事实、状态、前提等不是真就是假，但在现实世界中并非如此。在诊断的环境中，不确定的问题占多数，比如，正在运行的煤粉锅炉烟囱有的冒黑烟症状，是否因空气不足或者煤粉过剩所引起？或者是其他原因？仅根据冒黑烟症状是很难确定下来的。实际上，必须需要人们处理的问题常常多是与缺少“严格性、精确性和条理性”相联系的，因此在专家系统中，如何表示和处理各种不精确知识就成为一个重要的课题。

1. 基于产生式的不精确知识表示法

（1）可信度方法。人们在长期的实践活动中，对客观世界的认识积累了大量的经验。当面临一个新情况时，可用这些经验对问题的真假或伪真的程度作出判断。人们对一个事物或现象为真的相信程度称为可信度。

显然，可信度带有较大的主观性及经验性，其准确性难以把握，但由于机器故障的信息环境多是一个不确定性的环境，不能像数学那样具有严密性和精确性，因此，用可信度来表示不精确知识不失为一种可行的方法。另外，领域专家都是所在领域的行家里手，有丰富的专业知识及实践经验，对领域内的知识也不难给出其可信度。

规则的一般形式是

$$\text{IF } E \text{ THEN } H(CF(H,E))$$

其中，E 为前提，既可以是一个简单条件，也可以是由多个简单条件构成的逻辑组合，例如 $E=E_1$ AND E_2 AND E_3；H 是结论，它也可以是一个或多个结论；$CF(H,E)$ 是该规则的可信度，称为规则强度，它表示当条件 E 为真时，则结论 H 有 $CF(H,E)$ 大小的可信度。CF 在 $[-1, 1]$ 上取值，值越大表示相应的知识越为真。当 CF 的值为 1 时，表示相应的知识为真；当 CF 值为 -1 时，表示相应的知识为假。例如有这样一条产生式：

规则 R_1：

IF（如果）：（汽缸上下温差超过允许值 30℃）和（机组处于热态启动过程中）

THEN（则）：（汽缸工况处于热态不平衡）CF 0.95

它表示当列出的各个前提都得到满足时，结论有 0.95 的可信度。

（2）概率方法。概率论是一门研究和处理随机现象的学科。在随机现象中事件本身的含义是明确的，只是由于发生的条件不充分使得条件与事件之间不能出现决定性的因果关系，从而使事件的出现与否表现出不确定性，这种不确定性称为随机性。

对于具有随机性的知识可用概率论的有关方法进行表示和处理。但由于大容量的样本不易获得，使得纯概率的方法受到了限制。因此，在应用时通常用一些改进的理论模型和经验公式来处理知识的不确定性，主观 Bayes 方法就是其中的一种。在该方法中，每条规则的表示形式是：

$$\text{IF } E \text{ THEN}(LS, LN)\ H(P(H))$$

其中，E 是前提，它可以是用 AND 或 OR 连接起来的复合条件；H 是结论；$P(H)$ 是先验概率，它指出在没有任何专门证据的情况下，结论 H 为真的概率，$P(H)$ 的只由领域专家给出；LS 称为充分性量度，用于反映 E 对 H 的支持程度，它的取值范围为 $[0, +\infty)$，值越大表示 E 越支持 H，LS 的值由领域专家给出；LN 称为必要性量度，用于反映非 E 对 H 的支持程度，即当 E 所对应的证据不存在时，对 H 为真的支持程度。LN 的取值范围为 $[0, +\infty)$，LS 值越大表示非 E 越支持 H；LN 的值由领域专家给出。

下面给出两个用主观 Bayes 方法表示不精确知识的例子：

$$\text{IF } E_1 \text{ THEN } (2, 0.01) \quad H_1\ (0.1)$$

$$\text{IF } E_2 \text{ THEN } (100, 0.001) \quad H_2\ (0.05)$$

(3) 模糊逻辑方法。可信度方法是用人们主观上对事物的相信程度来描述事物的不确定性，概率方法是用随机性来描述事物的不确定性，两者虽然都可以作为不精确知识的表示方法，但都没有把事物本身所具有的模糊性反映出来，也不能对其客观存在的模糊性进行有效的处理。扎德（Zadeh L A）提出的模糊子集概念及其可能性理论可弥补这一缺憾，在模糊知识的表示和处理方面得到了应用。

模糊产生规则：人类领域专家的直觉、经验、窍门和启发式知识往往缺乏明确的逻辑联系，有时就是领域专家本人也很难把这些知识以及它们之间的关系表述得十分清楚，因而领域专家经常使用一些模糊语言来描述这些知识，如“功率不足”“散热器温度偏高”“柴油机振动幅度大”等，并用模糊逻辑来进行推理。为了更好地描述和模拟领域专家的模糊思维和推理行为，可在模糊集合论的基础上，提出了一种模糊产生式规则。

模糊语言的含糊性主要是由两方面引起的：其一是由于语句中含有不精确的语言量词所致；其二是由于词汇本身的模糊性所产生的。例如“汽油机才换了一个新火花塞，出故障的可能性不大”，这里的“可能性不大”是模糊量词，而“新火花塞”是模糊词汇。为了在产生式规则中描述模糊语句的模糊性，就需要进行量化处理。对于模糊量词，可以给它赋给 [0，1] 中的任意两个实数所构成的一个区间中的值来定量地表示它，表 2.1 给出了常见的一类模糊量词的区间值，而词汇本身的模糊性所引起的不确定性可以采用隶属函数来表示。

表 2.1　常见模糊量词的区间值

模糊量词	数值区间
总是	[1.00，1.00]
很难	[0.93，0.99]
强	[0.80，0.92]
或多或少强	[0.65，0.79]
中等	[0.45，0.64]
或多或少弱	[0.30，0.44]
弱	[0.10，0.29]
很弱	[0.01，0.09]
无	[0.00，0.00]

对模糊语句进行量化处理之后，即可在传统的产生式规则中表示模糊知识，为清楚起见，将经过改造的这种规则称为模糊产生式规则，其形式如下：

$$\text{IF}(p_1, t_1) \text{ and}(p_2, t_2) \text{ and } \cdots (p_n, t_n)$$

THEN　Q　CF　x

其中，规则前件中的 $p_1,p_2,\cdots,p_n$ 分别表示断言，对每个断言可按照前面所描述的方法赋给它一个相应的隶属值 $t_1,t_2,\cdots,t_n$，用来表示断言的确定性程度；Q 表示规则的后件，x 为可信度 CF 的值，它表示规则的信任程度。当规则前件中的断言 $p_1,p_2,\cdots,p_n$ 均是确定性的断言时，那么各断言的隶属值 $t_1,t_2,\cdots,t_n$ 就均为 1，此时模糊产生式规则就变为普通的产生式规则了。

2. 基于框架的不精确知识表示法

框架也可以表示不精确知识，具体为：

(1) 槽值允许是模糊数据、模糊操作或模糊过程。这使得很多模糊现象可以表示在框架中，从而大大丰富了框架的表达力。模糊数据可以是各种模糊数、模糊语言值、模糊集、模糊关系、各种模糊逻辑公式等，它们所能表示的意义是十分广泛的。模糊操作或模糊过程可以是一个简单的模糊动作，一个（或一组）产生式规则，也可以是一个用模糊程序设计语言编写的一段程序（或一个过程）等。

(2) 框架与框架之间的各种关联可以模糊化。框架间模糊的关联采用一种关联强度来描述它们之间的关联程度，连接强度可用 [0，1] 间的数、各种模糊数或模糊语言值等来描述。然后采用图论中计算一条路径两端结点间的关联强度的办法来计算间接关联强度。框架关联关系如图 2.8 所示。

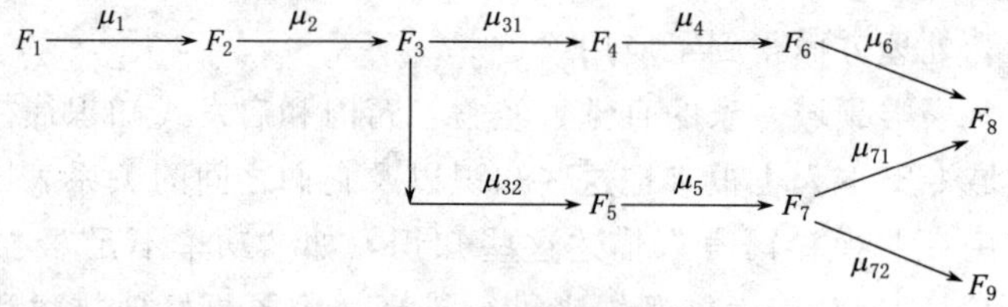

图 2.8　框架关联关系

F_1 与 F_9 之间的关联强度为

$$S(F_1,F_9)=\min(\mu_1,\mu_2,\mu_{32},\mu_5,\mu_{72})$$

而 F_1 与 F_8 之间的关联强度为

$$S(F_1,F_8)=\min(\mu_1,\mu_2,\mu_{31},\mu_4,\mu_6)$$

特别指出的是为使继承关系模糊化，可在任意两个具有直接继承关系的框架之间，设一个“继承因子”或“继承强度”，然后设计一种计算间接继承强度的公式（例如，采用连乘积或取极小值等办法）。当间接继承强度小于某设定的阈值（$0<\tau<1$）时，就认为它们之间不再有继承关系。框架间的关联模糊化是很有实际意义的，因为现实生活中事物之间的联系很多都是模糊不清的，根本就不可能用精确的模型来描述，模糊框架在这方面可以较好地满足要求。

(3) 框架中的约束条件亦可模糊化。允许用各种模糊逻辑公式来表示判断条件，从而条件是否满足也得使用一个阈值来控制，条件真值大于等于该阈值时可视为满足，否则算不满足。

3. 基于语义网络的不精确知识表示法

用语义网络表示不精确知识时，可以从以下两个方面着手进行：

(1) 节点的内容可用模糊数据或不精确框架表示。

(2) 节点间的语义联系可通过建立联系强度使其不精确化方法与框架中继承强度类似。

2.4 基于知识的诊断推理

前面讨论了知识获取及知识表示的有关问题，这样就可把问题领域中的知识表示出来，并以某种内部形式存储到计算机中，形成知识库（knowledge base，KB）。但是，正如一个人只有知识而没有运用知识求解问题的能力仍然算不上“聪明”一样，对一个智能诊断系统来说，不但应使它具有问题领域的知识，还应该使它具有运用知识求解问题的能力。运用知识的过程是一个思维过程，即推理过程。

2.4.1 推理的基本概念

推理是从一个或几个判断中得出一个新判断的思维形式。任何推理都有这样两个组成部分，即推理所依据的判断（已知判断）以及推出的新判断，前者称为前提，它包括知识库中的领域知识及问题的初始证据；后者称为结论，是由已知判断推出的新判断。

在智能诊断系统中，推理是由计算机程序实现的，称为推理机（inference engine，IE）。例如，在铜精炼炉异常（故障）诊断专家系统中，专家的经验及铜精炼常识以某种表示形式存储于知识库中，当用它为铜精炼过程进行异常诊断时，推理机从铜精炼过程的征兆等初始证据出发，按某种搜索策略在知识库中搜寻可与之匹配的知识，从而推出某些中间结论，然后再以这些中间结论为证据、推出进一步的中间结论。如此反复进行，直到推出最终的结论，即异常（故障）发生的原因与消除措施。像这样不断运用知识库中的知识，逐步推出结论的过程就是推理。

人类的智能活动有多种推理方式，人工智能作为对人类智能的模拟，相应的也有多种推理方式，下面分别从不同角度简要地介绍一下这些推理方式。

1. 演绎推理、归纳推理、类比推理

若根据思维进程中从一般到特殊、从特殊到一般、从特殊到特殊的区别，推理可分为演绎推理、归纳推理和类比推理。演绎推理是从一般到特殊的推理，归纳推理是从特殊到一般的推理类比推理是从特殊到特殊的推理。

(1) 演绎推理是从已知的判断出发，通过演绎推出结论的一种推理方式，其结论就蕴含在已知的判断中，所以演绎推理是一种由一般到个别的推理。由于结论是蕴含在已知判断中的，因而只要已知判断正确，则通过演绎推理推出的结论也必然正确。

演绎推理是一种必然性推理。因为推理的前提是一般，推出的结论是个别，一般中概括了个别，凡是一类事物所共有的属性，其中的每一个别事物必然具有，所以从一般中必然能够推出个别。然而，推出的结论是否正确取决于推理的前提是否正确，以及推理的形式是否符合逻辑规则。

综上所述，演绎推理具有以下特点：①在演绎推理中，前提与结论之间有必然联系，即当用任何具体内容代入前提与结论时，如果前提是真的，结论也是真的；②演绎推理，一般说来，是由一般（普遍）到个别（特殊），前提是普遍性判断而结论是个别性判断；

③演绎推理的结论所断定的，没有超出前提所断定的范围。或者说，演绎是从一般性较大的前提导出一般性较小的结论的推理。与此相反，归纳是从一般性较小的前提导出一般性较大的结论的推理。

（2）归纳推理。归纳推理通常是指由个别性知识的前提推出一般性知识的结论的推理，是人类思维中最基本、最常用的一种推理形式。

归纳推理是从足够多的事例中归纳出一般性知识的推理，是从个别到一般（或普通）。就是说，前提是个别性的判断而结论是普遍性的判断。恰好与演绎推理相反。在归纳推理中，前提与结论之间，没有必然性的联系，而只是一种或然性联系，即当用某些具体内容代入前提与结论时，前提是真的，结论也是真的；但是，用另一些具体内容代入前提与结论时，前提是真的，但结论却是假的。

（3）类比推理。类比推理是根据两个对象在一系列属性上是相同的，而且已知其中的一个对象还具有其他的属性，由此推出另一个对象也具有同样的其他属性的结论。

类比推理在人们认识客观世界和改造客观世界的活动中，具有非常重要的意义。科学上的许多重要理论和发现都是通过类比推理提出的。例如，惠更斯提出光的波动学说，是受到水波、声波的启发。

类比推理是依据下述方式进行的：

A 对象具有属性 a，b，c，d

B 对象具有属性 a，b，c

所以，B 对象也具有属性 d

这种推理方式的客观依据，是因为事物的各个属性并不是孤立存在的，而是互相联系和相互制约的。然而，类比推理的结论是或然的。这是因为客观上存在着以下两种情况：①对象之间不仅存在着相似性，而且存在着差异性；②对象中并存的许多属性，有些是对象的固有属性，有些是对象的偶有属性。为提高类比推理结论的可靠性，尽量少犯或者不犯“机械类比”的错误，在进行类比推理前应该注意：

1）前提中确认的相同属性越多，那么结论的可靠性程度也就越大。因为两个对象的相同属性越多，意味着它们在自然领域中的地位也较为接近。这样，类推的属性也就有较大的可能是两个对象所共同的。

2）前提中确认的相同属性愈是本质的，相同属性与类推的属性之间越是相关的，那么结论的可靠性程度也就越大。因为本质的东西是对象的内在规定，对象的其他属性大多是由对象的本质决定的。因而，两个对象的相同属性如果是本质的，那么，它们就有其他一系列属性是相似的。

2. 精确推理、不精确推理

若根据推理时所用知识的确定性来划分，推理可分为精确推理与不精确推理。

计算机解决问题的高速度和高精度是人脑望尘莫及的，有了计算机，精确方法的可行性大大提高，但也正是在使用计算机的实践中，使人们养成了追求严格、崇尚精确的习惯。然而，现实世界中的事物和现象大都是不严格、不精确的，许多概念是模糊的，没有明确的类属界限，很难用精确的数学模型来表示和处理。也就是说，大量未解决的重要问题往往需要运用专家的经验，而这样的问题是难以建立精确数学模型的，也不宜用常规的传统程序来求解。在此情况下，若仍用经典逻辑做精确处理，势必要人为地在本来没有明确界限的事物间划定界限，从而舍弃了事物固有的模糊性，失去了真实性。这就是为什么近年来，各种不精确推理迅速崛起，成为人工智能重要研究课题的原因。

不精确推理的主要理论基础是概率论。由于现实世界中，不易获得大容量的样本及其他一些原因，使得纯概率论方法受到了限制。为此，智能诊断系统的建造者们提出了许多改进的理论模型和经验公式来处理不确定性。其中有代表性的不精确推理有下面五种方法：①MYClN 的不精确推理模型；②主观 BAYES 方法；③模糊推理；④证据理论；⑤发生率计算。

3. 单调推理、非单调推理

所谓推理的单调性是指随着推理的向前推进及新知识的加入，推出的结论是否越来越接近最终目标。若以这一标准来划分，推理可分为单调推理及非单调推理。

建立在谓词逻辑基础上的传统推理系统是单调的，其意思是：已知为真的命题数目随着时间而严格增加。那是由于新的命题可加入系统，新的定理可证明，但这种加入和证明决不会导致前面已知为真或已证明的命题变成无效。这种单调推理有以下优点：①当加入新的命题时，不必检查新命题与原有知识间的不相容性；②对每一个已证明的命题，不必保留一个命题表，它的证明是以该命题表中的命题为依据。因为不存在那些命题会被取消的危险。

遗憾的是，人类的思维推理本质上不是单调的，人们对周围世界中各种事物的认识、信念和看法是处于不断地调整之中。获得了新的知识就可能要修正，甚至抛弃原有的观念或看法。在这种情况下结论并不随着新知识的增多而增加，有时不但不会增强已推出的结论，反而要撤销某些由不正确假设所推出的结论。这种性质与传统逻辑具有的特性不同，这就是人们所说的非单调推理。

人工智能界非单调推理研究的四个代表性的理论或系统是：①Reiter 的缺省理论；②Mcdermott 的非单调逻辑；③Mccarthy 的界限理论；④Doyle 的正确性维持系统。

它们代表了非单调推理的主要方面，后面的工作大多是在它们的基础上进行的。

4. 正向推理、反向推理和正反向混合推理

若根据推理的方向划分，推理可分为正向推理、反向推理及正反向混合推理。

(1) 正向推理。正向推理又称为数据驱动控制策略或前件推理，其基本思想是，从问题已有的事实（初始证据）出发，正向使用规则，当规则的条件部分与已有的事实匹配时。就把该规则作为可用规则放入候选规则队列中，然后通过冲突消解，在候选队列中选择一条规则作为启用规则进行推理。并将其结论放入数据库中，作为下一步推理时的证据。如此重复这个过程，直到再无可用规则可被选用或者求得了所要求的解为止。这一过程可用如下算法表述；

```
    Procedure data—driven
    扫描知识库，形成可用规则集 S
while 非空且问题未得到最终解
begin
```

```
调用冲突消解算法，从 S 中选出启用规则 R；
执行 R，将其结论部分放入数据库；
扫描知识库，形成新的可用规则集 S
end
```

正向推理的优点是比较直观，允许用户主动提供有用的事实信息，适合于诸如设计、预测、监控、诊断等类问题的求解；主要缺点是推理时无明确的目标，求解问题时可能要执行许多与解无关的操作，导致推理的效率较低。

(2) 反向推理。反向推理又称为目标驱动控制策略或自顶向下推理、目标推理、后件推理等。其推理过程刚好与正向推理相反，它是首先提出某个假设，然后寻找支持该假设的证据，若所需的证据都能找到，说明原假设是正确的；若无论如何都找不到所需要的证据，则说明原假设不成立，此时需要另作新的假设。具体地说。其推理过程是：①首先提出假设 G；②扫描知识库，找出那些其后件可与该假设匹配的规则，构成规则集 S；③若 S 为空，即知识库中不存在可与该假设匹配的规则，则向用户询问此假设是否为真；④若 S 不空，则从 S 中选出一条规则，并将其条件部分的每一个子条件都作为新的假设，且对每一个这样的新假设都重复②～④的过程；⑤如果一条规则的条件部分是多个子条件的合取，则只有当每一个子条件都被满足时才说明相应假设是成立的，若条件部分是多个子条件的析取，则只要有一个子条件得到满足就说明假设是成立的；⑥如果不能证明某假设成立，则需另外提出假设，重复上述步骤。

该过程可用如下算法描述：

```
Procedure goal-driven (G)
扫描知识库，找出能导出假设 G 的规则集 S；
if  S  空
then 向用户询问关于 G 的信息
    else while G 未知且 S 非空 do
    begin
    从 S 中选出某一个规则 R；
    把 R 的条件部分→G'；
    if G' 未知
    then 调用 goal-driven (G')；
    if G' 为真
    then 执行 R 的结论部分，并从 S 中删去 R
end
```

反向推理的主要优点是不必使用与总目标无关的规则，且有利于向用户提供解释。其主要缺点是要求提出的假设要尽量符合实际，否则就要多次提出假设，也会影响求解的效率。

(3) 正反向混合推理。正向推理的主要缺点是推理具有盲目性，效率较低，推理过程中可能要推出许多与问题无关的子目标；反向推理的主要缺点是若提出的假设具有盲目性，也会降低问题求解的效率。为解决这些问题，可使用正向—反向混合推理。另外，在下述几种情况下，通常也需要运用混合推理：

1）已知的事实不充分。数据库中的已知事实不够充分，若用这些事实与规则的条件部分进行匹配，可能没有一条规则可匹配成功，这就会使得推理无法进行下去。此时，可把其条件部分不能完全匹配的规则都找出来。并把这些规则的结论作为假设，然后分别对这些假设进行反向推理。由于在反向推理中可以向用户询问有关的论证，这就有可能使推理进行下去。在此推理过程中，先通过正向推理形成假设，然后通过反向推理证实假设的真假，这就是一种正向、反向混合推理。

2）由正向推理推出的结论可信度不高。用正向推理进行推理时，虽然提出了结论，但可信度可能不高，甚至低于规定的阈值。此时可选择几个可信度相对较高的结论作为假设，然后进行反向推理，通过向用户询问进一步的信息，有可能得出可信度较高的结论。

3）希望得出更高的结论。在反向推理中，由于要与用户进行对话，这就会获得许多原来不掌握的信息，这些信息不仅可用于证实要证明的假设，同时，还可能推出其他结论。这时可通过使用正向推理，充分利用这些新获得的证据推出另外一些结论。例如在故障诊断中，先用反向推理证实了设备有某种故障，然后利用反向推理中获取的信息再进行正向推理，有可能推出该设备还有别的什么故障。

4）希望从正、反两个方向同时进行推理。有时希望从正、反两个方向同时进行推理，即根据问题的初始证据进行正向推理，同时由假设的结论进行反向推理，当两个方向的推理在某处“碰头”时，则推理结束。此时原先的假设就是问题的解。这里所谓“碰头”是指由正向推理推出的中间结论恰好是反向推理到这一步时所需要的证据。用这种方式进行推理时，困难的是“碰头”的判断问题，其时机不易掌握。

正向—反向混合推理的思想可大致地描述如下：

```
Procedure alternate
    repeat
    调用 date - driven，根据用户提供的初始证据推出部分目标；
    根据这些目标作出对总目标的假设 G；
    调用 goal - driven，确定 G 的真假
    until 问题被求解
end
```

2.4.2 基于知识的诊断推理

基于知识的诊断推理克服了非智能诊断中知识表示处理、继承与扩充的局限性以及诊断系统的弱解释性，使设备诊断进入了一个崭新的智能化诊断发展阶段。

基于知识的诊断推理，可分为三类，即利用浅知识的诊断推理，利用深知识的诊断推理和利用深、浅知识的诊断推理。

1. 基于浅知识的诊断推理

基于浅知识的诊断推理实际上是这样一个问题，即已知一组征兆，要求对产生这组征兆的原因作出解释。这类问题的求解，需要用到两类知识：一类是表示系统故障是如何引

起各种征兆的因果性知识；另一类是反映因果关系的成立程度（模糊强度）和可能性（概率强度）方面的知识。利用浅知识诊断方法的特点是：①浅知识通常以 IF - THEN 类型的规则形式表现，这是一种很容易读的形式，也是一种即使不熟悉计算机的人也容易理解的记述方法，另外，知识的变更非常容易；②诊断的推理方法比较简单，而且可以利用医疗诊断领域开发的丰富的技术；③其诊断能力主要取决于所使用知识的质和量，一般要收集处理所有异常的知识是困难的。

以前的大多数故障诊断专家系统（属于第一代专家系统）都是采用浅知识推理，也就是根据已知的征兆，通过故障与征兆之间的因果关系，采用外延推理求取最为可能的故障假设。由于第一代故障诊断专家系统的知识库容易构造和管理，推理效率高，抛开了客观世界内部的许多因果联系，集中体现了专家经验性知识等优点，因而赢得了众多专家系统使用者的青睐。但是，由于浅知识模型的限制，诊断精度也常常受到限制。诊断时往往是根据某些表面上出现的征兆，因此诊断知识的获取也受到限制。同时，由于只使用浅知识这一层次的知识，无法得到更为深刻的诊断结果和解释过程。还有从专家那里获取经验较难，知识集不完备，对没有考虑到的问题，诊断系统容易陷入困境。

2. 基于深知识的诊断推理

为了克服第一代专家系统基于浅知识推理的缺点，人们在专家系统中引入深知识推理的概念。所谓深知识目前还没有一个明确的定义，大致可概括为：

（1）结构知识，这是诊断知识中最低层次的知识，它反映的是诊断对象的各级组成元素及它们之间的相互关系。

（2）功能知识，这种知识主要描述诊断对象的功能单元及各功能单元之间的功能关系。

（3）因果知识，这种知识用因果网络描述诊断对象各单元之间故障及征兆之间的因果关系相传播途径。

（4）诊断对象的数学或模拟模型以及支配这些模型的数学或物理定律，这类知识一般包括定性知识和定量知识两个方面。

由于深知识刻画了专门领域内原理性和功能性的知识，更深刻地了解领域对象和对象之间的相互作用，所以在遇到未料到的新情况时，能根据丰富的定性知识来解决问题，至少不至于使推理完全失败。另外，它能给人们提供更为令人信服的解释。

基于深知识的诊断推理属于第二代诊断专家系统，其特点是：

（1）利用深知识的诊断方法收集的知识比较容易，诊断能力也高。如果给机械设备装置以适当的记述形式。它可以比规则法有更充分的知识表现，从而增加了知识的利用深度。

（2）如果给出诊断对象的构造记述，立即就可以进行故障的诊断，这很适合机械设备种类多样化的特点，机械设备种类繁多，但其构造大多数是可以知道的，而要获得规则性知识则要积累很多经验，特别是对于新的机械设备，缺乏经验性知识，只利用深知识的方法也可以进行故障诊断。

（3）利用深知识诊断方法的缺点是推理处理复杂，搜索空间大，处理速度慢。

3. 基于深浅知识的诊断推理

人类专家在进行故障诊断时，不仅使用经验性知识，同时也利用机器的构造和性能描述知识，这就是深、浅知识相结合的诊断方法[7-8]。综合利用深、浅知识诊断时，有可能达到人类专家诊断过程相近的诊断，从而使专家系统的智能化水平也前进了一步。

首先采用浅知识推理形成诊断焦点，再使用深知识进行确认，然后产生精确的解释。浅知识是基于对象和规则表示专家经验，而深知识是以因果网络的方式来深刻描述系统的结构、性能等知识。两层知识互相协作，弥补彼此的不足，获得效益和可靠性的统一。图 2.9 描述了深、浅知识混合的专家系统的结构框图。

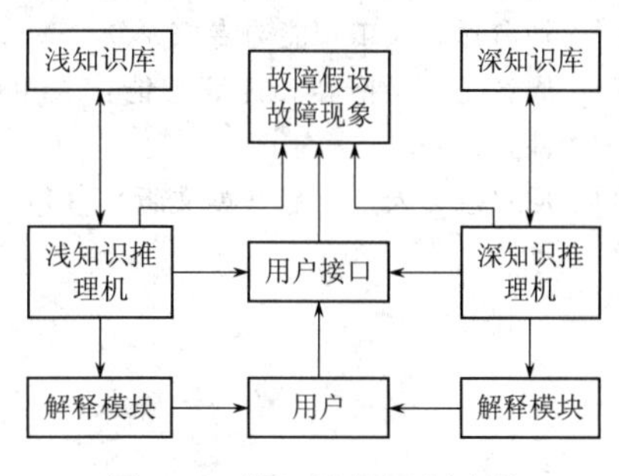

图 2.9　深、浅知识混合的专家系统的结构框图

由图 2.9 可以看出，该专家系统事实上是两部分组成的，浅知识部分和深知识部分，它们各有自己的知识库和推理机，是可以进行独立工作的。在两者之间有一个称为黑板的公共数据交换区。在该交换区中，保存着各种表征故障设备工作状态的数据和一些故障现象以及故障假设，这些可被两部分共享。浅知识层中每个故障假设与深层因果网络中的某个故障假设结点是相对应的，即每个表示故障假设的对象在因果网络中都有一个结点与之对应。

在推理过程中，首先启动浅知识进行推理。如果成功地找出故障源，则给出解释并停机，否则产生一些最有可能的故障假设。然后启动因果网络层的知识进行深知识推理来确认这些假设并产生解释。

深知识推理，首先从故障假设结点开始，对因果网络的有关部分进行搜索。在搜索过程中，搜索到相应的结点，该结点首先被例化成包括实际数据的对象。如果一个假设被确认，首先产生一个完整精确的解释。对于未被考虑的数据和未预料到的数据给出建议、假设，这些假设或者送回浅知识层继续推理，或者输出给用户来决定。如果最初假设被否定，则产生另外可选择的故障假设，送回浅知识层继续推理，并把控制权交回给浅知识层推理机，直到成功或失败。

简言之，混合知识诊断专家系统的诊断过程首先由浅层推理产生初始诊断假设，再由深层诊断进行确认和解释。两层之间的通信是通过浅层中的假设对象与深层中的一个假设结点相对应，当浅层中产生一个故障假设对象后，深层推理则与之相对应网络结点开始推理。也就是浅层知识（基于启发式的知识）推理用于产生诊断焦点，而深层知识则用于对诊断假设进行确认，具体化以及提出精确的解释或者推翻故障假设。

总之，混合知识诊断专家系统使得基于专家经验的故随诊断和基于诊断对象结构、功能的诊断解释有机地结合起来，取长补短，相得益彰，从而大大提高了诊断系统的工作效率和诊断的可靠性。

本章参考文献

［1］　吴今培，肖健华．智能故障诊断与专家系统［M］．北京：科学出版社，1997.
［2］　王占山，刘磊．复杂非线性系统的故障诊断与智能自适应容错控制［M］．北京：科学出版

社，2018.

[3]　刘永安．智能故障诊断专家系统开发平台：数据融合算法［M］．无锡：江南大学出版社，2007.

[4]　王永庆．人工智能原理与方法（修订版）［M］．西安：西安交通大学出版社，2018.

[5]　钟义信．高等人工智能原理：观念・方法・模型・理论［M］．北京：科学出版社，2014.

[6]　刘白林．人工智能与专家系统［M］．西安：西安交通大学出版社，2012.

[7]　周春光，梁艳春．计算智能：人工神经网络・模糊系统・进化计算［M］．长春：吉林大学出版社，2009.

[8]　尼尔松．人工智能（英文版）［M］．北京：机械工业出版社，1999.

第3章　故障征兆自动提取

当设备发生某种或某些故障时，其运行状态与正常状态将存在着不同之处，并出现一些异常征兆，而故障诊断的任务就是寻找引起这些异常征兆的可能原因。对于设备故障诊断来说，征兆的形式主要包括数值型征兆（如温度、压力、压差、频谱能量分布以及流量等)、语义型征兆（如流量减小、温度过高等）以及图形征兆（如温度场呈四角切圆分布、波形畸变等)[1-2]。对于数值型征兆而言，可以直接根据传感器的信息自动获取，而对于语义型征兆和图形征兆，自动获取的难度就相当大，有些征兆甚至不能做到自动获取。传统的基于专家系统的故障诊断在实际应用中所遇到的最大障碍就是征兆必须通过人机交互的方式获取，这已成为推广智能化诊断系统的一个不可忽略的问题。为此，尽量减少不能自动获取的征兆数目，实现设备故障诊断过程中征兆的自动提取是智能故障诊断系统必须解决的首要问题，并对智能诊断系统的推广应用具有十分重要的意义。

现有的诊断方法，通常都需要通过实验室中的实验台进行模拟而获得的标准故障样本，对工程实际的设备进行故障诊断，显然存在以下问题：

(1) 对于现代化生产设备而言，其结构和动力特性极其复杂且制造费用高昂，很难做出一台与真实设备性能相似的实验台，而只能模拟真实设备的某一关键部件，且实际中有许多故障不能通过实验台进行模拟。

(2) 实验室中获取的数据与真实设备实际运行中获取的数据来源于不同母体，而不同母体的样本可比性差，则故障诊断的可靠性必然会降低。

(3) 由于设备故障在很多情况下处于一个不确定信息环境下，即使对同一类乃至同一设备，在不同的生产环境、不同的安装条件下，其同一故障所反映出的信息也存在着差异，征兆与故障之间没有一一对应的因果关系以及必然的联系。

因此，针对实际生产环境中设备故障诊断过程中故障征兆自动提取问题进行研究，将在很大程度上促进智能故障诊断技术走向实用化。

3.1　数值型征兆的自动提取

从本质上讲，数值型征兆可由故障诊断系统各类传感器所提供的数值信息直接获得[3]。但在实际应用场合，由于传感器的安装不便或者考虑到减小诊断系统的规模和复杂性，目前直接由传感器采集的故障征兆仅仅局限于有限的振动信息和部分工艺参数信息。一般地，数值型征兆可分为时域征兆和频域征兆两种。

3.1.1　时域征兆的自动提取

由于原始检测信号是随机过程，很难直接用于设备的故障诊断，必须将原始信号转换为能反映故障征兆的特征参量，包括信号的均值、方差、自相关函数以及由时间序列分析方法所得的模型参数、模型残差等。时域征兆通常对故障不十分敏感，但是其计算已有固定的公式和快速算法，因此常用于一些实时性较强的工况识别任务，通过这些时域征兆参数迅速地判别当前设备所处的工况正常还是异常。

用时间序列分析方法研究机器系统的故障诊断问题[4-5]，只需提取反映系统当前时刻的总体平均势态信息的参数和当前时刻瞬时状态信息的变化率参数，就可对系统运行状态作出合理的表征。

将表征系统总体平均势态的信息（主要是信号的能量、信息距离、散度、方差、相关矩阵、信号所建时序模型的参数和残差以及它们的有效组合等）定义为$\sum(k)$，它反映了系统运行状态相对初始设定状态的偏离程度。系统当前状态偏离初始设定的系统状态越大，$\sum(k)$ 也越大；超出一定范围，则认为系统当前状态已不属于初始设定的系统状态；如果系统运行状态平稳，$\sum(k)$ 也相对稳定，变化不大，因此，$\sum(k)$ 值的大小能客观反映缓变性状态或故障一直存在的过程，但对冲击性、阶跃性的随机故障的起始点则反应迟钝且相对滞后。

反映系统瞬时状态信息变化参数，实质上是以前一时刻的状态信息来检测后一时刻的状态变化情况。设 $\Phi(k)$、$\Phi(k-1)$ 分别为 k 时刻、$(k-1)$ 时刻反映系统运行状态的状态信息参数，则 $\Delta\Phi(k)=\Phi(k)-\Phi(k-1)$ 为 k 时刻的状态信息变化程度或变化率。相对状态变化越大，$\Delta\Phi(k)$ 也越大，超过一定的变化阈值，则认为状态发生显著变化。显然，这一参数不受工况变化的影响。从 $\Delta\Phi(k)$ 可知，对状态平稳的正常过程，$\Delta\Phi(k)$ 很小，接近于 0，对冲击性变化，$\Phi(k)$ 迅速增大后很快变小。因为系统很快又恢复了原来的状态；对于阶跃性状态变化，$\Delta\Phi(k)$ 增大后，很快衰减；而对状态变化缓慢过程以及一开始就处于异常的过程状态，$\Delta\Phi(k)$ 始终保持很小的值。因而 $\Delta\Phi(k)$ 对冲击性、阶跃性等随机变化的起始点反应灵敏，能迅速反映系统状态的突变过程，但对缓变过程、一直存在的异常状态和阶跃变化后的状态，则不能正确客观地反映。

考虑两类特征参数 $\Delta\Phi(k)$ 和$\sum(k)$ 的互补性，只需提取这样性质的两类特征参数，就能全面表征系统的运行状态，对系统实行故障诊断。

提取设备运行时的传感信号建立时序模型 AR(n)，其参数特征向量 $(\varphi_1,\varphi_2,\cdots,\varphi_n,\sigma_\alpha^2)^{\mathrm{T}}$ 凝聚了动态信号的主要信息，能体现系统的运行状态。因此，选择 AR(n)模型参数估计的变化率作为 $\Delta\Phi(k)$，而选择动态信号的方差作为$\sum(k)$就能对系统运行状态的好坏作出评价。

AR(n)模型为

$$x_k=X^{\mathrm{T}}(k)\Phi(k)+\alpha_k \tag{3.1}$$

式中：$\Phi(k)$ 为模型参数，$\Phi(k)=(\varphi_1,\varphi_2,\cdots,\varphi_n)^{\mathrm{T}}$；$X(k)=(x_{k-1},x_{k-2},\cdots,x_{k-n})^{\mathrm{T}}$ 为样本序列；α_k 为均值等于 0 的白噪声。

利用递推最小二乘法可得到 AR(n) 模型的参数估计：

$$\phi(k)=\phi(k-1)+K(k)[x_k-X^{\mathrm{T}}(k)\Phi(k-1)] \tag{3.2}$$

式中：$K(k)$ 为加权系数，又称校正系数，$K(k)=P(k-1)X(k)[1+X^{\mathrm{T}}(k)P(k-1)X(k)]^{-1}$，$P(k)=P(k-1)[1-K(k)X^{\mathrm{T}}(k)]$。

式（3.2）表示模型参数的新估计 $\Phi(k)$ 等于原估计 $\Phi(k-1)$ 予以校正，其校正项为 $K(k)[x_k - X^{\mathrm{T}}(k)\Phi(k-1)]$，它是新数据 x_k 与新数据的估计 $X^{\mathrm{T}}(k)\Phi(k-1)$ 之差的加权处理。

对反映系统性态的变化率的参数 $\Delta\Phi(k)$ 来说，可在 $\Delta\Phi(k)=\|\Phi(k)-\Phi(k-1)\|$、$\Delta\Phi(k)=\|P(k)-P(k-1)\|$、$\Delta\Phi(k)=\|\Phi^{\mathrm{T}}(k)P(k)\Phi(k)-\Phi^{\mathrm{T}}(k-1)P(k-1)\Phi(k-1)\|$ 等表达式中选取（其中 $\|\cdot\|$ 表示范数概念），方差的变化率 $\Delta\sum(k)$ 也可作为 $\Delta\Phi(k)$ 的特征参数，此外，还可构造或选取其他能反映系统性态的变化率的表达式。选取不同类型参数，可以更有效、更多形式地表征系统性态，起到多参数评判的良好效果。

$\sum(k)$ 特征选择振动信号的方差为

$$\sum(k)=\sigma_k^2=\frac{1}{N}\sum_{k=1}^{N}(x_{k-1}-\overline{X})(x_{k-1}-\overline{X})^{\mathrm{T}} \tag{3.3}$$

式中：$\overline{X}$ 为均值，$\overline{X}=\frac{1}{N}\sum\limits_{k=1}^{N}x_k$ 。

以 $\Delta\Phi(k)$ 和 $\sum(k)$ 来检验当前系统的状态，正常时 $\Delta\sum(k)$ 很小，接近于0；$\Delta\sum(k)$ 较平稳，在保证此条件的基础上，采集振动信号进行适应性学习训练，确定 $\Delta\Phi(k)$ 和 $\sum(k)$ 的阈值为

$$|\Delta\Phi(k)|\leqslant\max\{\overline{\Delta\Phi}(k)+3\sigma_{\Delta\Phi}\cdot 1.2\Delta\Phi(k)_{\max}\} \tag{3.4}$$

$$\min\{\overline{\sum}(k)-3\sigma_{\sum}\cdot 0.8\sum(k)_{\min}\}\leqslant\sum(k)\leqslant\max\{\overline{\sum}(k)+3\sigma_{\sum}\cdot 1.2\sum(k)_{\max}\} \tag{3.5}$$

式中：$\overline{\Delta\Phi}(k)$、$\overline{\sum}(k)$ 为 $\Delta\Phi(k)$ 与 $\sum(k)$ 参数的均值；$\overline{\sum}(k)_{\max}$、$\overline{\sum}(k)_{\min}$ 为 $\sum(k)$ 参数的最大值和最小值；$\Delta\Phi(k)_{\max}$ 为 $\Delta\Phi(k)$ 参数的最大值；$\sigma_{\sum}$、$\sigma_{\Delta\Phi}$ 为 $\sum(k)$、$\Delta\Phi(k)$ 参数的均方差；$\overline{\sum}(k)\pm3\sigma_{\sum}$、$\overline{\Delta\Phi}(k)+3\sigma_{\Delta\Phi}$ 为 97.5%的置信区间；0.8、1.2 的加权表示 $\sum(k)$ 与 $\Delta\Phi(k)$ 的最小值和最大值的 80%与 120%。

在一般情况下，对设备运行状态监测，只需在线（也可离线）计算 $\sum(k)$，$\Delta\Phi(k)$，与假定的阈值比较，若满足式（3.4）和式（3.5），则表明运行正常，反之，有异常或故障出现。

本方法获取时域征兆参数的优点是所选的两类待征参数能迅速、有效地反映设备运行过程的状态变化和状态异常，并满足设备运行状态监测的需要。

3.1.2 频域征兆的自动提取

在设备故障诊断中（尤其是在对旋转机械的监测和诊断方面），基于频域征兆的频谱分析技术得到了广泛有效的应用。因为设备的运行状态及故障有其特定的征兆，反映在振动功率谱中，则是某些特定的谱峰。如果将大量典型的振动信号频谱值和故障信号频谱值以一定的表格形式存放在计算机中，构成诊断用频谱数据库，那么通过谱峰的寻找对比，由其高度变化和各种故障原因可能出现的频率分布概率，便可得出相应的诊断结论[4-7]。但要得到数据库的对应关系，则有赖于进行大量的模拟实验，这往往需要付出很大的代价，有时甚至是不可能做到的。因此，提出另外一种做法，就是在设备正常运行状态下采集一组时域信号，通过傅里叶变换成频域信号，给出正常运行状态的功率谱的极限指标，一旦超过此权限指标时，则将设备判定为异常运行状态。整个步骤如下：

（1）将传感器采集的时域信号 $\{x_t\}(t=0,1,\cdots,N-1)$ 经过傅里叶变换或进行建模得到傅里叶功率谱和时序模型谱，傅里叶功率谱由下式求出，即

$$S_x(\omega)=\frac{1}{2\pi N}\left|\sum_{t=0}^{N-1}x_t e^{-j\omega t}\right|^2=\frac{1}{2\pi N}|X(\omega)|^2 \quad (-\pi\leqslant\omega\leqslant\pi) \tag{3.6}$$

式中：$X(\omega)$ 为信号序列 $\{x_t\}$ 的快速傅里叶变换。

时序模型谱由下式求出，即

$$S_x(\omega)=\frac{\sigma_\alpha^2\Delta}{\left|1-\sum_{k=1}^{n}\varphi_k e^{-j\omega k\Delta}\right|^2} \quad \left(-\frac{\pi}{\Delta}\leqslant\omega\leqslant\frac{\pi}{\Delta}\right) \tag{3.7}$$

式中：$\varphi_1,\varphi_2,\cdots,\varphi_n$ 及 σ_α^2 为自回归模型 AR(n) 的参数估计值及方差；Δ 为采样间隔。

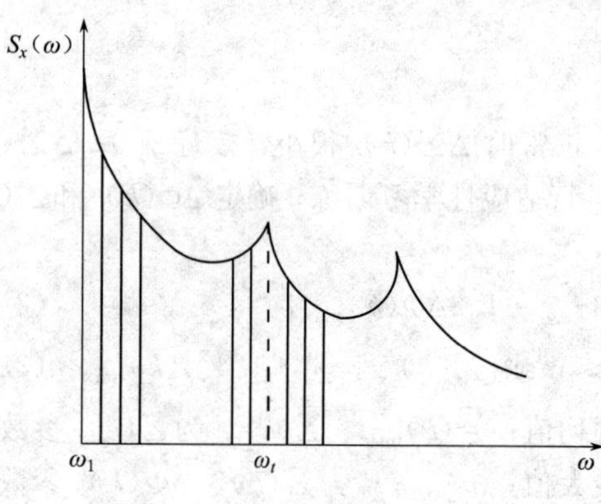

图 3.1　用 n 维向量表示功率谱

（2）将功率诸等分为 n 个区域，其中心频率为 $\omega_1,\omega_2,\cdots,\omega_n$，相应的每一矩形面积内的平均功率为 $p_1,p_2,\cdots,p_n$，这样，功率谱可以用一个 n 维向量表示，如图 3.1 所示。

（3）以上划分的结果，往往需要用 50～100 维的向量表示一张功率谱，并且向量中的每个元素都不是线性独立的。为了简化计算机运算和监视过程，需要采用主成分分析进行特征提取，其基本方法是将原来的 n 个元素用新的 m 个元素组成的向量来代替，即

$$y=(y_1,y_2,\cdots,y_m),\quad m\ll n \tag{3.8}$$

（4）决定极限指标 a_i，b_i，设向量 y 的元素 y_i 具有概率密度 $p_iy(i)$，则有

$$p(y_i\leqslant a_i)=\int_{-\infty}^{a_i}p_iy(i)\mathrm{d}y_i \tag{3.9}$$

$$p(y_i\geqslant b_i)=\int_{b_i}^{\infty}p_iy(i)\mathrm{d}y_i \tag{3.10}$$

如果 y_i 的任一观察值超过（a_i，b_i）的界限之外，则认为机组是处在不正常状态，给定 $p(y_i\leqslant a_i)$ 和 $p(y_i\geqslant b_i)$ 之值，用数值积分的方法对式（3.9）与式（3.10）求解 a_i 和 b_i 的值，即是要求的极限指标。

（5）概率密度函数 $p_iy(i)$ 的估计。由于 $p_iy(i)$ 是单独进行估计的，用 $p(y)$ 来表示任意向量元素 y_i 的概率密度函数。设 y_i 的 N 个观察值在 $0\sim y_{\max}$ 间变化，则可将（0，$y_{\max}$）区间分为 I 个等分，画出图 3.2 所示的直方图，

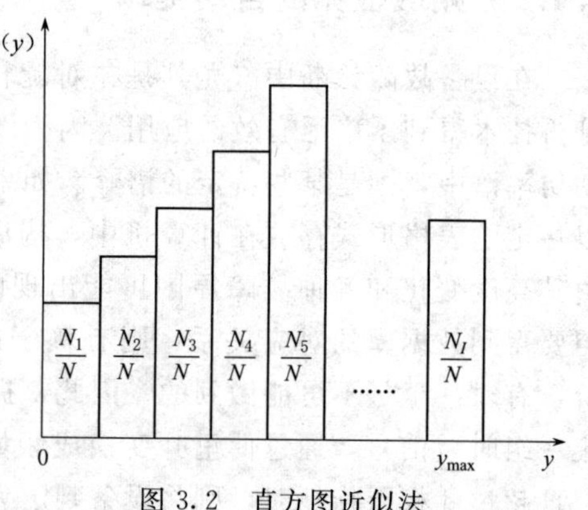

图 3.2　直方图近似法

极限指标 a 与 b 可直接由直方图确定，这种方法称为直方图近似法。

另外还有一些提取频域征兆的简捷方法，比如在振动功率谱或幅值谱图上，设立若干个表征设备故障特性的谱窗（频段），以这些窗内的振动功率或最大谱峰值占全部频段的总功率或全部频段谱峰值之和的比值作为特征参数。从而，频谱特征的自动获取可以由下面的公式实现，即

$$\mu(x_i)=\frac{x_i}{\sum_{j=1}^{n}x_j}\quad(i=1,2,\cdots,n)\tag{3.11}$$

式中：x_i、x_j 分别为第 i 个和第 j 个特征频段的振动功率或最大振动幅值；n 为特征频段数，为第 i 个特征频段的特征值。

3.1.3 趋势征兆的自动提取

常见的趋势征兆，如振幅增大、急剧增大、瓦温升高等，由于采用了自然语言进行描述，具有很大的模糊性，与此同时，这些实际测量所得的征兆量又具有随机性的特点，往往表现为一个确定性的趋势与随机性变化的相互叠加，为此，这里采用了时间序列分析中的趋势项提取技术以及模糊隶属度的概念来获取趋势征兆[3]。

设一趋势征兆量为某一测点的振幅、温度等的时间序列 $\{x_t\}(t=1,2,\cdots,N)$，则：

$$x_t=d_t+\varepsilon_t\tag{3.12}$$

式中：$\{d_t\}$ 为趋势项，它是随时间 t 变化的某一确定函数，如线性函数、指数函数、周期函数等；$\{\varepsilon_t\}$ 为随机项，它反映了从 $\{x_t\}$ 中提取 $\{d_t\}$ 后剩下的随机波动成分。

通常故障诊断中应用的趋势征兆主要是线性趋势，因此这里仅介绍线性趋势征兆的自动获取方法，此时趋势项 $\{d_t\}$ 为时间 t 的线性函数，即

$$d_t=\beta_0+\beta_1 t\tag{3.13}$$

d_t 反映了时间序列 $\{x_t\}$ 在截距为 β_0，斜率为 β_1 的直线附近随机变化，显然，当 $\beta_1>0$ 时，x_t 随时间 t 逐渐增大，β_1 的大小反映了征兆增大的快慢程度。

事实上，式（3.13）即为数理统计中的一元线性回归问题，只不过此时的自变量为时间 t，在时间序列 $\{x_t\}$ 中，t 取整数值 $(1,2,\cdots,N)$。

为避免当数据量 N 很大时回归方程中 t 的取值过大，d_t 可用下式表示，即

$$d_t=\beta_0+\beta_1 t_i$$

式中：$t_i=1+i/N(i=0,1,2,\cdots,N)$。

则根据最小二乘法，可求得 β_0、β_1 的最小二乘估计式为

$$\begin{cases}\hat{\beta}_0=\mu_x-\hat{\beta}_1\bar{t}\\[2ex] \hat{\beta}_1=\dfrac{\sum\limits_{i=1}^{N}(x_j-\mu_x)(t_i-\bar{t})}{\sum\limits_{i=1}^{N}(t_i-\bar{t})^2}\end{cases}\tag{3.14}$$

式中：$\mu_x=\dfrac{1}{N}\sum\limits_{i=1}^{N}x_i$ ，$\bar{t}=\dfrac{1}{N}\sum\limits_{i=1}^{N}t_i=\dfrac{1}{2}\left(3+\dfrac{1}{N}\right)$分别为 $\{x_t\}$ 和 $\{t_i\}$ 的均值，从而去除趋

势项后，$\{x_t\}$ 中的随机项 $\{\varepsilon_t\}$ 为

$$\varepsilon_t=x_t-d_t=\hat{\beta}_0-\hat{\beta}_1(1+i/N)\quad(i=0,1,2,\cdots,N) \tag{3.15}$$

获得趋势项和随机项后就可进行趋势征兆提取：对斜率进行分段，令 $0<k_1<k_2<k_3<k_4<+\infty$，表示征兆基本不变的斜率范围为 $[0, k_1]$，表示征兆有增大趋势的斜率范围为 $[k_2, k_3]$，表示趋势急剧增大的斜率范围为 $[k_4, +\infty)$，则对于实际估计所得的斜率 β_1 可分别按下式求得属于上述三个模糊语义论域的隶属度为

$$\text{基本不变}=\begin{cases}1, & \beta_1\leqslant k_1\\ \dfrac{\beta_1-k_2}{k_1-k_2}, & k_1<\beta_1\leqslant k_2\end{cases} \tag{3.16}$$

$$\text{增大}=\begin{cases}\dfrac{\beta_1-k_1}{k_1-k_2}, & k_1\leqslant\beta_1\leqslant k_2\\ 1, & k_2<\beta_1\leqslant k_3\\ \dfrac{\beta_1-k_4}{k_3-k_4}, & k_3<\beta_1\leqslant k_4\end{cases} \tag{3.17}$$

$$\text{急剧增大}=\begin{cases}\dfrac{\beta_1-k_3}{k_4-k_3}, & k_3<\beta_1<k_4\\ 1, & \beta_1\geqslant k_4\end{cases} \tag{3.18}$$

上述各式的隶属函数图形如图 3.3 所示。

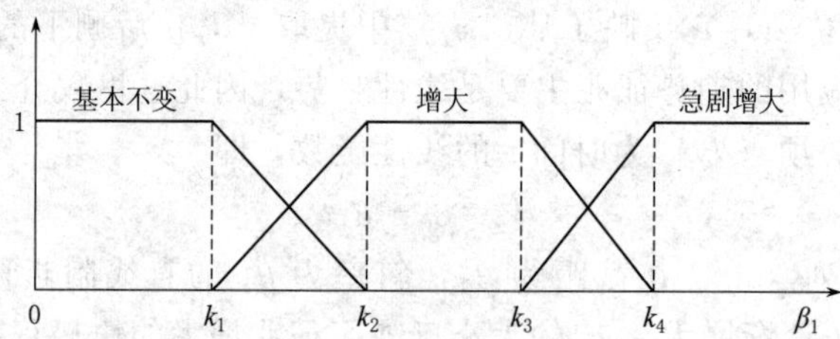

图 3.3　趋势征兆隶属函数

3.2　语义型征兆的自动提取

语义型征兆是指那些直接由人类自然语言进行描述的征兆信息[1,3]。语义型征兆产生的原因主要是由于机械设备的复杂性使得其故障形成原因和征兆的因果关系错综复杂，难以用测试手段将不同故障的信息分离开来，征兆与故障之间根本无法建立明确的数学模型，而只能采用诸如设备运行时“振动太大”“转速不稳”等模糊不清的自然语言来说明故障的特征。语义型征兆是机械故障诊断中一类重要的征兆信息，事实上，即使是能够通过传感器精确测量的数值征兆，当它应用于诊断时，仍然必须根据征兆与故障的模糊语义关系转变为数值化的语义信息，如用模糊隶属度表示“振动太大”的程度。

语义型征兆的自动获取是指对具有具体量值的征兆，根据其测量值，转化为对应语义论域上的模糊语义量．对于纯粹的没有量值的语义征兆或虽有量值但不能通过传感器获得

其测量值的语义征兆，其获取只能通过人机交互的方式，语义征兆获取事实上是把自然语义值表示为 [0，1] 上的数值形式以供计算机处理。

对于可测得量值的语义征兆，如温度、压力过高或过低等，若其具有三类语义量：过高、过低和正常，且该征兆的可能量值落在区间 [min，max]，正常量值落在区间 [a，b]，则各个语义量的隶属函数可通过图 3.3 所示的梯形隶属函数表示，即

$$\text{过高}=\begin{cases}1, & x\geqslant \max \\ \dfrac{x-b}{\max-b}, & b\leqslant x<\max\end{cases} \tag{3.19}$$

$$\text{正常}=\begin{cases}\dfrac{x-\max}{b-\max}, & b<x\leqslant \max \\ 1, & a\leqslant x\leqslant b \\ \dfrac{x-\min}{a-\min}, & \min\leqslant x<a\end{cases} \tag{3.20}$$

$$\text{过低}=\begin{cases}\dfrac{x-a}{\min-a}, & \min<x\leqslant a \\ 1, & x\leqslant \min\end{cases} \tag{3.21}$$

如果语义特征量没有具体的量值，则其隶属度可按如下方式量化，即

过高＝{0.05/过低,0.5/正常,0.9/过高}

正常＝{0.05/过低,0.5/正常,0.05/过高}

过低＝{0.9/过低,0.5/正常,0.05/过高}

3.3　图形征兆的自动提取

图形征兆是指那些以图形方式表示出来的故障特征，比如轴心轨迹的形状就是故障诊断中最为重要的一类图形征兆。虽然图形征兆所蕴含的诊断信息从理论上讲与构造这幅图形所用的数据信息是冗余的，但图形征兆能够更加有效地反映出故障特征，因而在诊断系统中得到广泛的应用。

下面着重讨论应用神经网络对图形征兆进行自动识别的基本原理：

(1) 提取图形的不变特征。图形的不变特征主要包括旋转不变性、平移不变性及刻度因子不变性三层含义。一般先将图形规格化，以获得平移不变性和刻度因子不变性，再对规格化后的图形提取具有旋转不变性的 Zernike 矩特征。

(2) 将所提取的特征归一化后输入到一个具有多层感知器的神经网络中去学习，该网络包含一个隐含层，学习中使用的是误差反向传播（Back - Propagation，BP）算法。

(3) 待测图形的分类识别。将已提取待测图形的不变性特征归一化后输入到训练好的神经网络进行分类识别。

3.3.1　Zernike 矩特征的提取方法

Zernike 在 1963 年引入了一组在单位圆 $x^2+y^2\leqslant 1$ 内部的一个完备正交集，设 $\{V_{n\times m}(x,y)\}$ 表示阶数为 n，重复数为 m 的 Zernike 多项式，则其表达形式为

$$V_{n\times m}(x,y)=V_{n\times m}(\rho,\theta)=R_{n\times m}(\rho)e^{jm\theta} \tag{3.22}$$

式中：n 为正整数或 0；m 为正负整数，且需满足 $n-|m|$ 为偶数和 $|m|\leqslant n$ 的条件限制；ρ 为原点到点（x,y）的矢量长度；θ 是 x 轴与 ρ 矢量逆时针方向的夹角；$R_{n\times m}(\rho)$ 为点（x,y）的径向多项式，定义如下：

$$R_{n\times m}(\rho)=\sum_{s=0}^{(n-|m|)/2}\frac{(-1)^s(n-s)!\rho^{n-2s}}{s!\left(\frac{n+|m|}{2}-s\right)!\left(\frac{n-|m|}{2}-s\right)!} \tag{3.23}$$

由于 Zernike 多项式的正交完备性，所以单位圆内的任意一幅图像 $f(x,y)$ 都可以唯一的由下式展开，即

$$f(x,y)=\sum_{n=0}^{\infty}\sum_{m=0}^{\infty}A_{n\times m}V_{n\times m}(x,y) \tag{3.24}$$

称复系数值 $A_{n\times m}^*$ 为角度 m 的 Zernike 的 n 阶矩，即

$$A_{n\times m}^*=\frac{n+1}{\pi}\iint_{x^2+y^2\leqslant 1}f(x,y)V_{n\times m}^*(x,y)\mathrm{d}x\mathrm{d}y \tag{3.25}$$

Zernike 矩实质是图像函数正交的一个映射，图像函数 $f(x,y)$ 的 n 阶重复数为 m 的 Zernike 矩 $A_{n\times m}$ 定义为

$$A_{n\times m}=\frac{n+1}{\pi}\iint_{x^2+y^2\leqslant 1}f(x,y)V_{n\times m}(\rho,\theta)\mathrm{d}x\mathrm{d}y \tag{3.26}$$

对于离散的数字化图像函数，则用求和代替积分，即

$$A_{n\times m}=\frac{n+1}{\pi}\sum_x\sum_y f(x,y)V_{n\times m}(\rho,\theta) \tag{3.27}$$

计算 Zernike 矩时，是把图像矩心当作原点，而且将图像的像素坐标映射到单位圆 $x^2+y^2\leqslant 1$ 范围之内，而落在单位圆外的像素在计算中则不起作用，则有 $A_{n\times m}^*=A_{n,-m}$。

Zernike 矩具有简单的旋转特性．若 $A_{n\times m}$ 和 $A_{n\times m}^*$ 各分别表示图像 $f(x,y)$ 和它逆时针旋转 φ 角度图像的 Zernike 矩，则它们之间有如下关系，即

$$A'_{n\times m}=A_{n\times m}\mathrm{e}^{-jm\varphi} \tag{3.28}$$

由式（3.28）可知，旋转后图像 Zernike 矩仅产生一个相位移动（$-m\varphi$）角，而矩的模值保持不变。

由以上分析可知，可以提取图像的 Zernike 矩模值 $|A_{n\times m}|$ 作为其旋转不变特征，而且由于 $A_{nm}^*=A_{n,-m}$，可以不考虑 $m<0$ 的情形。为了满足特征的另外两个不变性，即平移和比例因子不变性，应先将图像规格化：

（1）平移交换图像，使其一阶几何矩 m_{01} 和 m_{10} 都为 0。具体变换是将 $f(x,y)$ 变为 $g_1(x,y)$，公式为

$$g_1(x,y)=f(x+x_1,y+y_1) \tag{3.29}$$

式中：（x_1,y_1）为原图像的矩心坐标，$x_1=m_{10}/m_{00}$，$y_1=m_{01}/m_{00}$；其中 m_{00}、m_{10}、m_{01} 分别是原图像 $f(x,y)$ 的零阶及一阶几何矩，$f(x,y)$ 的 $p+q$ 阶的几何矩定义式为

$$m_{pq}=\sum_x\sum_y x^p y^q f(x,y) \tag{3.30}$$

（2）平移完成后，便对图像 $g_1(x,y)$ 进行比例变换从 $g_1(x,y)$ 至 $g(x,y)$。事先确

定一个目标象素总数 β（二维图像下的零阶几何矩实质即为图像中目标像素的总数），比例变换公式为

$$g(x,y)=g_1\left(\frac{x}{a},\frac{y}{a}\right) \tag{3.31}$$

式中：a 为比例变换因子，$a=(\rho/m_{00})^{1/2}$，m_{00}为图像 $g_1(x,y)$ 的零阶几何矩。

综上所述，图像 $f(x,y)$ 的不变性特征提取有以下几个步骤：

1）将 $f(x,y)$ 映射到正方形区域 $x\in[-1,1]$，$y\in[-1,1]$ 内。

2）原图像规格化为重心在原点，目标像素总数为常数 β 的标准图像，原图像函数 $f(x,y)$ 经规格化后图像函数为 $g(x,y)$，其映射关系为

$$g(x,y)=f\left(\overline{x}+\frac{x}{a},\ \ \overline{y}+\frac{y}{a}\right) \tag{3.32}$$

3）对规格化后图像函数提取 Zernike 矩，取其模值为图像的特征，且 Zernike 矩所有的计算都限于单位圆内，而且矩从二阶开始取，除 $A_{00}=\mathrm{m}_{00}/\pi=\beta/\pi$，$A_{00}=0$ 外，规格化之后的常数 A_{00}及 A_{11}都能作为表征图像信息的特征。

3.3.2　神经网络图形分类器

1. 神经网络图形分类器的结构

应用神经网络对图形进行分类或识别之前，首先有一个学习（训练）的过程，然后网络才能根据所学习的有关知识进行具体的识别。而如图 3.4 所示的误差逆传播神经网络（BP 神经网络）是神经网络模型中应用最广泛的一种，包括输入层、隐含层和输出层，如果输入是从图形中提取的 Zernike 不变性矩特征，例如为 12 阶矩，它有 47 个矩特征，则输入节点数为 47；如要识别的图形为 26 个英文字母，则输出层节点数为 26。在输入、隐含、输出各层中每一个节点都由一定权值连接着高一层的所有节点，训练网络的过程即为相对于所有连线寻找合适的权值，使得对于相应输入得到的各节点输出尽量接近理想的输出。

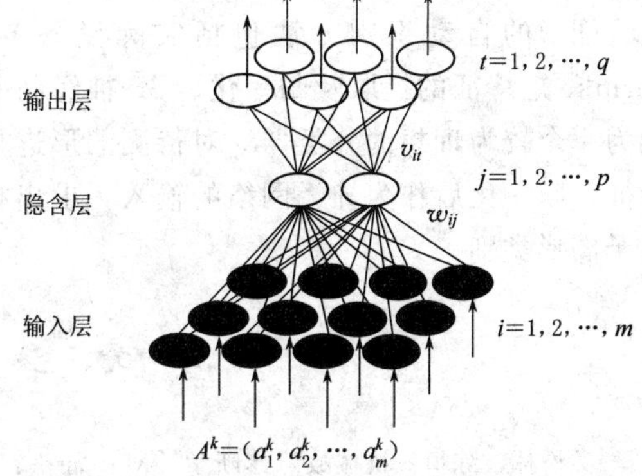

图 3.4　误差逆传播神经网络（BP 神经网络）

2. 神经网络的训练

神经网络训练采用传统的 BP 算法，即误差逆传播法，其本质是梯度下降法，以实际输出与要求输出之差构成的误差函数对加权空间的连接强度加以修正，使误差函数不断下降。算法的主要步骤如下：

(1) 初始化。预置所有连接权 W_{ij} 为［−1，+1］之间的随机值，W_{ij} 是节点 j 与低一层节点 i 之间的加权值。

(2) 考虑第 m 类型的输入并规定理想的输入如下：相应的第 m 个节点的理想输出为 1，其余各节点期望输出为 0。

(3) 利用当前的 W_{ij} 值计算所有节点的实际输出，用 y_j 表示节点 j 的输出值，并采

用如 S 形函数这样的非线性函数对其进行表示，即

$$y_j=\frac{1}{1+\exp\left(-\sum_{i=1}^{m}a_iW_{ij}\right)} \tag{3.33}$$

(4) 对于所有节点寻找误差 δ_j，如果用 d_j、y_j 分别表示节点 j 的期望输出和理想输出，则对于一个输出节点 j，有

$$\delta_j=(d_j-y_j)y_j(1-y_j) \tag{3.34}$$

对于一个隐含层节点 j，有 $\delta_j=y_j(1-y_j)\sum_k\delta_k\bar{\omega}_{jk}$，其中 k 是对于节点 j 高一层中的所有节点求和。

(5) 用下式修正权值

$$W_{ij}(n+1)=W_{ij}(n)+\alpha\delta_jy_j+\xi[W_{ij}(n)-W_{ij}(n-1)] \tag{3.35}$$

式中：$(n+1)$、(n) 和 $(n-1)$ 为下一次、当前及上一次迭代权值的下标；α 为一个学习速率，类似于梯度搜索法的步长；ξ 为介于 0 和 1 之间的一个常数，它决定了在加权空间中上一次的加权变化对现在权值调整方向的影响，给出了一个惯性矩。这样就有效地滤去了误差表面的高频变化。

(6) 取另一个模式输入并回到步骤 (2)。所有的训练输入模式是周期性提出，反复迭代训练直到权值收敛。

总之，以上算法是一个权值空间的梯度下降迭代过程，最后是要使所有输出点的理想输出与实际输出的差值的平方和最小，以达到最好的分类效果。

3. 图形征兆的自动识别

图形的自动识别方法包括实际设备各种轨迹图形的采集、图形的二值化、图形 Zernike 矩特征的提取及归一化、BP 神经网络分类器的训练。神经网络训练达到要求后便成为一个较为理想的分类器．对待测图形进行分类前，也必须先将其二值化并提取不变矩特征，归一化后作为神经网络的输入，求出相应的输出，并寻找具有最大值的输出节点号赋予图形类别。

本章参考文献

[1] 吴松林，陈恒．机械故障诊断学 [M]. 汕头：汕头大学出版社，2022.

[2] 黄志坚．机械设备振动故障监测与诊断 [M]. 2 版．北京：化学工业出版社，2017.

[3] 王占山，刘磊．复杂非线性系统的故障诊断与智能自适应容错控制 [M]. 北京：科学出版社，2018.

[4] 褚福磊，彭志科，冯志鹏．机械故障诊断中的现代信号处理方法 [M]. 北京：科学出版社，2009.

[5] 贾继德，张大鹏，梅检民，等．汽车故障诊断中的信号处理方法 [M]. 北京：化学工业出版社，2016.

[6] 霍金明，衣文索，朱兰香．现代信号处理的理论与方法 [M]. 长春：吉林科学技术出版社，2016.

[7] 葛卫清，安婧．现代数字信号处理理论与方法研究 [M]. 长春：吉林大学出版社，2017.

[8] 沈怀荣，杨露，周伟静．信息融合故障诊断技术 [M]. 北京：科学出版社，2013.

第4章 神经网络模型

神经网络独特的结构和信息处理方法，使其在模式识别、信号处理、自动控制与人工智能等许多领域得到了实际应用[1]。采用某种网络拓扑结构构成的活性网络，通过学习可以描述几乎任意的非线性系统。神经网络还具有强大的学习能力、记忆能力、计算能力以及各种智能处理能力，在不同程度和层次上模仿人脑神经系统的信息处理、存储和检索的功能。目前，神经网络的研究主要分为理论研究、实现技术与应用技术三个方面，其中理论研究是基础，实现技术是神经网络应用的前提，而应用技术又为理论研究提出新的问题，推动着理论研究的进展[2-4]。

神经网络当前存在的问题是智能水平还不高，许多应用方面的要求还不能得到很好的满足；网络分析与综合的一些理论性问题如稳定性、收敛性的分析，网络的结构综合等还未得到很好的解决。用数理方法探索智能水平更高的人工神经网络模型，研究网络的算法和性能，以及神经网络在各个科学技术领域应用的研究成为研究者们重点研究的内容。

4.1 人工神经网络的发展过程

人工神经网络的研究已有近半个世纪的历史，但它的发展并不是一帆风顺的，它的研究大体上可分为四个阶段[5-9]。

1. 早期阶段

人工神经系统的研究可以追溯到1800年Frued的前精神分析学时期，他已经做了一些初步工作。1913年，人工神经系统的第一个实践是由Russell描述的水力装置。1943年，美国心理学家Warren S McCulloch与数学家Water H Pitts合作，用逻辑的数学工具研究客观事件在形式神经网络中的描述，从此开创了对神经网络的理论研究。通过对神经元基本特性的分析与总结，首先提出了神经元的数学模型（MP模型）。后来MP模型经过数学家的精心整理和抽象，最终发展成一种有限自动机理论，再一次展现了MP模型的价值。此模型沿用至今，直接影响着这一领域研究的进展。1949年，心理学家Hebb D O提出了关于神经网络学习机理的“突触修正假设”，即突触联系效率可变的假设。Hebb学习规则开始是作为假设提出来的，其正确性在30年后才得到证实，现在多数神经网络学习机理仍遵循这一规律。1957年，Rosenblatt F首次提出并设计制作了著名的感知器，第一次从理论研究转入工程实现阶段，掀起了研究人工神经元网络的高潮。1962年，Bernard Widrow和Marcian Hoff提出了自适应线性元件网络，简称为Adaline（adaptive liner element）。它是一种连续取值的线性加权求和阈值网络，它也可以看成为感知器的变形，它实质上是一个两层前馈感知机型网络。它成功地应用于自适应信号处理和雷达天线控制等连续可调过程。

2. 20 世纪 70 年代的过渡

进入 20 世纪 70 年代后，神经网络研究虽然相对处于低潮时期，但是仍有不少科学家在极其困难的条件下坚持不懈地努力奋斗，主要是提出了各种不同的网络模型，开展了人工神经网络理论、增加网络的功能和各种学习算法的研究等，为今后研究神经网络理论、数学模型和体系结构等方面打下了坚实的基础。

Stephen Grossberg 是所有研究人工神经系统人员中最有影响者，他周到、广泛地研究了心理学（思维）和生物学（脑）的处理，以及人类信息处理的现象，把思维和脑的结构紧密结合在一起，成为统一的理论。日本学者甘利俊（Shun - Ichi Amari）致力于神经网络有关数学理论的研究。他的突出成果是 1971 年的对称连接人工神经系统的稳定性研究与 1979 年和 Kishimoto 合作发表的在不对称连接人工神经系统中回忆瞬时模式序列的稳定性的研究。在 1982 年和 1983 年还发表了人工神经系统中模式结构的动力学。1970 年和 1973 年，Kunihiko Fukushima 研究了视觉系统的空间和时空的人工神经系统模型，以及脑的空间和时空的人工神经系统模型。提出了神经认知网络理论。Fukushima 网络包括人工神经认知和基于人工神经认知机的有选择注意力的识别两个模型。1971 年，芬兰的 Tuevo Kohonen 开始从事随机连接变化表的研究工作。从 1972 年开始，他很快集中到联想记忆（相关矩阵）方面。最近，Kohonen 已经将 LVQ 应用到语音识别、模式识别和图像识别上面。Kohonen 的工作已经集中到联想记忆的三个专题：系统理论方法、相联存储器（内容可寻址）和自组织及联想记忆。1968 年，James Anderson 从具有基于神经元突触的激活联想记忆模型的 ANS 模型开始工作，1973 年和 1977 年，他把线性联想记忆（LAM）应用到诸如识别、重构和任意可视模式的联想这样的问题上。1977 年，Anderson、Silvetstein 等在 LAM 工作上又有了重要进展，通过加正水平反馈，使用误差修正学习和用斜坡函数代替阈值函数，建立起称为 BSB（Brain - state - in - a - box）的模型。在 20 世纪 80 年代中期，BSB ANS 已经被用来解释概念形成、分类和知识处理。1979 年，日本 NHK 的福岛邦彦（Fukushima K）提出了认知机模型，后来又提出了改进型认知机（Necognition）模型。1979 年，日本东京大学的中野馨提出了有名的联想记忆模型，即所谓联想机（Associatron），它能实现从残余信息（模式）到完整信息（模式）的恢复过程。

3. 20 世纪 80 年代的新高潮

神经网络研究第二次高潮到来的标志和揭开神经网络计算机研制序幕的是美国加州工学院物理学家 John Hopfield，他于 1982 年和 1984 年在美国科学院院刊上发表了两篇文章，提出了模仿人脑的神经网络模型，即著名的 Hopfield 模型。Hopfield 网络是一个互连的非线性动力学网络，它解决问题的方法是一种反复运算的动态过程，这是符号逻辑处理方法所不具备的性质。Jerome Feldman 和 Dana Ballard，1980 年在 Rochester 大学是最先从事人工神经系统研究人员中的两人。他们已经开发出许多不同的人工神经系统，其早期工作在视觉方面，此外，这个组还研究了自然语言、语义网络、逻辑推理和概念表示等，还提出了连接结构网络模型，并提出了传统人工智能计算与生物计算的区别，以及并行分布式处理的计算原则。Terrence Sejnowski 于 1976 年开始从事人工神经元系统方面的工作，他是少数研究人员中具有强数学和生物背景的一位研究人员。他的第一项工作集中在寻找对于协方差学习规则的神经逻辑学上的证明。1984 年和 1985 年，他与 Hinton，Ackley 用统计物理学的概念和方法研究神经网络，提出了 Boltzmann（玻尔兹曼）机。认知心理学家 McClelland 和 Rumelhart 最初感兴趣的是用人工神经系统模型去帮助理解思维的心理学功能，在 1981 年和 1982 年设计了交互激活模型的第一个 ANS 变化表，它被用来解释词的识别，并被推广到其他的 ANS 结构，并用于并行分布式处理（parallel distributed processing，PDP）来描述其工作，引起了许多其他研究人员的兴趣。1986 年提出了多层网络的误差逆传播法（back propagation，BP）。

4. 20 世纪 80 年代后期以来的热潮

1987 年 6 月 21 日，在美国圣地亚哥召开了第一届国际神经网络学术会议，宣告了国际神经网络协会正式成立，与会者 1600 多人，会上不但宣告了神经网络计算机学科的诞生，还公开了有关公司、大学所开发的神经网络计算机方面的产品和芯片，掀起了人类向生物学习、研究和开发及应用神经网络的新热潮。在这之后，每年都要召开神经网络和神经计算机的国际性和地区性会议，促进神网络的研制、开发和应用。1991 年，国际神经网络联合会议）（international joint conference on neural networks，IJCNN）主席 Rumelhart D 在开幕词中讲到“神经网络的发展已进入转折点，它的范围正在不断扩大，领域几乎包括各个方面”。国际神经网络协会（the international neural network society，INNS）主席（Werbos P）指出，过去几年至过去几个月，神经网络的应用使工业技术发生了很大变化，特别是在控制领域有突破性进展。

这段时期以来，神经网络理论的应用取得了令人瞩目的进展，特别是在人工智能、自动控制、计算机科学、信息处理、机器人、模式识别、CAD/CAM 等方面都有重大的应用实例。

（1）模式识别和图像处理，即印刷体和手写体字符识别、语音识别、签字识别、指纹识别、人脸识别、人体病理分析、目标检测与识别、图像压缩和图像复原等。

（2）控制和优化，即化工过程控制、机器人运动控制、家电控制、半导体生产中掺杂控制、石油精炼优化控制和超大规模集成电路布线设计等。

（3）预报和智能信息管理，即股票市场预测、地震预报、有价证券管理、借贷风险分析、IC 卡管理和交通管理。

（4）通信，包括自适应均衡、回波抵消、路由选择和 ATM 网络中的呼叫接纳识别及控制等。

（5）空间科学，包括空间交会对接控制、导航信息管理智能管理、飞行器制导和飞行程序优化管理等。

目前，各国发展的重点是以应用为导向，以发展更高性能的混合计算机为目标。这些计算机是以长远发展目标与近期效果相结合的，充分考虑到了与当前发展技术水平相适应。

我国在人工神经元网络的研究方面发展规模大、速度快，而且取得了不少成果。1988 年由北京大学组织召开了第一次关于神经网络的讨论会，一些国际知名学者在会上做了专题报告。1989 年和 1990 年，不同学会和研究单位召开过专题讨论会。在 1990 年 12 月由

8 个单位联合发起和组织了中国第一次神经网络会议，IEEE 神经网络委员会副主席在会上做了神经网络主要动向的演说。1991 年由 13 个单位发起和组织召开了第二次中国神经网络会议。1992 年中国神经网络委员会在北京承办了世界性的国际神经网络学术大会。

4.2　神经元模型

为了建立人工神经元模型，首先归纳一下生物神经元传递信息的过程。生物神经元是一个多输入单元，即它的多个树突和细胞体与其他多个神经元轴突连接；同时又是一个单输出单元，即每个神经元只有一个轴突作为输出通道。沿神经元轴突传递的信号是脉冲，当脉冲到达轴突末梢突触前膜时，突触前膜即向突触间隙释放神经传递化学物质，其结果是在突触后，即在接受其信息的神经元的树突或细胞体上产生突触后电位。突触后电位的大小与轴突传递脉冲的密度有关，对于兴奋性突触，密度越大，则电位越高，它就是突触后电位的时间总和效应。各输入通道均通过突触后电位对细胞体产生的影响，这就是突触后电位的空间总和效应。细胞体的激励电位是输入端时间、空间总和效应综合作用的结果。当此电位超过细胞的阈值电位时，在轴突的初段发放脉冲，脉冲即沿轴突输出。从输入、输出关系看，对于兴奋性突触，当输入脉冲的密度增加时，输出脉冲密度也增加。相反，对于抑制性突触，当输入脉冲的密度增加时，输出脉冲的密度就会减小。

常用的人工神经元模型主要是基于模拟上述生物神经元信息的传递特性，即输入、输出关系来建立的。神经网络是由大量简单的处理单元（神经元）广泛互连而形成的复杂网络系统，它反映了人脑功能的许多基本特性。一般认为，神经网络是一个高度复杂的非线性动力学系统，虽然每个神经元的结构和功能比较简单，但由大量神经元构成的网络系统的行为却是十分复杂与丰富多彩的。各神经元之间通过相互连接形成一个网络拓扑，不同的神经网络模型对拓扑结构与互连模式都有一定的要求或限制，比如允许它们是多层次的、是全互连的等。神经元之间的连接并非只是一个单纯的信号传递通道，在每对神经元之间的连接上还作用着一个加权系数。这个加权系数起着生物神经系统中神经元突触强度的作用，通常称为网络权值。在神经网络中，网络权值可以根据经验或学习而改变，修改权值的规则称为学习算法或学习规则。

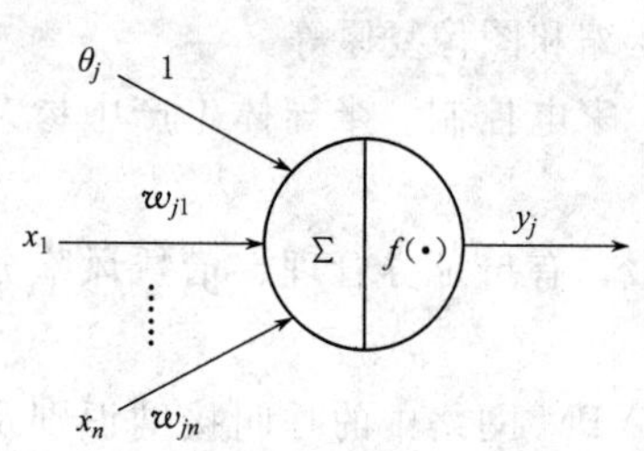

图 4.1　人工神经元模型

图 4.1 是最典型的人工神经元模型，是组成神经网络的基本单位，它的输入、输出关系为[8-9]

$$s_j = net_j = \sum_{i=1}^{n} w_{ji} x_i - \theta_j = \sum_{i=0}^{n} w_{ji} x_i (x_0 = \theta_j, w_{j0} = -1) \tag{4.1}$$

$$y_j = f(s_j) = f(net_j) \tag{4.2}$$

式中：net_j 为神经元 j 的净输入；θ_j 为神经元 j 的阈值；w_{ji} 为连接权系数；$f(\cdot)$ 为输出变换函数。

对于不同的应用，所采用的输出变换函数（有文献也称为活化函数）也不同。图 4.2 表示了几种常见的变换函数。

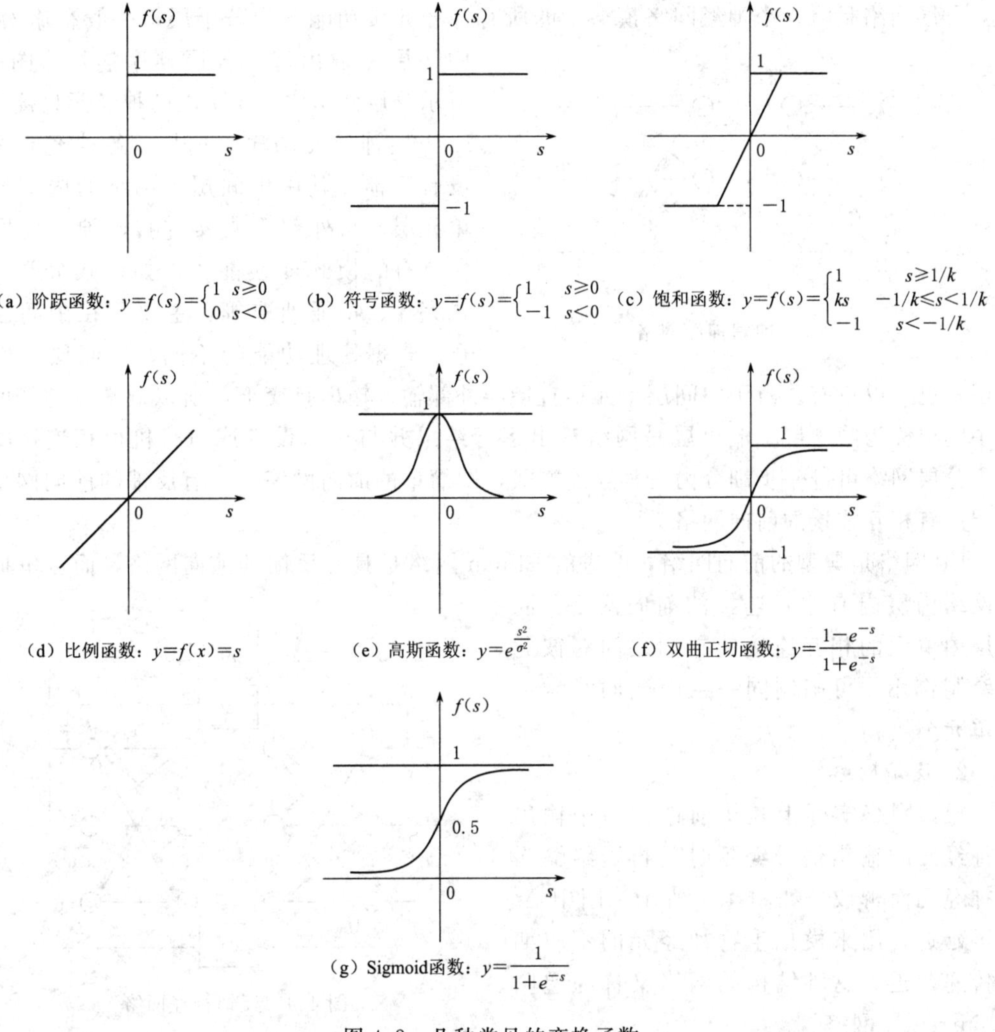

图 4.2　几种常见的变换函数

4.3　神经元互连模式

将神经元通过一定的结构组织起来，就可构成神经网络。神经网络是一个并行和分布式的信息处理网络结构，由许多个神经元组成，每个神经元有一个单一的输出，它可以连接到许多其他的神经元，输入有多个连接通路，每个连接通路对应一个连接权系数。严格说来，神经网络是一个具有以下性质的有向图：①对每个节点有一个状态变量 x_j；②节点 i 到节点 j 有一个连接权系数 w_{ji}；③对每个节点有一个阈值 θ_j；④对每个节点定义一个变换函数 $f_j[x_i, w_{ji}, \theta_j (i\neq j)]$，最常见的情形为 $f_j\left(\sum_i w_{ji}x_i - \theta_j\right)$。

根据神经元之间连接的拓扑结构上的不同，常用的神经网络主要如下所述。

1. 分层网络

分层网络是将一个神经网络模型中的所有神经元按功能分为若干层，一般有输入层、中间层和输出层，各层顺序连接。图 4.3 所示分层网络中，第 i 层的神经元只接受第 $i-1$ 层神经元的输入信号，各神经元之间没有反馈。其中中间层是网络的内部处理单元层，与外部无直接连接，神经元网络所具有的模式变换能力，如模式分类、模式完善、特征抽取等，主要是在中间层进行。根据处理功能的不同，中间层可以有多层，也可以没有。由于中间层单元不直接与外部输入输出打交道，所以通常将神经网络的中间层称为隐含层。输出层是网络输出运行结果并与显示设备或执行机构相连接的部分。分层网络可进一步细分为三种互连方式，即简单的前向网络、具有反馈的前向网络以及层内有相互连接的前向网络。

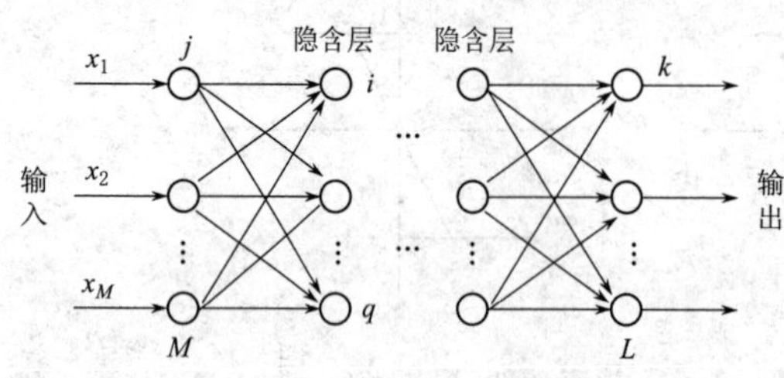

图 4.3　前馈神经网络

BP 网络是典型的前向网络，改进的 Elman 网络是具有反馈的前向网络，而竞争抑制型网络为层内有相互连接的前向网络，同一层内单元的相互连接使它们之间有彼此的牵制作用，可限制同一层内能同时激活的单元个数。

2. 反馈网络

反馈网络实际上是将前馈网络中输出层神经元的输出信号经延时后再送给输入层神经元而构成，如图 4.4 所示。图中 Δt 表示延迟，用来模拟生物神经元的不应期或传递延迟。这种结构的网络又称为递归（recurrent）网络。

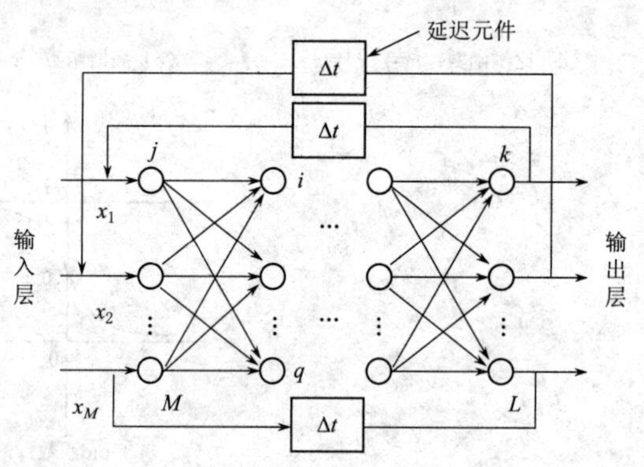

图 4.4　反馈神经网络

3. 相互连接型网络

相互连接型网络是指网络中任意两个单元之间都是可以相互连接的，如图 4.5 所示。Hopfield 网络、玻尔茨曼机模型均属这一类型。构成网络中的各个神经元都可能相互双向连接，所有神经元既可作为输入，也可作为输出。这种网络如果在某一时刻从外部加一个输入信号，各神经元一边相互作用，一边进行信息处理，直到收敛于某个稳定值为止。

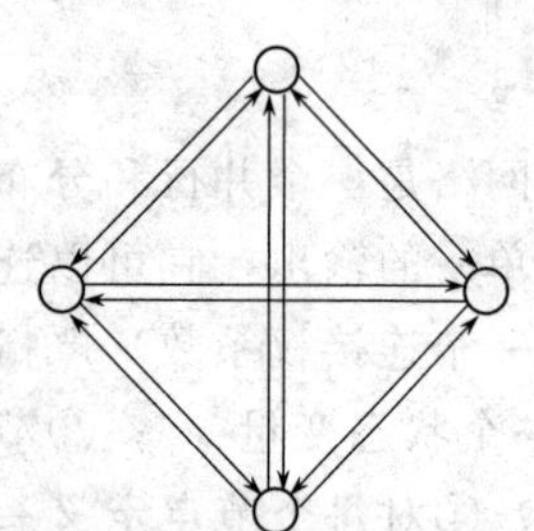

图 4.5　相互连接型网络

对于简单的前向网络，给定某一输入模式，网络能产生一个相应的输出模式并保持不变。但在相互连接型网络中，对于给定的输入模式，网络由某一初始状态出发开始运行，在一段时间内网络处于不断更新输出状态的变化过程中。若网络设计合理，最终可能会产生某一稳定的输出模式；若设计得不好，网络也有可能进入周期性振荡或发散状态。

4. 混合型网络

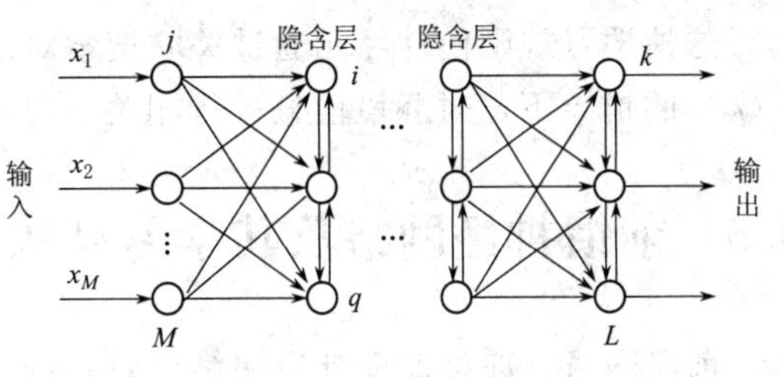

图 4.6 混合型神经网络

前述前馈网络和相互连接型网络分别是典型的层状结构网络和网状结构网络，介于这两者之间的一种结构，称为混合型神经网络，如图 4.6 所示。它在前馈网络的同一层间各神经元又有互连，目的是限制同层内部神经元同时兴奋或抑制的数目，以完成特定的功能。如视网膜的神经元网络就有许多这种连接形式。

4.4 神经网络学习规则

学习是神经网络的主要特征之一，学习规则是修正神经元之间连接强度或加权系数的算法，使获得的知识结构适应周围环境的变化。在学习过程中执行学习规则，修正加权系数，由学习所得的连接加权系数参与计算神经元的输出。学习算法主要分为有监督学习和无监督学习两类。前者是通过外部教师信号进行学习，即要求同时给出输入和正确的期望输出的模式对，当计算结果与期望输出有误差时，网络将通过自动调节机制调节相应的连接权度，使之向误差减少的方向改变，经过多次重复训练，最后与正确的结果相符合。而后者没有外部教师信号，其学习表现为自适应于输入空间的检测规则，学习过程为系统提供动态输入信号，使各个单元以某种方式竞争，获胜的神经元本身或其相邻域得到增强，其他神经元则进一步被抑制，从而将信号空间分为有用的多个区域。常用的三种主要规则，如下所述。

1. 无监督 Hebb 学习规则

Hebb 学习是一类相关学习，它的基本思想是：如果有两个神经元同时兴奋，则它们之间的连接强度的增强与它们的激励的乘积成正比。用 o_i 表示单元 i 的激活值（输出），用 o_j 表示单元 j 的激活值，w_{ij} 表示单元 j 到单元 i 的连接加权系数，则 Hebb 学习规则可用下式表示，即

$$\Delta w_{ij}(k)=\eta o_i(k)o_j(k) \tag{4.3}$$

式中：η 为学习速率。

2. 有监督 δ 学习规则或 Widrow - Hoff 学习规则

在 Hebb 学习规则中引入教师信号，将式（4.3）中的 o_i 换成网络期望目标输出 d_i 与实际输出 o_i 之差，即为有监督 δ 学习规则：

$$\Delta w_{ij}(k)=\eta[d_i(k)-o_i(k)]o_j(k) \tag{4.4}$$

式（4.4）表明，两神经元间的连接强度的变化量与教师信号 $d_i(k)$ 和网络实际输出 o_i 之差成正比。

3. 有监督 Hebb 学习规则

将无监督 Hebb 学习规则和有监督 δ 学习规则两者结合起来，组成有监督 Hebb 学习规则，即

$$\Delta w_{ij}(k)=\eta[d_i(k)-o_i(k)]o_i(k)o_j(k) \tag{4.5}$$

这种学习规则使神经元通过关联搜索对未知的外界作出反应，即在教师信号 $d_i(k)-o_i(k)$ 的指导下，对环境信息进行相关学习和自组织，使相应的输出增强或削弱。

4.5　前馈神经网络及其学习算法

前向网络，亦称前馈神经网络，是目前应用最为广泛的神经网络模型。BP 网络是最具代表性的前馈网络，结构如图 4.3 所示。它虽然没有明确的生物学原型，但却有系统的数学理论基础，它多输入多输出的非线性特性和强有力的学习功能使其在系统辨识与自动控制领域得到的广泛应用。根据输入输出特性的不同，前馈神经网络具有 BP 网络、径向基函数（RBF）神经网络、函数链（FL）网络、多层感知机（MLP）、小波（Wavelet）网络等多种类型。

4.5.1　BP 网络

BP 神经网络中的神经元多采用 S 型函数作为活化函数，利用其连续可导性，便于引入最小二乘（least mean squares，LMS）学习算法，即在网络学习过程中，使网络的输出与期望输出的误差边向后传播边修正连接强度（加权系数），以期使其误差均方值最小。BP 网络的学习过程可分为前向网络计算和反向误差传播：连接加权系数修正两个部分，这两个部分是相继连续反复进行的，直至误差满足要求。不论学习过程是否结束，只要在网络的输入节点加入输入信号，则输入信号一层一层向前传播；通过每一层时要根据当时的连接加权系数和节点的活化函数与阈值进行相应计算，所得的输出再继续向下一层传送。这个前向网络计算过程，既是网络学习过程的一部分，也是将来网络的工作模式。在学习过程结束之前，如果前向网络计算的输出和期望输出之间存在误差，则转入反向传播，将误差沿着原来的连接通路回送，作为修改加权系数的依据，目标是使误差减小。

1. 误差反向传播学习算法

（1）神经网络的前向计算。前向计算是在网络各神经元的活化函数和连接强度都确定的情况下进行的。以图 4.3 所示具有 M 个输入、L 个输出，设有一个隐含层（q 个神经元）的 BP 网络为例，作为训练网络的第一阶段，设有 N 个训练样本，若用其中某一训练样本 p 的输入 $\{\boldsymbol{X}_p\}$ 和输出 $\{\boldsymbol{d}_p\}$ 对网络进行训练，则隐含层的第 i 个神经元的输入可写成：

$$net_{pi}=net_i=\sum_{j=1}^{M}w_{ij}o_j \tag{4.6}$$

第 i 个神经元的输出为

$$o_i=f(net_i) \tag{4.7}$$

式中：$f(\cdot)$ 为活化函数，这里取 Sigmoid 活化函数。

则对式（4.7）求导可得

$$f'_i(net_i)=f(net_i)[1-f(net_i)] \tag{4.8}$$

输出 o_i 将通过加权系数向前传播到第 k 个神经元作为它的输入之一，而输出层的第 k

个神经元的总输入为

$$net_k = \sum_{i=1}^{q} w_{ki} o_i \tag{4.9}$$

输出层的第 k 个神经元的总输出为

$$o_k = f(net_k) \tag{4.10}$$

在神经网络的正常工作期间，上面的过程即完成了一次前向计算，而若是在学习阶段，则要将输出值与样本输出值之差回送，以调整加权系数。

(2) 误差反向传播和加权系数的调整。在前向计算中，若 o_k 与样本的输出 d_k 不一致，就要将其误差信号从输出端反向传播回来，并在传播过程中对加权系数不断修正，使输出层神经元上得到所需要的期望输出 d_k 为止。对样本 p 完成网络加权系数的调整后，再送入另一个样本进行学习，直到完成 N 个样本的训练学习为止。

为了对加权系数进行调整，对每一个样本 p，引入二次型误差函数为

$$E_p = \frac{1}{2}\sum_{k=1}^{L}(d_{pk} - o_{pk})^2 \tag{4.11}$$

则系统的平均误差函数为

$$E = \frac{1}{2p}\sum_{p=1}^{N}\sum_{k=1}^{L}(d_{pk} - o_{pk})^2 \tag{4.12}$$

学习时调整加权函数，既可按使误差函数 E_p 减少最快的方向调整，也可按使误差函数 E 减少最快的方向调整，直到获得加权系数集为止。下面以按使误差函数 E_p 减少最快的方向调整为例，加权系数按误差函数 E_p 的负梯度方向调整，使网络逐渐收敛。

(3) 输出层加权系数的调整。根据上述思想，加权系数的修正公式为

$$\Delta w_{ki} = -\eta \frac{\partial E_p}{\partial w_{ki}} \tag{4.13}$$

式中：η 为学习速率，$\eta > 0$。

$\frac{\partial E_p}{\partial w_{ki}}$的具体计算可由下面的推导得出：

$$\frac{\partial E_p}{\partial w_{ki}} = \frac{\partial E_p}{\partial net_k}\frac{\partial net_k}{\partial w_{ki}} \tag{4.14}$$

根据式 (4.9) 有

$$\frac{\partial net_k}{\partial w_{ki}} = \frac{\partial}{\partial w_{ki}}\left(\sum_{i=1}^{q} w_{ki} o_i\right) = o_i \tag{4.15}$$

令

$$\delta_k = -\frac{\partial E_p}{\partial net_k} = -\frac{\partial E_p}{\partial o_k}\frac{\partial o_k}{\partial net_k} \tag{4.16}$$

其中，
$$\frac{\partial E_p}{\partial o_k} = -(d_k - o_k), \quad \frac{\partial o_k}{\partial net_k} = f'_k(net_k)$$

由此可得

$$\delta_k = (d_k - o_k) f'_k(net_k) = o_k(1 - o_k)(d_k - o_k) \tag{4.17}$$

所以，对输出层的任意神经元加权系数的修正公式为

$$\Delta w_{ki}=\eta(d_k-o_k)f'_k(net_k)o_i=\eta\delta_k o_i=\eta o_k(1-o_k)(d_k-o_k)o_i \tag{4.18}$$

(4) 隐含层加权系数的调整。对于作用于隐含层的加权系数的调整与上面的推导过程基本相同，但由于不能直接计算隐含层的输出，需要借助于网络的最后输出量。由式(4.18) 可知：

$$\Delta w_{ij}=\eta\delta_i o_j \tag{4.19}$$

其中 δ_i 满足：

$$\begin{aligned}\delta_i&=-\frac{\partial E_p}{\partial net_i}=-\frac{\partial E_p}{\partial o_i}\frac{\partial o_i}{\partial net_i}=-\frac{\partial E_p}{\partial o_i}f'_i(net_i)=-f'_i(net_i)\sum_{k=1}^{L}\frac{\partial E_p}{\partial net_k}\frac{\partial net_k}{\partial o_i}\\&=-f'_i(net_i)\sum_{k=1}^{L}\left(-\frac{\partial E_p}{\partial net_k}\right)\frac{\partial}{\partial o_i}\left[\sum_{i=1}^{q}w_{ki}o_i\right]=-f'_i(net_i)\sum_{i=1}^{L}\delta_k w_{ki}\end{aligned} \tag{4.20}$$

将上式代入式 (4.19)，整理可得

$$\Delta w_{ki}=\eta f'_i(net_i)\left[\sum_{k=1}^{L}\delta_k w_{ki}\right]o_j=\eta o_i(1-o_i)\left[\sum_{k=1}^{L}\delta_k w_{ki}\right]o_j \tag{4.21}$$

式 (4.18)、式 (4.19) 即为修正 BP 网络连接强度的计算式，其中 o_i、o_j 和 o_k 分别表示隐含节点 i、节点 j、输出节点 k 的输出。采用增加惯性项的办法，可加快收敛速度，对于输出层和隐含层，其计算公式分别为

$$w_{ki}(k+1)=w_{ki}(k)+\eta\delta_k o_i+\alpha[w_{ki}(k)-w_{ki}(k-1)] \tag{4.22}$$

$$w_{ij}(k+1)=w_{ij}(k)+\eta\delta_i o_j+\alpha[w_{ij}(k)-w_{ij}(k-1)] \tag{4.23}$$

式中：α 为惯性系数，通常取 $0<\alpha<1$。

(5) 加权系数的学习计算步骤。将上述基本思想和计算公式加以归纳，可得 BP 网络的权值计算步骤如下：

1) 加权系数初始化：用较小的随机数为 BP 神经网络的所有加权系数置初值；准备训练数据：给出 N 组训练信号矢量组 $\boldsymbol{X}=[x_1,x_2,\cdots,x_M]^{\mathrm{T}}$ 和 $\boldsymbol{D}=[d_1,d_2,\cdots,d_L]^{\mathrm{T}}$，令 $n=1$。

2) 取 $\boldsymbol{X}_n$ 和 $\boldsymbol{D}_n$，按前向计算式 (4.6)～式 (4.10) 计算隐含层和输出层的各神经元的输出。

3) 按式 (4.11) 计算网络输出与期望输出之差的函数。

4) 按式 (4.22) 计算输出层网络加权系数的调整量 Δw_{ki}，并修正加权系数。

5) 按式 (4.23) 计算隐含层网络加权系数的调整量 Δw_{ij}，并修正加权系数。

6)) $n=n+1$ 返回到步骤 2)，直到 E_p 进入设定的范围为止。

2. BP 算法的改进算法

已有的研究表明，基于梯度下降法的 BP 算法存在着收敛速度缓慢、容易陷入局部极小点等缺陷。另外，前馈神经网络的拓扑结构设计也一直没有明确的理论指导，这些问题都在一定程度上限制了前馈神经网络的实际应用。为此，学术界开展了广泛的研究，提出了许多种改进学习算法。

(1) 回避局部极小值的改进算法。由于采用梯度下降法，BP 算法给出的解可能是局部极小解，回避局部极小解的方法通常有以下几种：

1) 改进处理方式为在线训练方式，即每学习一个样本就对网络的所有权值进行一次

修正，这相当于梯度法加随机扰动。

2）直接在所求的权值修正量上或每个学习样本上加入零均值小方差的白噪声，以产生随机扰动。

3）采用全局搜索方法，如模拟退火技术与遗传算法。当然，这些方法是以牺牲网络的收敛速度为代价的。

（2）加快学习速度的改进算法。BP 算法也存在学习速度较慢的缺陷，并主要在惯性项法、学习步长、激活函数、优化方法和目标函数等方面得到相关体现。

1）惯性项法。对于窄长的峡谷型误差曲面，梯度法寻优会在“谷”的两壁跳来跳去，产生振荡，导致算法的收敛速度降低。常用的解决方法是惯性项法，令 $k+1$ 时刻的权值调整量与 k 时刻的权值调整量相联系，造成一种惯性效应，以平滑梯度方向的激烈变化，如式（4.22）和式（4.23）所示。

2）学习步长。BP 算法中，每个连接权值均采用固定且相同的学习步长，不能适应复杂的误差曲面。通常的解决办法是令每个权值具有自己的学习步长，或其学习步长可以自适应调节。

3）激活函数。当某一神经元的输出接近激活函数的上下饱和值时，会造成相关权值的修正量近似为零，导致总体误差函数长期维持在较大值。一种解决办法是当神经元的输出接近饱和值时，减小激活函数的陡度使输出特性变软，以减缓其趋向饱和的速度；另一种办法是将各神经元激活函数的饱和值与陡度看作是广义的网络参数，在线自适应调节。

4）优化方法。实际上，前馈神经网络的学习问题可归结为无约束条件的非线性优化问题。BP 算法采用梯度下降法修正神经网络的连接权值，仅利用了学习误差对网络权值的一阶导数信息。为此，许多学者建议采用共轭梯度法、牛顿法、拟牛顿法等更加复杂的非线性优化方法进行训练，以改进前馈神经网络的学习效果。另一种观点则变为应抛弃梯度下降法而采用其他方法训练前馈神经网络，这方面研究主要分为两类。一类方法仍需要计算误差函数对网络权值的导数，但不直接应用它们以梯度法修正网络权值，而采用其他方法间接求得网络权值的修正量。比较典型的方法有最小平方估计、广义 Kalman 滤波器等。另一类方法抛弃了 BP 算法所采用的链导数法则，对网络权值进行逐层修正，比如在修正某层权值时，暂时固定网络的其他权值。从最优化的观点看，这类方法基本上都是次优的，但对于某些实际问题却可以取得比较好的训练效果。

5）目标函数。通常，与 BP 算法相配合的优化目标函数是平方误差函数。将该函数替换为其他类准则函数并不影响学习算法的要点。目前被采用过的其他类准则有 Minkowski 范数、熵函数等。一种比较典型的熵函数为

$$E=\sum_{n=1}^{V}E_n=\sum_{n=1}^{V}\sum_{l=1}^{P}[y_{dl}\ln y_l+(1-y_{dl})\ln(1-y_l)] \tag{4.24}$$

式中：V 为训练样本个数；P 为输出层神经元的个数；y_{dl} 为输出层第 l 个神经元的期望输出值和实际输出值。

该函数的特点是，当网络输出层的神经元采用 Sigmoid 型激活函数时，熵函数对与输出层有关的权值的导数将不含因子 $y_l(1-y_l)$，该因子会导致网络收敛速度减慢，并产生

局部极小点，去除它可以改善网络的收敛行为。

（3）算法的一些变型。国内外学者也相继提出 BP 算法的一些变型，例如：

1）输出层神经元激活函数采用简单的线性函数，去除线性样本的预处理过程，以逼近任意非线性函数。

2）采用更加复杂的神经元模型取代 Sigmoid 特性，如高阶神经元、B 样条感受野函数等。

4.5.2　径向基函数神经网络

径向基函数（radial basis function，RBF）神经网络是由 Moody J 和 Darken C 在 20 世纪 80 年代末提出的一种神经网络，它是具有单隐层的三层前馈网络，是一种局部逼近网络，即对于输入空间的某一局部区域只存在少数的神经元用于决定网络的输出；已证明它能以任意精度逼近任意连续函数。径向基函数理论是一种对多输入、多输出非线性系统的辨识方法，以此而建立的径向基网络可实现对非线性系统的模式识别与分类。

1. 径向基函数神经元模型

一个具有 R 维输入的径向基函数神经元模型如图 4.7 所示。图 4.7 中的 ‖dist‖ 模块表示求取输入矢量和权值矢量的距离。此模型中采用如图 4.8 所示高斯函数 radbas 作为径向基函数神经元的传递函数，其输 n 入为输入矢量 p 和权值矢量 w 的距离乘以阈值 b。如图 4.8 所示高斯函数是典型的径向基函数，其表达式为

$$f(x)=e^{-x^2} \tag{4.25}$$

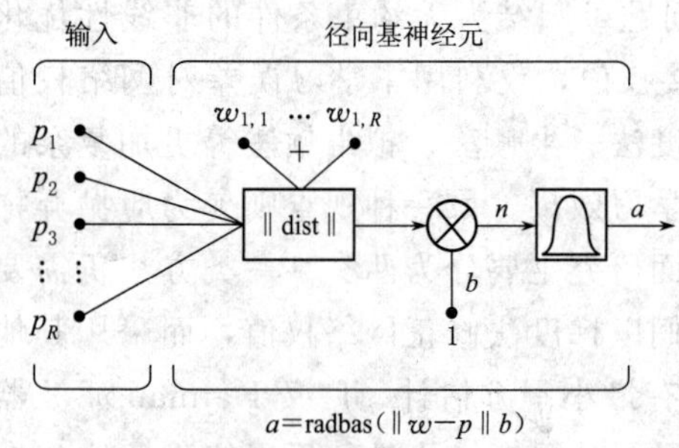

图 4.7　径向基函数神经元

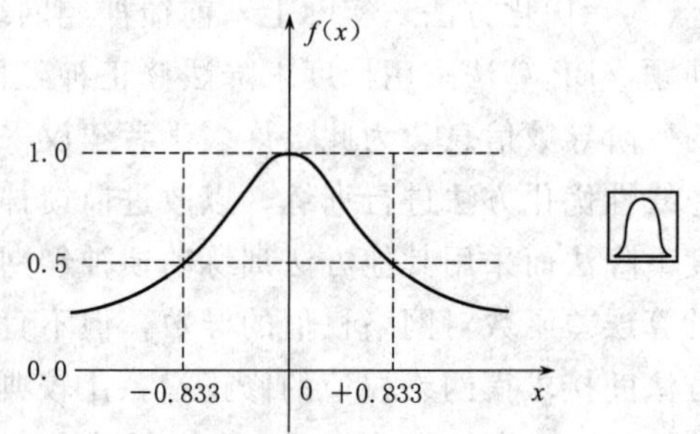

图 4.8　高斯径向基函数

中心与宽度是径向基函数神经元的两个重要参数。神经元的权值矢量 w 确定了径向基函数的中心，当输入矢量 p 与 w 重合时，径向基函数神经元的输出达到最大值，当输入矢量 p 距离 w 越远时，神经元输出就越少。神经元的阈值 b 确定了径向基函数的宽度，当 b 越大，则输入矢量 p 在远离 w 时函数的衰减幅度就越大。

2. 径向基函数神经网络模型

一个典型的径向基函数网络包括两层，即隐层和输出层。图 4.9 所示为一径向基函数网络的结构图，网络的输入维数为 R、隐层神经元个数为 S^1、输出个数为 S^2，隐层神经元采用高斯函数作为传递函数，输出层的传递函数为线性函数，a_i^1 表示隐层输出矢量 a_i^1 的第 i 个元素，W_i^1 表示第 i 个隐层神经元的权值矢量，即隐层神经元权值矩阵 $\boldsymbol{W}^1$ 的第 j 行。

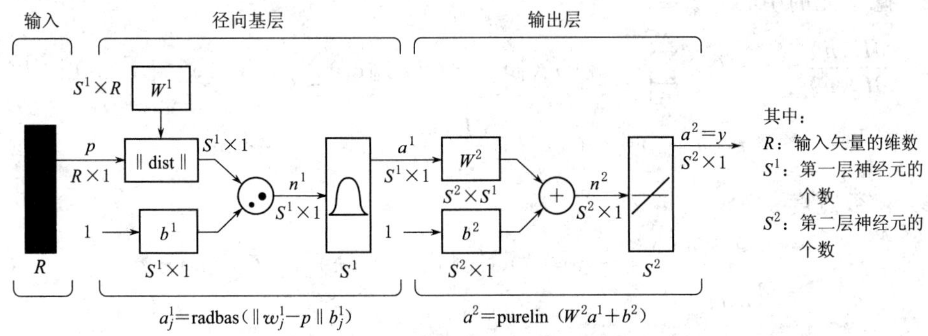

图 4.9 径向基函数网络结构

3. 径向基函数神经网络的学习

以高斯函数网络为例，网络中要学习的参数有三个，即各 RBF 的中心和方差以及输出单元的权值。对前两个参数的选择有两种方式。

(1) 根据经验选中心，M 个中心应具有代表性。样本点密集的地方中心点也适当多些，如果数据本身是均匀分布的，则中心也均匀分布，设各中心间距离为 d，可选方差 $\sigma=d/\sqrt{2M}$。

(2) 用聚类方法把样本聚成 M 类，类中心就作为 RBF 的中心，最常用的是 K 均值聚类，也可用以后要讨论的自组织方法。

如果把 RBF 网络的分类器看作 Parzen 窗或位函数法恢复分布密度，Fukunagen 指出，用通常的聚类法给出的中心和方差不具有代表性，他提出了缩减的 Parzen 算法，认为从 N 个样本中选出 r 作为中心的标准应使 $p_r(\boldsymbol{x})$ 与 $p_N(\boldsymbol{x})$ 两个分布间的 Kullback 距离为

$$K=\int \ln\left[\frac{p_r(\boldsymbol{x})}{p_N(\boldsymbol{x})}\right]p_r(\boldsymbol{x})\mathrm{d}\boldsymbol{x}=E\ln\left[\frac{p_r(\boldsymbol{x})}{p_N(\boldsymbol{x})}\right] \tag{4.26}$$

其中 $p_r(\boldsymbol{x})$，$p_N(\boldsymbol{x})$ 分别为由 r 个点或 N 个点所估计的分布密度函数。

RBF 函数的中心和方差选定后，输出单元的权值可用最小二乘法直接计算出来。最一般的情况是上述三个参数都用监督学习方法去训练，如采用基于梯度下降的误差纠正算法，定义目标函数为

$$E=\frac{1}{2}\sum_{j=1}^{N}e_j^2 \tag{4.27}$$

式中：N 为样本数；$e_j=d-F^*(\boldsymbol{x}_j)=d_j-\sum\limits_{i=1}^{m}w_iG(\|\boldsymbol{x}_j-\boldsymbol{t}_j\|c_i)$ 有三个待学习的参数，w_j，t_j 和 $\sum_i^{-1}$（与变幻阵 C_j 有关），其中 m 为所选隐单元数。

下面直接给出其学习规则（n 为迭代步数）。

(1) 输出单元的权值。

$$\frac{\partial E(n)}{\partial w_i(n)}=\sum_{j=1}^{N}e_j(n)G(\|\boldsymbol{x}_j-\boldsymbol{t}_j\|c_i) \tag{4.28}$$

$$w_i(n+1)=w_i(n)-\eta_1\frac{\partial E(n)}{\partial w_i(n)}\quad (i=1,2,\cdots,m) \tag{4.29}$$

(2) 隐单元的中心 t_i。

$$\frac{\partial E(n)}{\partial \boldsymbol{t}_i(n)}=2w_i(n)\sum_{j=1}^{N}e_j(n)G'(\|\boldsymbol{x}_j-\boldsymbol{t}_i(n)\|c_i)\sum\nolimits_i^{-1}(n)[\boldsymbol{x}_i-\boldsymbol{t}_i(n)] \tag{4.30}$$

$$\boldsymbol{t}_i(n+1)=\boldsymbol{t}_i(n)-\eta_2\frac{\partial E(n)}{\partial \boldsymbol{t}_i(n)}\quad(i=1,2,\cdots,m) \tag{4.31}$$

(3) 函数宽度。

$$\frac{\partial E(n)}{\partial \sum\nolimits_i^{-1}(n)}=-w_i(n)G'(\|\boldsymbol{x}_j-\boldsymbol{t}_i(n)\|c_i)\boldsymbol{Q}_{ji}(n) \tag{4.32}$$

$$\boldsymbol{Q}_{ji}(n)=[\boldsymbol{x}_i-\boldsymbol{t}_i(n)]^{\mathrm{T}} \tag{4.33}$$

$$\sum\nolimits_i^{-1}(n+1)=\sum\nolimits_i^{-1}(n)-\eta_3\frac{\partial E(n)}{\partial \sum\nolimits_i^{-1}(n)} \tag{4.34}$$

式中：$e_j(n)$ 为 n 时刻第 j 个样本的误差；$G'(\cdot)$ 为高斯函数 $G(\cdot)$ 的导数。

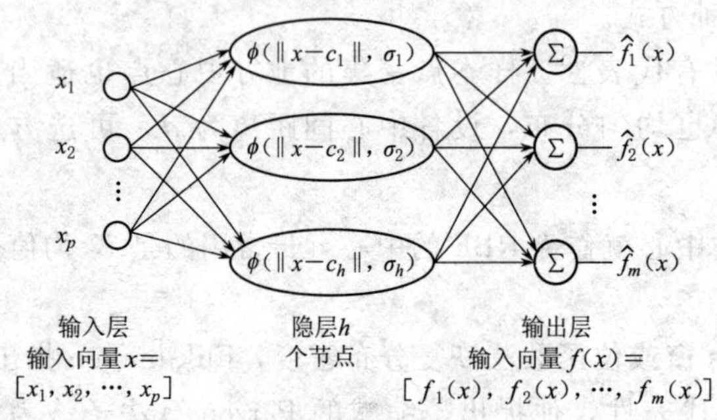

图 4.10　径向基神经网络结构

4. MATLAB 中径向基函数神经网络采用的学习算法

MATLAB 神经网络工具箱中提供的有关径向基函数神经网络采用的是正规化正交最小二乘法（ROLS）。以图 4.10 所示径向基函数神经网络结构来描述正规化正交最小二乘法。设径向基函数神经网络的输入 x 为 p 维向量，即

$$x=[x_1,x_2,\cdots,x_p]^{\mathrm{T}}\in R^P \tag{4.35}$$

网络输出为 m 维向量，即

$$\hat{f}(x)=[\hat{f}_1(x),\hat{f}_2(x),\cdots,\hat{f}_m(x)]^{\mathrm{T}}\in R^m \tag{4.36}$$

径向基函数神经网络第 i 个输出变量为

$$\hat{f}_i(x)=\sum_{j=1}^{h}w_{ji}\phi_j=\sum_{j=1}^{h}w_{ji}\phi_j(\|x-c_j\|,\sigma_j)\quad(1\leqslant i\leqslant m) \tag{4.37}$$

式中：$\phi(\cdot)$ 为径向基函数，一般取 $\phi(x)=e^{-x^2/\sigma^2}$；$\|\cdot\|$为欧几里德范数；$\sigma_j$ 为径向基函数的宽度；w_{ji}为第 j 个基函数输出与第 i 个输出节点的连接权值；$c_j=[c_{1j},c_{2j},\cdots,c_{pj}]^{\mathrm{T}}\in R^P$ 为隐层第 j 个径向基函数的数据中心；h 为隐层节点的数目。

多输入多输出情况下的正规化正交最小二乘法描述如下：

令 $Y=[y_1,y_2\cdots,y_m]$，$\hat{f}=[\hat{f}_1,\hat{f}_2\cdots,\hat{f}_m]$，$W=[w_1,w_2\cdots,w_m]$，$\Phi=[\Phi_1,\Phi_2\cdots,\Phi_m]$，$E=[e_1,e_2\cdots,e_m]$；其中，$y_i$ 为系统输出向量，$y_i=[y_i(1),y_i(2)\cdots,y_i(N)]^{\mathrm{T}}$；$\hat{f}_i$为径向基网络模型输出向量 $\hat{f}_i=[\hat{f}_i(1),\hat{f}_i(2)\cdots,\hat{f}_i(N)]^{\mathrm{T}}$；$w_i$ 为网络输出层连接权向量，$w_i=[w_{1i},y_{2i}\cdots,w_{hi}(N)]^{\mathrm{T}}$，$\Phi_i$为网络隐层径向基函数向量，$\Phi_i=[\phi_j(1),\phi_j(2)\cdots,\phi_j(N)]^{\mathrm{T}}$；$e_i$ 为系统输出与径向基网络模型输出之间的误差向量，$e_i=[e_i(1),e_i(2)\cdots,e_i(N)]^{\mathrm{T}}$。

则多输入多输出系统可表示为如下线性回归方程，即

$$Y=\hat{f}+E=\Phi W+E \tag{4.38}$$

对回归矩阵 Φ 进行正交分解，有 $Y=\Phi W+E=VUW+E$，令 $UW=S$，且 $S=[s_1, s_2,\cdots,s_m]^{\mathrm{T}}$，$s_i=[s_{1i}(1),s_{2i}(2),\cdots,s_{hi}(N)]^{\mathrm{T}}$，则式（4.38）可写成：

$$Y=VS+E \tag{4.39}$$

考虑下列零阶正规化误差准则有 trace（$E^{\mathrm{T}}E+S^{\mathrm{T}}\,\mathrm{diag}\{\lambda\}S$），经化简可表示为

$$\mathrm{trace}(E^{\mathrm{T}}E+S^{\mathrm{T}}\mathrm{diag}\{\lambda\}S)=\mathrm{trace}(Y^{\mathrm{T}}Y-S^{\mathrm{T}}(V^{\mathrm{T}}V+\mathrm{diag}\{\lambda\})S) \tag{4.40}$$

式中：$\lambda\geqslant 0$ 为正规化系数。

对式（4.40）化简，得

$$\begin{aligned}\frac{\mathrm{trace}(E^{\mathrm{T}}E+S^{\mathrm{T}}\mathrm{diag}\{\lambda\}S)}{\mathrm{trace}(Y^{\mathrm{T}}Y)}&=1-\frac{\mathrm{trace}[S^{\mathrm{T}}(V^{\mathrm{T}}V+\mathrm{diag}\{\lambda\})S]}{\mathrm{trace}(Y^{\mathrm{T}}Y)}\\&=1-\sum_{j=1}^{H}\frac{\sum\limits_{i=1}^{m}(s_{ji}^2)(v_j^{\mathrm{T}}v_j+\pi)}{\mathrm{trace}(Y^{\mathrm{T}}Y)}\end{aligned} \tag{4.41}$$

令 v_k 引起的正规化误差衰减率 $[\mathrm{rerr}]_k=\sum\limits_{i=1}^{m}(s_{ki}^2)(v_k^{\mathrm{T}}v_k+\pi)/\mathrm{trace}(Y^{\mathrm{T}}Y)$，与单输入单输出系统相似，可根据上述正规化误差衰减率来选择对输出能量贡献最大的回归矩阵的列 Φ_j，当满足 $1-\sum\limits_{k}^{h}[\mathrm{rerr}]_k<\xi$ 时，选择过程结束。其中 $0<\xi<1$ 为指定的容许误差。

正规化系统数 λ 可按下列方法递推选择 $\lambda=\dfrac{\gamma}{N-\gamma}\dfrac{\mathrm{trace}(E^{\mathrm{T}}E)}{\mathrm{trace}(Y^{\mathrm{T}}Y)}$，且 $\gamma=\sum\limits_{i=1}^{h}\dfrac{v_i^{\mathrm{T}}v_i}{v_i^{\mathrm{T}}v_i+\lambda}$，经过一定次数的迭代，便可找到一个合适的 λ。

本 章 参 考 文 献

[1] 文常保．人工神经网络理论及应用（英文版）[M]. 西安：西安电子科技大学出版社，2021.

[2] 江永红．人工神经网络简明教程 [M]. 北京：人民邮电出版社，2019.

[3] 文常保，茹锋．人工神经网络理论及应用 [M]. 西安：西安电子科技大学出版社，2019.

[4] 李风军，韩惠丽．人工神经网络逼近能力及其应用 [M]. 北京：科学出版社，2019.

[5] 蒋锋．神经网络及其在数据科学中的应用 [M]. 北京：中国财政经济出版社，2019.

[6] 张德丰．MATLAB R2020a 神经网络典型案例分析 [M]. 北京：电子工业出版社，2021.

[7] 何正风．MATLAB R2015b 神经网络技术 [M]. 北京：清华大学出版社，2016.

[8] Simon Haykin. 神经网络原理 [M]. 叶世伟，等译．北京：机械工业出版社，2003.

[9] 阎平凡，张长水．人工神经网络与模拟进化计算 [M]. 清华大学出版社，2000.

第5章 专 家 系 统

自从斯坦福大学费根鲍姆（Feighbaum）教授于1968年开发第一个专家系统（expert system，ES）DENDRAL以来，专家系统由于其广泛的应用范围和能产生巨大的经济效益而得到了迅速的发展，现已成为人工智能的三大研究前沿（其余两个为模式识别和智能机器人）之一[1-2]。

5.1 专家系统基本组成

Feighbaum（1982年）认为，专家系统是一种智能的计算机程序，这种计算机程序使用知识与推理过程，求解那些需要杰出人物的专家知识才能求解的高难度问题[2]。根据这个定义可知道，专家系统本质上是一个（或一组）计算机程序，它能借助人类的知识采取一定的搜索策略并通过推理的手段去解决某一特定领域的困难问题。为了完成专家系统组基本的功能，一个专家系统至少要包含知识库、推理机及人机接口三个组成部分，其结构如图5.1所示。图5.1反映了专家系统最简单的工作原理：在知识库创建和维护阶段，领域专家与知识工程师合作通过人机接口对知识库进行操作；在推理阶段，用户也是通过人机接口将研究对象信息传送给推理机，推理机根据推理过程的需要，检索知识库中的各条知识或继续向用户要研究对象信息，推理结果也通过人机接口返回给用户。

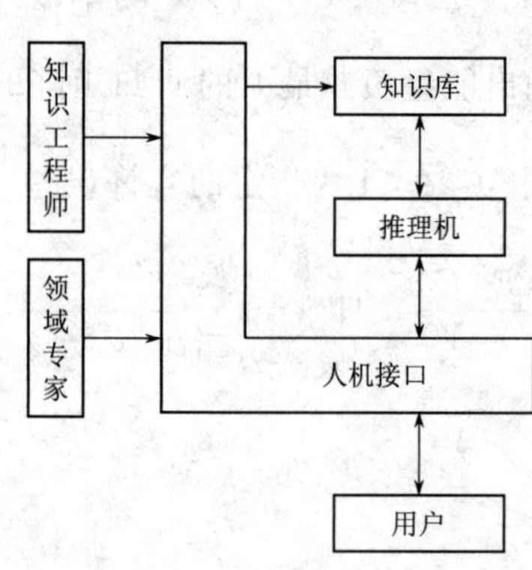

图5.1 专家系统的基本结构

一个专家系统应具有以下三个特性：

（1）启发性。一个专家系统的知识库中不仅要有逻辑性知识，还要求能包含启发性知识。所谓逻辑性知识是指能确保其准确无误的知识，通常是一些常识性知识；而启发性知识是指领域专家所掌握的一些专业知识，它们通常没有严谨的理论依据，很难保证其普遍正确性，正是因为使用了启发性知识，也就使得专家系统在工作时会出错。

（2）透明性。能向用户解释它的推理过程，还能回答用户提出的一些关于它自身的问题。一个专家系统的解释能力是衡量其水平的重要因素。

（3）灵活性。专家系统知识库中的知识应便于修改和补充，由于知识的获取是专家系统设计时的“瓶颈”问题，故其实现也是一个难点。

这些特性实际上就是设计专家系统时的要求，因此对于一个成熟的专家系统来说，为了实现这些要求，还必须在上面的三个基本组成部分上增加另外三个组成部分：全局数据库、知识获取部分和解释部分。图 5.2 给出了专家系统六个基本组成部分：知识库、推理机、人机接口、知识获取子系统、解释子系统和全局数据库。

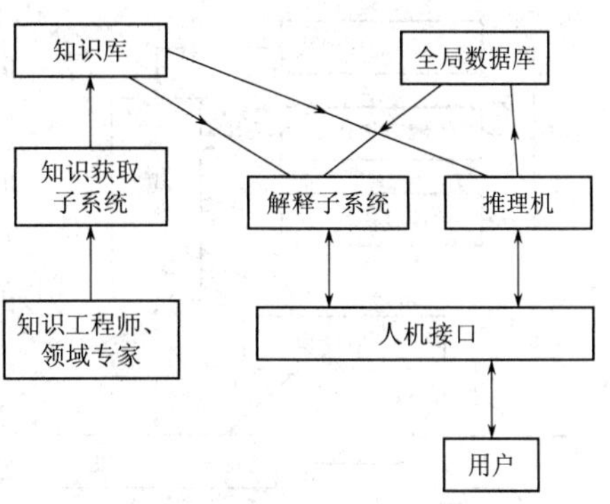

图 5.2　专家系统的一般结构

(1) 知识库。知识库包含所要解决问题领域中的大量事实和规则，是领域知识及该专家系统工作时所需的一般常识性知识的集合。这些知识可以用一种或几种知识表示方法来表示，知识表示方法决定着知识库的组织结构并直接影响整个系统的工作效率。知识库是一个独立的实体，应易于存入新的知识而且不和已有的知识发生干扰，它内存的知识通过程序来提取和管理。

(2) 推理机。推理机是专家系统的组织控制机构，它根据当前的输入数据（如设备运行时的各种特征），运用知识库中的知识，按一定的策略进行推理，以达到要求的目标。在推理机的作用下，一般用户能够如同领域专家一样解决某一领域的困难问题。

(3) 全局数据库。全局数据库又称为工作存储器或动态数据库，是用于储存所研究问题领域内原始特征数据的信息、推理过程中得到的各种中间信息和解决问题后输出结果信息的储存器。

(4) 知识获取子系统。知识获取子系统是专家系统和领域专家、知识工程师的接口，通过它与领域专家和知识工程师的交互，使知识库不仅可获得知识，而且可使知识库中的知识得到不断的修改、充实和提炼，从而使系统的性能得到不断的改善。

(5) 解释子系统。解释子系统能够解释推理过程的路线和需要询问特征信息数据，而且还可以解释推理得到的确定性结论，使用户更容易接受系统的整个推理过程和所得出的结论，同时也为系统的维护和专家经验知识的传授提供方便。

(6) 人机接口。人机接口有时又被称为用户界面，是专家系统和用户之间进行信息交换的媒介，它常常以用户熟悉的手段（如自然语言、图形、表格等）与用户进行交互，既要把用户输入的信息转换成系统的内部表示形式，然后由相应的部件去处理，又要把系统内部的信息显示给用户。优美、友好的用户界面是专家系统的重要组成部分。

具有一般结构的专家系统工作原理大致为：在知识库创建和维护阶段，知识获取子系统在领域专家和知识工程师的指导下，将专家知识、研究对象的结构知识等存放于知识库中或对知识库进行增加、删除和修改等维护工作；在推理阶段，用户通过人机接口将研究对象的信息传送给推理机，推理机根据推理过程的需要，对知识库中的各条知识及全局数据库中的各项事实进行搜索或继续向用户索要信息；最后，推理结果也通过人机接口返回给用户；如需要，解释子系统可调用知识库中知识和全局数据库中事实对推理结果和推理过程中用户提出的问题作出合理的解释。

1983 年，Hayes Roth、Waterman 和 Lenat 等提出了一种如图 5.3 所示的理想结构专家系统模型。在这种模型中有一个在用户与专家系统之间进行通信的语言处理模块，负责用户与系统之间的信息交流和转换，为用户提供与系统直接对话的能力；一个记录中间结

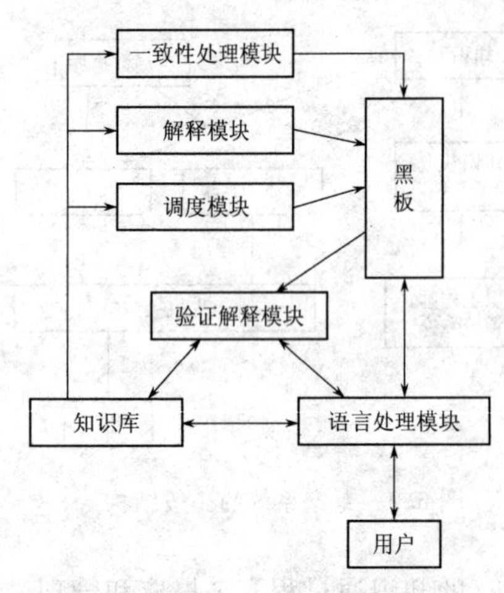

图 5.3　理想结构专家系统模型

果的黑板，它负责记录系统在求解过程中所产生的中间假设和结果，是沟通系统中各个部件的全局工作区；一个应用规则的解释模块，负责回答用户的提问，它能从黑板中找出对回答用户的问题有意义的信息；一个由事实和启发式规则以及问题求解规则组成的知识库，在知识库中，知识被划分为规则、事实、问题三类；一个控制规则处理顺序的调度模块，它负责管理控制议程工作；另一个用于维护系统所得出的结果具有一致性形式的处理模块，用于确保得出可能的结论，同时避免出现不一致的结论；再一个用于向用户解释系统行为的验证解释模块。然而到目前为止，还没有一个专家系统能包括所有这些组成部分，每一个实际的专家系统都是根据任务要求的不同而只包含其中的一个或多个组成部分。

5.2　知识库的建立和维护

5.2.1　机器学习

专家系统的核心是知识，故专家系统又称为基于知识的系统[3-4]。知识库中拥有知识的多少及知识的质量决定了一个专家系统所具有解决问题的能力。故建造一个专家系统首先便是要获取专业领域中的大量概念、事实、关系和方法，包括人类专家处理实际问题时的各种启发性知识，以构造出内容丰富的知识库。

对于传统专家系统来说，知识库的建立更是整个系统设计的“瓶颈”，它的质量直接决定整个专家系统的质量。一般来说，组建一个知识库需经历两个阶段：访问专家阶段和机器学习阶段。在访问专家阶段，知识工程师通过对专家实际工作时如何求解问题进行观察、与专家进行长时间的交谈等手段获取知识，然后对这些知识进行精化、检查和验证等处理，最后将这些处理过的知识作为机器学习的材料。在机器学习阶段实现将知识工程师提供的各种知识储存到知识库中，在传统专家系统中，机器学习的方式由低到高大致可分为六个级别。

1. 机械学习

机械学习又称死学习，在学习过程中，不需要作任何的假设，是从特殊到特殊的学习过程，训练时只需把特殊的知识教给对方、不作任何处理，系统所要做的就是记住所有的知识。例如某专家系统的功能是确定一种映射关系，输入为（信息 1，信息 2，…，信息 m），输出为（原因 1，原因 2，…，原因 n），机械学习就是简单地把关系对［(信息 1，信息 2，…，信息 m)，(原因 1，原因 2，…，原因 n)］存入知识库中。

2. 提问指导学习

提问指导学习是一种由一般到特殊的过程，类似于学生向老师学习的过程，即训练者给出一般的指示或建议还不能直接为推理机所利用，学习环节必须将其具体化为细节知识或特殊规则，成为可执行的形式，并与知识库中已有知识有机连接在一起。其优点在于它既能避免系统自己分析、归纳和发现知识的困难，又无须要求提供知识的领域专家了解系统内部表示和组织知识的具体细节。目前，专家系统中采用该学习方法的较多。

3. 实例学习

实例学习是一种从特殊到一般的学习过程，一种高级的学习行为，即从特定的示例中归纳出一般性的规则。在该学习方法中，外界提供的是专门、具体的信息，学习环节必须从中概括出事物的特性和规律性的知识。

4. 类比学习

在通过类比学习的情况下，外界只提供与某一个类似的执行任务有关的信息，因此，学习环节必须发现其类似性并假设出当前执行任务所需的类似规则，即从特殊事例概括出类比关系和转换规则，通常是获取新概念或新技巧的一种学习方法。这种类比的学习方法必须在类似的执行任务和当前执行任务之间找出对应关系，应用类似的执行任务中的知识去处理当前执行任务的中的问题，进行一般化的归纳，建立起原理，并对这些原理进行索引编排，以便以后检索、使用。

5. 书本知识

书本知识是专家知识的书面表述。为使专家系统能从书本中抽取所需的知识，通过书本资料学习法首先建立一个资料库，以比较自然的方式将书本资料存放在库中，随后专家系统以资料库为知识源进行学习。

6. 归纳总结学习

归纳总结学习的实质是要求专家系统能够在实际工作（运行）过程中进行自学习，不断地进行总结与归纳出成功和失败的经验教训，对知识库中的知识进行自调整和修改，以丰富系统的知识。为实现这种自学习过程，学习系统就必须有一个反馈装置，用来将实际的结果与所需结果进行比较，再利用反馈信息去修改知识库。

学习后的知识是以一定的方式储存在知识库中的，此即所谓的知识表示。

5.2.2 知识库的建立

对于具体建立一个专家系统的知识库来说，其知识工程师根据与领域专家的交谈和对他实际操作过程的观察后得到原始数据信息原因结构图，并用自然语言建立相应的产生式规则，值得注意的是，在建立这些产生式规则时要遵守下面两条基本原则：

（1）尽可能用最小一组充分条件来定义不必要的冗余。

（2）避免任何两条产生式规则发生冲突。

通过对以自然语言形式描述的产生式规则的理解，可以将其翻译成为机器语言（如Turbo-Prolog语言）的表示形式，然后将其储存于知识库中，这样，便形成了一个由若干条规则组成的知识库。在建立这个知识库的过程中所采取的机器学习方法是机械学习，即将这些规则不作任何处理，直接将其输入到一个专家系统中去。此外，也可将一些说明事实的谓词逻辑子句组成一个基于谓词逻辑的知识库，并将这些事实和子句保存在数据文件中，作为独立于推理机制的知识库。与基于规则的专家系统相似，知识库也必须有一个清晰的逻辑组织，并要做到冗余数据最少。

5.2.3　知识库的维护

知识库的维护实际上也是知识的获取，与建立知识库相比，它所采用的是高一级的机器学习方法，即通过指导学习，而非机械学习。通常，对知识库的维护包括三种操作：扩展知识库、修改知识库和删除知识库[3-4]。在简单的专家系统中，修改知识库的操作可由扩展知识库和删除知识库的组合来完成：先删除要修改的记录，然后加入修改后的记录。

在用 Turbo - prolog 语言编制的专家系统中，知识库的维护是针对用谓词逻辑表示法表示的知识库，由于这类知识库中通常包括执行任务主题、执行任务规则和初始事实三类知识。这样对于知识库的维护应包括扩展执行任务主题、扩展执行任务规则、扩展初始事实、删除执行任务主题、删除执行任务规则和删除征兆事实六种操作。同时，在进行维护操作时，为方便用户应尽可能采用菜单选择插入方法和数字输入方法。在维护过程中，知识库是放在内存中的，因此在退出维护前应将其存入到磁盘中。

5.3　全局数据库及管理系统

在专家系统中，全局数据库又称“黑板”“综合数据库”等，是用于存放用户提供的初始事实、问题描述以及专家系统运行过程中得到的中间结果、最终结果、运行信息（如推出结果的知识链）及执行任务领域内的原始特征数据等的工作存储器。对数据库的操作主要为增加记录和删除记录两种。

全局数据库的内容是在不断变化的。在求解问题的开始时，它存放的是用户提供的初始事实；在推理过程中它存放每一步推理所得的结果。推理机根据其内容从知识库选择合适的知识进行推理，然后又把推出的结果存入全局数据库中。由此可见，全局数据库是推理机不可缺少的一个工作场地，同时因为它可以记录推理过程中的各有关信息，又为解释机构提供了回答用户咨询的依据。

全局数据库是由数据库管理系统进行管理的，这与一般程序设计中的数据库管理没有什么区别，只是应使数据的表示方法与知识的表示方法保持一致。在全局数据库中，数据记录是以子句的方式储存的，因此在使用全局数据库之前，有必要对子句谓词进行定义。此外，在专家系统执行任务过程中，由于需要将知识库调进数据库，因而，还需在数据库中定义知识库谓词。

5.4　推理机

作为专家系统的组织控制机构，推理机能通过运用由用户提供的初始数据，从知识库中选取相关的知识并按照一定的推理策略进行推理，直到得出相应的结论。在设计推理机时应考虑推理方法、推理方向两个方面[5-6]。

5.4.1　推理方法

推理方法包括精确推理和不精确推理。

1. 精确推理

所谓精确推理就是把领域知识表示为必然的因果关系，推理的前提和推理的结论或者是肯定的，或者是否定的，不存在第三种可能。在这种推理中，一条规则被激活的条件是它的所有前提都必须为真。

2. 不精确推理

由于在现实实际中，事物的特征并不总是表现出明显的是与非，同时还可能存在着其他原因，如概念模糊、知识本身存在着可信度问题等，因而使得在专家系统中往往要使用不精确推理方法。不精确推理又称为似然推理，是专家系统中常用的推理方法，它比精确推理要复杂得多。

5.4.2 推理方向

推理方向有三种：正向（或向前）推理（forward chaining）、反向（或向后）推理（backward chaining）及正反向混合推理（forward and backward chaining）。

1. 正向推理

正向推理是指从已知的事实出发，向结论方向进行推导，直到推出正确的结论。这种方式又称为事实驱动方式，它的大体过程是：系统根据用户提供的原始信息与规则库中的规则的前提条件进行匹配，若匹配成功，则将该知识块的结论部分作为中间结果，利用这个中间结果继续与知识库中的规则进行匹配，直到得出最后的结论。与其他推理方式相比，正向推理简单，容易实现，但在推理过程中常常要用到回溯，从而推理速度较慢，且目的性不强，不能反推。

2. 反向推理

反向推理从目标出发，沿着推理路径追溯到事实。它从一般性开始，然后逐步涉及细节，即它是通过求解较小的子问题达到求解较大问题的目标的。反问推理通过收集越来越详细的证据以求证实一种情况或假设，当用户提供的数据与系统所需要的证据完全匹配成功时，则推理成功，所作假设也就得到了证实，反向推理一般用于验证某一特定规则是否成立。这种推理方式又称为目标驱动方式，与正向推理相比，反向推理具有很强的目的性。

3. 正反向混合推理

所谓正反向混合推理是指先根据给定的不充分的原始数据或证据向前推理，得出可能成立的诊断结论，然后以这些结论为假设，进行反向推理，寻找支持这些假设的事实或证据。正反向双向推理一般用于以下几种情形：

（1）已知条件不足，用正向推理不能激发任何一条规则。

（2）正向推理所得的结果可信度不高，用反向推理来求解更确切的答案。

（3）由已知条件查看是否还有其他结论存在。

正反向双向推理集中了正向推理和反向推理的优点，更类似于人们日常进行决策时的思维模式，求解过程也更为人们所理解，但其控制策略较前面两种更为复杂，这种方法经常用来实现复杂问题的求解。

5.5 解释子系统设计

解释子系统负责回答用户可能提出的各种问题，包括与系统运行有关的问题和与运行无关的关于系统自身的一些问题。在专家系统的组成部分中，它不是一个必不可少的部分，但它是实现系统透明性的主要部件，是一个专家系统区别于其他计算机程序系统的一个重要特征。对于一个完善的专家系统来说，不仅要求它能够以专家级的水平去解决问题，而且还要求它能对问题的求解过程和求解结果给出合理的解释，只有这样，系统给出的结论才是令人信服的，专家系统本身才是有效的。解释子系统为用户提供了关于系统的一个认识窗口，使用户理解程序正在做什么和为什么这样做以及为什么得出这样的结论。

为实现对各种询问的回答，解释机制一般都使用几个比较通用的问题规划。如在回答“为什么”得到某一结论的询问时，系统通常需要反向跟踪全局数据库中保存的解链或推理路径，并把它翻译成用户能接受的自然语言表达方式；在回答“为什么不”之类的询问时，系统一般要使用有关解释技术的启发式方法。

在设计一个解释程序时，应注意：①能够对专家系统知识库中所具有的推理目标原因给出合理的解释，能够在推理过程中对用户的每一个“Why”作出响应；②每一次的解释都要求做到完整，且易于理解；③充分考虑使用该专家系统的具体用户情况，不同的用户对解释程序有不同的侧重面要求。

5.5.1 预置文本法

预置文本法是最简单的解释方法，具体的方法是将每一个问题求解方式的解释框架采用自然语言或其他易于被用户理解的形式事先组织好，插入程序段或相应的数据库中。在执行目标的过程中，同时生成解释信息，其中的模糊量或语言变量通常都要转化为合适的修饰词，一旦用户询问，只需把相应的解释信息填入解释框架，并组织成合适的文本方式提交给用户即可。

这种解释方法简单直观，知识工程师在编制相应解释的预置文本时，可以针对不同用户的要求随意编制不同的解释文本，其缺点在于对每一个问题都要考虑其解释内容，大大增加了系统开发时的工作量，大型专家系统的解释机制不可能采用这种方法，只能用于小型专用系统。

5.5.2 路径跟踪法

路径跟踪法通过对程序的执行过程进行跟踪，在问题求解的同时，将问题求解所使用的知识自动记录下来，当用户提出相应问题时，解释机制向用户显示问题的求解过程，该解释方法能克服预置文本法缺陷。

5.5.3 策略解释法

在许多实际应用中，用户往往不满足于专家系统简单地告诉得到问题结论的步骤，而要求专家系统给出求解问题所采用的其他方法和手段，为此，专家系统中采用策略解释法向用户解释关于问题求解策略有关的规划和方法，从策略的抽象表示及其使用过程中产生关于问题求解的解释。

5.5.4 自动程序员方法

前面的解释只回答了“Why”这一询问也即仅仅解释了系统的行为，而没有论证其行为的合理性。为了解决这一问题，Swartout 提出了自动程序员解释方法，其基本思想是：在设计一个专家咨询程序的过程中，对领域模型和领域原理进行描述的同时，将自动程序员嵌入其中，通过自动程序员将描述性知识转化成一个可执行的程序，附带产生有关程序行为的合理性说明，从而向用户提供一个非常有力的解释机制。

5.6 基于规则的专家系统中的不精确推理

在现实实际中，事物的特征并不总是表现出明显的是与非，同时由于还存在着其他原因，如概念模糊、知识本身存在着可信度等，使得在专家系统中往往要使用不精确推理方法。不精确推理又称为似然推理，就是根据证据的不确定性和知识的不确定性来求出结论的不确定性的一种推理方法。它是专家系统中常用的推理方法，比精确推理要复杂得多。在一个专家系统中，不确定性主要表现在以下几个方面。

5.6.1 原始数据的不确定性

原始数据的不确定性表现在三个主要方面：

(1) 概念的模糊性，在故障诊断中，某种征兆的概念往往具有模糊性，比如发动机诊断中的水箱温度是否正常便带有模糊性。

(2) 测量的不精确性，这主要是指测量值与真实值之间的差别，它往往由测量仪表的准确性和一些人为因素造成。

(3) 随机性，对于一个研究对象，它的某一种原始数据可能会在这次推理中出现，而在下一次推理过程中不出现。

5.6.2 规则的不确定性

规则的不确定性是指在规则的前提成立的条件下，规则结论成立的不确定性。例如，在发动机诊断专家系统中，可以使用规则

```
battery(dead,0.6):ignition(won't_start)
```

表示在不能点火的情况下，故障原因为电池损坏的可能性是 0.6，说明即使点火失败，也不能肯定是由电池损坏所致，而只有 60%的可能。

5.6.3 推理的不确定性

推理的不确定性是指在推理过程中，知识不确定性的动态积累和传播。例如，现有规则和征兆事实：

If A and B then C with PB_1　如果征兆 A 和 B 存在，则故障为 C 的可能性为 PB_1。

$A(PB_2)$　　　　　　　　征兆 A 存在的可能性为 PB_2

$B(PB_3)$　　　　　　　　征兆 B 存在的可能性为 PB_3

由以上三种不确定性可知，为实现不精确推理，必须完成：①确定征兆的不确定性，即以 $C(E)$ 表示征兆的不确定性，表示征兆 E 为真的程度；②确定规则的不确定性，即以规则强度 $f(H,E)$ 表示规则的不确定性，它表示在征兆 E 以程度 1 存在的前提下，结论 H 存在的程度；③确定推理不确定性的各种算法。在基于规则的专家系统中，每一条规则内部只存在"and"运算，规则与规则之间只存在"or"运算，即

(1)"and"运算。根据规则前提 E_i 的不确定性 $C(E_i)$ 和规则强度 $f(H,E_1,E_2,\cdots)$，求得结论 H 的不确定性 $C(H)$，即定义函数 g_1，使之满足 $C(H)=g_1[C(E_1),C(E_2),\cdots,f(H,E_1,E_2,\cdots)]$。

(2)"or"运算。在专家系统中，如果对于同一个结论的几条规则同时被激活，那么这时计算结论成立的可能性因子必须考虑所有被激活规则的可能性因子．即需要根据每条规则的不确定性因子 $C_1(H)$，$C_2(H)$，…，求出它们的组合所导致的结论 H 的不确定性 $C(H)$，即定义函数 g_2，使之满足 $C(H)=g_2[C_1(H),C_2(H),\cdots]$。

本章参考文献

[1] 蔡自兴，约翰·德尔金，龚涛．高级专家系统：原理、设计及应用［M］.2 版．北京：科学出版社，2014.

[2] 周俊，秦工，熊才高．人工智能基础及应用［M］. 武汉：华中科学技术大学出版社，2021.

[3] 王永庆．人工智能原理与方法（修订版）［M］. 西安：西安交通大学出版社，2018.

[4] 钟义信．高等人工智能原理：观念·方法·模型·理论［M］. 北京：科学出版社，2014.

[5] 刘白林．人工智能与专家系统［M］. 西安：西安交通大学出版社，2012.

[6] 凯文·沃里克．人工智能基础［M］. 王希，译．北京：北京大学出版社，2021.

第 6 章　模糊理论基础

世界上的许多事物，包括人脑的思维和控制作用，都具有模糊和非定量化的特点。可以说，在整个世界上模糊性不是例外而是常规。长期以来，人们已经习惯于用模糊的方法来思考和推理，然而在处理客观世界上的问题时，人们基本上都忽略了这一事实，而仅仅用经典数学的精确方法来对待这个弥漫性的、非定量化的世界，这就很可能要导致失败，甚至使数学工作者面对具有“模糊性”的问题而束手无策，而模糊理论的提出为此类问题的解决提供了坚实的理论基础。

6.1　模糊理论的背景

19 世纪以前的数学研究中，人们研究对象的本质属性，即概念的内涵；19 世纪初，布尔等采用概念的外延解释，即概念是被它的本质属性所确定的对象的总和，才能明确揭示出数学概念和推理过程中的普遍规律[1]。集合论在经典数学中占有非常重要的位置，之所以这样说是因为每一个数学概念都反映了具有特殊性质的对象的集合，每一个判断都反映了集合间的某种关系，每一步数学推理都反映了集合之间的某种运算，经典数学中关于集合的概念是基于形式逻辑的定律，同一律、矛盾律等，即所研究的对象，要么属于某个集合，要么不属于某个集合，两者必居其一。但客观现象中，大多数情况并不具备这种明显的清晰性，所研究的集合往往并没有明确的边界。如过分简单地提取特征，就会影响客观实际本身的规律性。

随着科学研究的不断深入，研究的对象越来越复杂，要求对系统的控制精度越来越高，而复杂的系统是难以精确化的，这样，复杂性与精确性就形成了十分尖锐的矛盾。科技工作者在实践中总结出了“不兼容原理”，即当一个系统复杂性增大时，使它精确化的能力将减小，在达到一定阈值（即限度）之上时，复杂性和精确性将相互排斥。这一原理指出，高精度与高复杂性是不兼容的。因此，必须对经典集合进行扩充，以便更好地与客观实际相吻合，模糊集合正是在这种情况下诞生的[2]。

美国自动控制专家扎德（Zadek L A）在 1965 年第一次提出“模糊集合”（fuzzy set）的概念，引入了“隶属函数”来描述差异的中间过渡[1-3]。首次成功地运用了数学方法描述模糊概念，这是精确性对模糊性的一种逼近，是一个允许有模糊程度存在的理论。但计算机需要精确的数据才能够做运算与推理，然而在真实世界中，人类的思维与表达过程是非常模糊的，如“柴油发动机水箱温度很高”“铜精炼炉还原过程在冒黑烟，需要适当减少液化气流量”等，模糊理论就可以较好地表达，因此，模糊理论的发展，搭起了人类思维模式与计算机运算之间的桥梁，并使之成为人工智能领域的一种主要的知识表示方法。

模糊理论又称 Fuzzy 理论，Fuzzy 除有模糊意思外，还有“不分明”等含义。模糊理论认为，客观事物的“模糊性”主要是指客观事物的差异之间存在着中间过渡，存在着“亦此亦彼”的现象，难以明确地对其进行界线划定。康托创立的经典集合论是经典数学的基础，它是以逻辑真值为的数理逻辑基础的，扎德（Zadeh L A）创立的模糊集合是模糊理论的基础，它是以逻辑真值为模糊逻辑基础的，是对经典集合的开拓，故经典集合论中集合的边界是清晰的，而模糊集理论中集合的边界是不清晰的。

模糊理论自从 1965 年被扎德（Zadeh L A）创立以来，得到了飞速的发展，在不同的应用领域，产生了一些新的学科分支，如模糊控制、模糊模式识别、模糊神经网络以及模糊粗糙集与粗糙模糊集等，并在许多实际问题中得到了广泛的应用，取得了丰富的成果[2-6]。

6.2　模糊集合论

模糊概念不能用经典集合加以描述，这是因为不能绝对地区别“属于”或“不属于”，就是说论域上的元素符合概念的程度不是绝对的 0 或 1，而是介于 0 和 1 之间的一个实数。Zadeh 以精确数学集合论为基础，提出用“模糊集合”作为表现模糊事物的数学模型。并在“模糊集合”上逐步建立运算、变换规律，开展有关的理论研究。Zadeh 认为，指明各个元素的隶属集合，就等于指定了一个集合。当隶属于 0 和 1 之间值时，就是模糊集合。

6.2.1　模糊集的基本概念

模糊集是基于隶属度函数的概念，隶属度函数是表示一个对象 u 隶属于一个集合 A 的程度的函数，模糊集的定义如下：

设 U 是一个论域，若从 U 到闭区间［0，1］上有一个映射，或有一个定义在 U 上，取值在闭区间［0，1］上的函数，则称在 U 上定义了一个 U 的模糊子集，记作 $\widetilde{A}$，即

$$\widetilde{A}:\ U \to [0,1], u \mapsto \mu_{\widetilde{A}}(u) \in [0,1]$$

论域 U 上的模糊子集 $\widetilde{A}$ 有隶属函数 $\mu_{\widetilde{A}}(u)$ 来表征，$\mu_{\widetilde{A}}(u)$ 取值范围为闭区间［0，1］，$\mu_{\widetilde{A}}(u)$ 的大小反映了对于模糊从属程度。$\mu_{\widetilde{A}}(u)$ 的值接近于 1，表示 u 从属于 $\widetilde{A}$ 的程度很高；$\mu_{\widetilde{A}}(u)$ 的直接近于 0，表示 u 从属于 $\widetilde{A}$ 的程度很低。可见，模糊子集完全由隶属函数所描述。当 $\mu_{\widetilde{A}}(u)$ 的值域$=\{0,1\}$ 时，$\mu_{\widetilde{A}}(u)$ 蜕化成一个经典子集的特征函数，模糊子集 $\widetilde{A}$ 便蜕化成一个经典子集。由此不难看出，经典集合是模糊集合的特殊形态，模糊集合是经典集合概念的推广。若 $\mu_{\widetilde{A}}(u)=1$，则说 u 属于 $\widetilde{A}$，若 $\mu_{\widetilde{A}}(u)=0$，则说 u 不属于 $\widetilde{A}$，这时等同于经典集合论中的 $u \in \widetilde{A}$ 或 $u \notin \widetilde{A}$，因此，经典集是一种特殊的模糊集。若将 U 的全体模糊集记为 $\psi(U)$，而 U 的幂集记为 $T(U)$，则有 $T(U) \subset \psi(U)$。

模糊集合的表达方式有以下几种：

（1）当 U 为有限集 $\{u_1, u_2, \cdots, u_n\}$ 时通常有如下三种方式：

1）Zadeh 表示法

$$\mu_{\tilde{A}}=\frac{\mu_{\tilde{A}}(u_1)}{u_1}+\frac{\mu_{\tilde{A}}(u_2)}{u_2}+\cdots+\frac{\mu_{\tilde{A}}(u_n)}{u_n}$$

其中，$\mu_{\tilde{A}}(u_i)/u_i$并不表示“分数”，而是表示论域U中的元素u_i与其隶属度$\mu_{\tilde{A}}(u_i)$之间的对应关系。“+”也不表示“求和”，而是表示模糊集合在论域U上的整体。

2）序偶表示法。将论域中的元素u_i与其隶属度$\mu_{\tilde{A}}(u_i)$构成序偶来表示，即

$$\mu_{\tilde{A}}=\{[u_1,\mu_{\tilde{A}}(u_1)],[u_2,\mu_{\tilde{A}}(u_2)],\cdots,[u_n,\mu_{\tilde{A}}(u_n)]\}$$

此种方法隶属度为0的项可不写入。

3）向量表示法。

$$\mu_{\tilde{A}}=\{\mu_{\tilde{A}}(u_1),\mu_{\tilde{A}}(u_2),\cdots,\mu_{\tilde{A}}(u_n)\}$$

在向量表示法中，隶属度为0的项不能省略。有时也将上述三种方法结合起来表示为

$$\mu_{\tilde{A}}=\frac{\mu_{\tilde{A}}(u_1)}{u_1},\quad\frac{\mu_{\tilde{A}}(u_2)}{u_2},\ \cdots,\ \frac{\mu_{\tilde{A}}(u_n)}{u_n}$$

（2）当U是有限连续域时，Zadeh 用下式表示，即

$$\mu_{\tilde{A}}=\int_U\frac{\mu_{\tilde{A}}(u)}{u}$$

同样，$\mu_{\tilde{A}}(u)/u$不表示“分数”，而表示论域上的元素u与隶属度$\mu_{\tilde{A}}(u)$之间的对应关系；“$\int$”既不表示“积分”，也不表示“求和”记号，而表示论域U上的元素u与隶属度$\mu_{\tilde{A}}(u)$对应关系的一个总括。

除模糊集概念外，还有如下一些概念：

1）截集、强截集。

若$\widetilde{A}\in\psi(U)$，$\lambda\in[0,1]$

则$A_\lambda=\{u:(u\in U)\wedge(\mu_{\tilde{A}}(u)\geqslant\lambda)\}$，$A_{\underset{\cdot}{\lambda}}=\{u:(u\in U)\wedge(\mu_{\tilde{A}}(u)>\lambda)\}$

分别称为$\widetilde{A}$的λ－截集与λ－强截集。

2）核、支集、边界。

若$\widetilde{A}\in\psi(U)$，则$A_1=\text{core}(\widetilde{A})$称为$\widetilde{A}$的核（由完全属于$\widetilde{A}$的元素组成），$A_0=\text{supp}(\widetilde{A})$称为$\widetilde{A}$的支（持）集（由可能属于$\widetilde{A}$的元素组成），$\text{supp}(\widetilde{A})-\text{core}(\widetilde{A})$称为$\widetilde{A}$的边界（由不能判断是否属于$\widetilde{A}$的元素组成）。

6.2.2 模糊集的运算

以经典集合的基本运算为基础，对模糊集合的基本运算另作定义，下面给出定义及其运算性质。

（1）模糊集合的包含和相等关系。

若$\widetilde{A},\widetilde{B}\in\psi(U)$，则$\widetilde{A}\subseteq\widetilde{B}\Leftrightarrow\forall u\in U:\mu_{\tilde{A}}(u)\leqslant\mu_{\tilde{B}}(u)$，若$\widetilde{A}\subseteq\widetilde{B}$，且$\forall u\in U$：$\mu_{\tilde{A}}(u)<\mu_{\tilde{B}}(u)$，则称$\widetilde{A}$真包含于$\widetilde{B}$，记为$\widetilde{A}\subset\widetilde{B}$。

如果 $\widetilde{A}\supseteq\widetilde{B}$，且 $\widetilde{A}\subseteq\widetilde{B}$，则说 $\widetilde{A}$ 与 $\widetilde{B}$ 相等，记作 $\widetilde{A}=\widetilde{B}$。由于模糊集合的特征是它的隶属函数，所以两个模糊子集相等也可以隶属函数来定义。如对所有元素，都有：$\mu_{\widetilde{A}}(u)=\mu_{\widetilde{B}}(u)$。

(2) 模糊集合的并、交、补与差运算。

若 $\widetilde{A},\widetilde{B}\in\psi(U)$，则：

1) 交：$\mu_{\widetilde{A}\cap\widetilde{B}}(u)=\mu_{\widetilde{A}}(u)\wedge\mu_{\widetilde{B}}(u)$。

2) 并：$\mu_{\widetilde{A}\cup\widetilde{B}}(u)=\mu_{\widetilde{A}}(u)\vee\mu_{\widetilde{B}}(u)$。

3) 补：$\mu_{\widetilde{A}^c}(u)=1-\mu_{\widetilde{A}}(u)$。

4) 差：$\mu_{\widetilde{A}-\widetilde{B}}(u)=\mu_{\widetilde{A}}(u)\wedge(1-\mu_{\widetilde{B}}(u))$。

通常意义下，上述的 ∧、∨ 取为 min、max，为 Zadeh 算子，模糊集合的并、交运算可以推广到任意个模糊集合。经典集合论中的好多运算与性质可照搬到模糊集中，但由于模糊集边界的非空性，导致互补律在模糊集中不成立，这是由于经典集合论中“非此即彼”这一元素与集合之间的关系在模糊集中被打破所致，即 $\widetilde{A}\cap(1-\widetilde{A})\neq\varnothing$，$\widetilde{A}\cup(1-\widetilde{A})\neq U$。

(3) 模糊子集的代数运算。

1) 代数积：称为 $\widetilde{A}\cdot\widetilde{B}$ 为模糊集合 $\widetilde{A}$ 和 $\widetilde{B}$ 的代数积，$\widetilde{A}\cdot\widetilde{B}$ 的隶属函数 $\mu_{\widetilde{A}\cdot\widetilde{B}}$ 为

$$\mu_{\widetilde{A}\cdot\widetilde{B}}=\mu_{\widetilde{A}}\cdot\mu_{\widetilde{B}}$$

2) 代数和：称 $\widetilde{A}+\widetilde{B}$ 为模糊集合 $\widetilde{A}$ 和 $\widetilde{B}$ 的代数和，$\widetilde{A}+\widetilde{B}$ 的隶属函数 $\mu_{\widetilde{A}\cdot\widetilde{B}}$ 为

$$\mu_{\widetilde{A}+\widetilde{B}}=\begin{cases}\mu_{\widetilde{A}}+\mu_{\widetilde{B}} & \mu_{\widetilde{A}}+\mu_{\widetilde{B}}\leqslant 1\\ 1 & \mu_{\widetilde{A}}+\mu_{\widetilde{B}}>1\end{cases}$$

3) 环和：称 $\widetilde{A}\oplus\widetilde{B}$ 为模糊集合 $\widetilde{A}$ 和 $\widetilde{B}$ 的环和，$\widetilde{A}\oplus\widetilde{B}$ 的隶属函数为

$$\mu_{\widetilde{A}\oplus\widetilde{B}}=\mu_{\widetilde{A}}+\mu_{\widetilde{B}}-\mu_{\widetilde{A}\cdot\widetilde{B}}$$

模糊集合的运算基本性质与经典集合是相同的，但须指出，模糊集合不再满足互补律，其原因是模糊子集 $\widetilde{A}$ 没有明确的边界，$\widetilde{A}^c$ 也无明确的边界。正是这一点，使模糊集合比经典集合能更客观地反映实际情况，因为在实际问题中，存在着许多模棱两可的情形。

6.2.3 模糊集合与经典集合的联系

模糊子集是通过隶属函数来定义的，如果约定：当 u 对于 $\widetilde{A}$ 的隶属度达到或超过者就算作 $\widetilde{A}$ 的成员，那么模糊子集 $\widetilde{A}$ 就变成了经典子集 A_λ。例如，“发动机水箱中水温很高”是个模糊集合，而“超过 100℃的水温”却是经典集合。

6.3 模糊关系与模糊矩阵

模糊关系在模糊集合论中占有重要的地位，而当论域为有限时，可以用模糊矩阵来表示模糊关系。模糊矩阵可以看作普通关系矩阵的推广。

6.3.1 模糊矩阵

1. 模糊矩阵的定义及其运算

(1) 模糊矩阵定义。如果对任意的 $i \leqslant n$ 及 $j \leqslant m$，都有 $r_{ij} \in [0,1]$，则称 $R=(r_{ij})_{n\times m}$ 为模糊矩阵。通常以 $\mu_{m\times n}$ 表示全体 n 行 m 列的模糊矩阵。

(2) 模糊矩阵的并、交及补的运算。对任意 R、$S \in \mu_{n\times m}$，$R=(r_{ij})_{n\times m}$，$S=(s_{ij})_{n\times m}$，则 $R\cup S=(r_{ij}\vee s_{ij})_{n\times m}$，$R\cap S=(r_{ij}\wedge s_{ij})_{n\times m}$，$R^c=(1-r_{ij})_{n\times m}$ 分别称以上三式为模糊矩阵 R 和 S 得并、交运算及模糊矩阵 R 的求补运算。

如果 $r_{ij}\leqslant s_{ij}$ $(i=1,2,\cdots,n;j=1,2,\cdots,m)$，则称模糊矩阵 R 被模糊矩阵 S 包含，记为 $N\subseteq S$。

如果 $r_{ij}=s_{ij}$ $(i=1,2,\cdots,n;j=1,2,\cdots,m)$，则称模糊矩阵 R 被模糊矩阵 S 相等。

模糊矩阵的并、交、补运算性质与普通矩阵类同不再赘述。须指出，一般 $R\cup R^c\neq E$，$R\cap R^c\neq O$，即对模糊矩阵互补律不成立。

其中 O、E 分别称为零矩阵及全矩阵，即

$$O=\begin{bmatrix} 0 & 0 & \cdots & 0 \\ 0 & 0 & \cdots & 0 \\ \vdots & \vdots & \vdots & \vdots \\ 0 & 0 & \cdots & 0 \end{bmatrix} \qquad E=\begin{bmatrix} 1 & 1 & \cdots & 1 \\ 1 & 1 & \cdots & 1 \\ \vdots & \vdots & \vdots & \vdots \\ 1 & 1 & \cdots & 1 \end{bmatrix}$$

2. 模糊矩阵的合成

(1) 设 $Q=(q_{ij})_{n\times m}$，$R=(r_{jk})_{m\times l}$ 是两个模糊矩阵，它们的合成 $Q\circ R$ 指的是一个 n 行 l 列的模糊矩阵 S，S 得第 i 行第 k 列的元素 s_{ik} 等于 Q 的第 i 行元素与第 k 列对应元素两两先取较小者，然后在所有的结果中取较大者，即

$$s_{ik}=\bigvee_{i=1}^{m}(q_{ij}\wedge r_{jk}) \quad (1\leqslant i\leqslant n,1\leqslant k\leqslant l)$$

模糊矩阵 Q 与 R 的合成 $Q\circ R$ 又称为 Q 对 R 的模糊乘积，或称模糊矩阵的乘法。

(2) 模糊矩阵合成运算：

1) 结合律：$(Q\circ R)\circ S=Q\circ(R\circ S)$。

2) 对于“并”运算：$(Q\cup R)\circ S=(Q\circ S)\cup(R\circ S)$，$S\circ(Q\cup R)=(S\circ Q)\cup(S\circ R)$；对于“交”运算：不满足上述分配律，$(Q\cap R)\circ S\neq(Q\circ S)\cap(R\circ S)$；$S\circ(Q\cap R)\neq(S\circ Q)\cap(S\circ R)$。

3) $O\circ R=R\circ O$；$I\circ R=R\circ I=R$ 其中 O 为零矩阵，I 为单位矩阵。

4) 若 $Q\subseteq R$，则 $Q\circ S\subseteq R\circ S$，$S\circ Q\subseteq S\circ R$。

5) 若 $Q_1\subseteq Q_2$，$R_1\subseteq R_2$，则 $Q_1\circ R_1\subseteq Q_2\circ R_2$。

须特别指出的是，模糊矩阵的合成运算不满足交换律（可以自行验证），即 $Q\circ R\neq R\circ Q$。

3. 模糊矩阵的转置

模糊矩阵的转置矩阵同普通矩阵的转置矩阵的概念是相同的，即把相应的行变为列，列变为行即可得到转置矩阵。其性质类同于普通矩阵。

6.3.2　模糊关系

1. 模糊关系的定义

设 X、Y 是两个非空集合，则直积：$X\times Y=\{(x,y)|x\in X,y\in Y\}$ 中的一个模糊子集 $\widetilde{R}$ 称为从 X 到 Y 的一个模糊关系，模糊关系 $\widetilde{R}$ 由其隶属函数 μ_R：$X\times Y\to[0,1]$ 完全刻画，序偶（x,y）的隶属度为 $\mu_R(x,y)$，它表明了（x,y）具有关系 $\widetilde{R}$ 的程度。

上述定义的模糊关系，又称二元模糊关系，当 $X=Y$ 时，称为 X 上的模糊关系 $\widetilde{R}$。当论域为 n 个集合的直积：$X_1\times X_2\times\cdots\times X_n$ 时，它所对应的为 n 元模糊关系 $\widetilde{R}$。

2. 模糊关系的运算

设 $\widetilde{R}$、$\widetilde{S}$ 是 $X\times Y$ 上的模糊关系，则模糊关系的并、交、包含、相等、补等运算可定义如下：

(1) 并：$\widetilde{R}\cup\widetilde{S}\Leftrightarrow\vee[\mu_{\widetilde{R}}(x,y),\mu_{\widetilde{S}}(x,y)]\quad\forall(x,y)\in X\times Y$。

(2) 交：$\widetilde{R}\cap\widetilde{S}\Leftrightarrow\wedge[\mu_{\widetilde{R}}(x,y),\mu_{\widetilde{S}}(x,y)]\quad\forall(x,y)\in X\times Y$。

(3) 包含：$\widetilde{R}\subseteq\widetilde{S}\Leftrightarrow\mu_{\widetilde{R}}(x,y)\leqslant\mu_{\widetilde{S}}(x,y)]\quad\forall(x,y)\in X\times Y$。

(4) 相等：$\widetilde{R}=\widetilde{S}\Leftrightarrow\mu_{\widetilde{R}}(x,y)=\mu_{\widetilde{S}}(x,y)]\quad\forall(x,y)\in X\times Y$。

(5) 补：$\widetilde{R}^c\Leftrightarrow\mu_{\widetilde{R}}(x,y)=1-\mu_{\widetilde{R}}(x,y)\quad\forall(x,y)\in X\times Y$。

(6) 转置：$\widetilde{R}^T\Leftrightarrow\mu_{\widetilde{R}}(y,x)=\mu_{\widetilde{R}}(x,y)\quad\forall(x,y)\in X\times Y$。

(7) 恒等关系：若给定 $X\times Y$ 上的模糊关系 $\widetilde{I}$ 满足：$\widetilde{I}\Leftrightarrow\mu_{\widetilde{I}}(x,y)=\begin{cases}1\\0\end{cases}$，则称 $\widetilde{I}$ 为 X 上的恒等关系。

(8) 零关系：若给定 $X\times Y$ 上的模糊关系 $\widetilde{O}$ 满足：$\widetilde{O}\Leftrightarrow\mu_{\widetilde{O}}(x,y)=0$，则称 $\widetilde{O}$ 为 $X\times Y$ 上的零关系。

(9) 全称关系：若给定 $X\times Y$ 上的模糊关系 $\widetilde{E}$ 满足：$\widetilde{E}\Leftrightarrow\mu_{\widetilde{E}}(x,y)=1$，称 $\widetilde{E}$ 为 $X\times Y$ 上的全称关系。

3. 模糊关系的合成

模糊关系的合成是普通关系合成的推广，其定义如下：

设 U、V、W 是论域，$\widetilde{Q}$ 是 U 到 V 的一个模糊关系，$\widetilde{R}$ 是 V 到 W 的一个普通关系，$\widetilde{Q}$ 对 $\widetilde{R}$ 的合成 $\widetilde{Q}\circ\widetilde{R}$ 指的是 U 到 W 的一个模糊关系，它具有隶属函数：$\mu_{\widetilde{Q}\circ\widetilde{R}}(u,w)=\bigvee\limits_{v\in V}(\mu_{\widetilde{Q}}(u,v)\wedge\mu_{\widetilde{R}}(v,w))$。

当论域 U、V、W 为有限时，模糊关系的合成可用模糊矩阵的合成表示。设 $\widetilde{Q}$、$\widetilde{R}$、$\widetilde{S}$ 三个模糊关系对应的模糊矩阵分别为 $Q=(q_{ij})_{n\times m}$、$R=(r_{jk})_{m\times l}$、$S=(s_{ik})_{n\times l}$，则有 $s_{ik}=\bigvee\limits_{j=1}^{m}(q_{ij}\wedge r_{jk})$。

即用模糊矩阵的合成 $Q\circ R=S$ 来表示模糊关系的合成 $\widetilde{Q}\circ\widetilde{R}=\widetilde{S}$。

6.4 隶属函数确定

在模糊理论中，正确地确定隶属函数非常重要，它关系到是否能很好地利用模糊集合来恰如其分地将模糊概念定量化。但是对同一模糊概念，不同的研究人员可能使用不同的隶属函数。这是因为，对隶属函数的确定没有统一的途径。这并不影响隶属函数的使用，只要隶属函数能反映所研究的模糊概念，尽管形式不同，但在解决处理模糊信息的问题中仍能殊途同归。综合国内外隶属函数确定的经验，主要包括专家确定法、借用已有的“客观”尺度法、模糊统计法、对比排序法、综合加权法以及基本概念扩充法等，而在故障诊断领域中，通常采用的确定隶属函数的方法有专家确定法、二元对比排序法和模糊统计法。

6.4.1 模糊统计法

模糊统计法是应用较广的一种模糊不确定性处理方法，主要以调查统计结果得出的经验曲线作为隶属函数。隶属函数可以由图6.1所示特征曲线 $\mu(x)$ 来确定，特征曲线中的 $\mu_{\widetilde{A}}(x)$ 表示命题“x 是 $\widetilde{A}$”真值。当 x 是 $\widetilde{A}$，$\mu_{\widetilde{A}}(x)=1$；当 x 不是 $\widetilde{A}$，$\mu_{\widetilde{A}}(x)=0$；而当 x 不能确切地认为是 $\widetilde{A}$ 时，则是位于［0，1］之间的某一真值。特征曲线可以根据经验、试验结果或者理论分析来确定。隶属函数确立的合理性，直接影响研究对象的客观性。目前，确定隶属函数的各种方法尚处于在依靠经验，从实践效果中进行反馈，不断校正自己认识，以达到预定的目标这样一种阶段。

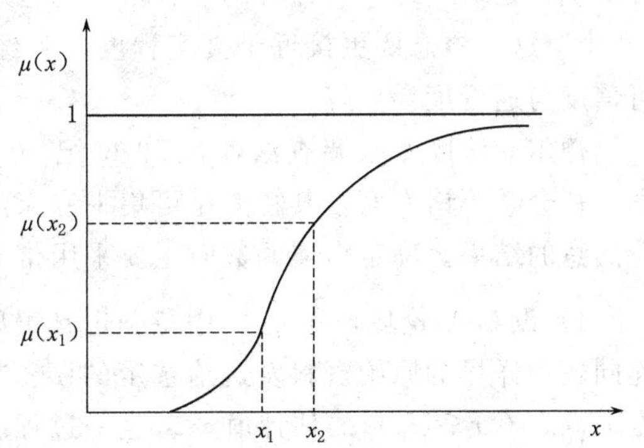

图 6.1 不同的 x_i 值对应的隶属函数 $u_A(x)$ 的值

6.4.2 典型函数法

根据问题的性质，应用一定的分析与推理，可选用某些典型函数作为隶属函数。

1. 单值函数

单值函数将 x 映射成 U 上的一个模糊集合 A，其中在 $x^* \in A$ 点上 x 的隶属函数值为1，在其他所有点上隶属函数值为0，即

$$u_A(x)=\begin{cases}0 & \text{其他} \\ 1 & x=x^*\end{cases}$$

2. 高斯函数

高斯函数将 x 映射成 U 上的一个模糊集合 A，它具有如下高斯隶属度函数，即

$$u_A(x)=\exp\left[-\frac{(x-x^*)^2}{a^2}\right]$$

3. 三角函数

三角函数将 x 映射成 U 上的一个模糊集合 A，它具有如下三角隶属度函数，即

$$u_A(x)=\begin{cases}0 & \text{其他}\\ \left(1-\dfrac{|x-x^*|}{b}\right) & |x-x^*|\leqslant b \quad (i=1,2,\cdots,n)\end{cases}$$

6.4.3　带确信度的德尔菲专家确定法

根据主观认识或个人经验，主要是专家经验，给出隶属度的具体数值。这种方法较适合于论域元素离散而有限的情况，但个人经验和主观色彩较浓。比如，当要“标定”“几个”这个概念时，在一定的场合下，人们凭个人的认识表示为“几个”⇔0.5＋/3＋0.8/4＋1/5＋1/6＋0.8/7＋0.5/8。

对于这种凭经验认识写出来的隶属度，显然存在以下事实：

(1) 从挑剔的角度来看，其隶属度的确定纯粹是人为确定的，讲不出什么道理。

(2) 从可行性角度来看，尽管上式隶属度不一定确实可信，但它确实反映了人们的一种认识，是对“几个”概念的一种可喜逼近，它总比只用“0，1”这两种隶属程度来刻画“几个”这一概念要更接近于真实程度，若经过几次调查后并综合多个人的经验认识，其可信度与逼近度会更好。

德尔菲法既专家调查法，自 20 世纪 40 年代以来已广泛用于经济、管理科学与心理学、社会学等诸方面。其特点是可集中专家的经验与意识，在不断地反馈和修改中得到比较满意的结果。确定隶属函数时主要采用带确信度的德尔菲专家确定法。其方法通常为：

1) 设 U 是论域，$\widetilde{A}$ 是 U 中待确定其隶属函数的模糊集，对 $\widetilde{A}$ 提出主要的影响因素，连同较为详尽的原始资料发送给选定的 p 位专家，请专家对于确定的 $U_0\in U$，给出隶属度 $\mu_{\widetilde{A}}(x)(x\in U_0)$ 的估计值 m。这一过程应是专家各自独立进行的。

2) 设第 i 位专家第一次给出的估计值为 m_{1i} $(i=1,2,\cdots,p)$，计算出 m_{1i} 的平均值 $\overline{m}=\left[\sum\limits_{i=1}^{p}m_{1i}\right]/p$ 和离差 $d_1=\left[\sum\limits_{i=1}^{p}(m_{1i}-\overline{m_1})^2\right]/p$ 。

3) 不记名地将全部数据 $(m_{11},m_{12},\cdots,m_{1p};\overline{m},d_1)$ 再次送交每一个专家，同时附上进一步补充资料，请每位专家在阅读和思考后给出 m 新的估计值 $(m_{21},m_{22},\cdots,m_{2p})$。

4) 第二步与第三步可视需要重复若干次，直到离差值小于或等于预先给定的标准 $\varepsilon>0$，若第 k 步达到 $d_k<\varepsilon$，可进行下一步，d_k 是第 k 次计算的离差。

5) 将所有平均值 $\overline{m}_k$ 和离差 d_k 再次交给各位专家，请他们作最后的判断，给出 m 的估计值 $(m_1,m_2,\cdots,m_p)$，其中 m_i 是第 i 位专家对 m 的估计值，并且请每位专家标出各自对所作估计值的“确信度” $(e_1,e_2,\cdots,e_p)$，这里是 e_i 是第 i 位专家对自己估计值的把握程度，规定确信度“取值范围”[0，1] 取决于专家对项目的熟悉程度。

6) 对矩阵 $\begin{bmatrix}m_1 & m_2 & \cdots & m_p\\ e_1 & e_2 & \cdots & e_p\end{bmatrix}$ 进行最后处理，这里有两种方法可供选择：

第一种方法，设 λ 是事先给定的标准，$0<\lambda<1$，令 $M_\lambda=\{i\,|\,e_i\geqslant\lambda,i=1,2,\cdots,p\}$，$|M_\lambda|$ 表示集合 M_λ 的元素个数，则有

$$\overline{m}=\sum_{i\in M_\lambda} m_i/|M_\lambda|$$

第二种方法，计算 $\overline{m}=\left(\sum_{i=1}^{p} m_i\right)/p$ ，$\overline{e}=\left(\sum_{i=1}^{p} e_i\right)/p$ ，称 $\overline{m}$ 为 $\mu_{\underset{\sim}{A}}(x)$ 在 $\overline{e}$ 下的估计值。若 $\overline{e}$ 较高从而达到一定标准，则 $\mu_A(x)$ 就取作 $\overline{m}$。否则，虽可“暂时”使用，但要特别注意信息反馈，以便通过不断学习来完善 $\mu_{\underset{\sim}{A}}(x)=\overline{m}$。虽然上面 $\overline{m}$ 和 $\overline{e}$ 的计算是以参加估计的全体专家具有平等的学术地位为前提的，如果专家们的学术地位各不相同，可以采用不同的权重分配代替均权，即令 $\overline{m}=\sum_{i=1}^{p} w_i m_i$，$\overline{e}=\sum_{i=1}^{p} w_i e_i$ 。

第一种方法实际上是先以 λ 为尺子，将确信度达不到一定要求的全部删除，再计算余下权重估计值的平均值，而后以 $\overline{m}$ 作为 $\mu_{\underset{\sim}{A}}(x)$ 的估计值，故称为确信度在 λ 水平以上的权重估计值，第二种方法称为平均确信度的权重估计值。

6.4.4 其他确定方法

1. 二元对比排序法

对一些模糊概念，很难直接得出其隶属函数，但却可较为方便地比较两个元素相应隶属度的高低，确定出其在某种特征下的顺序，而后通过某种处理确定其对于预定特征的隶属函数或隶属函数的大体形状。

2. 综合加权法

对于一个由若干模糊因素复合而成的模糊概念，可以先求出各个因素的模糊集的隶属函数，再综合加权的方法复合出模糊概念的隶属函数。

3. 神经网络和模糊逻辑相结合方法

利用神经元网络学习、训练能力强的特点，通过对神经元网络的训练，由神经元网络自动生成隶属函数。目前，该方法已被很多学者研究，并逐步地用于实践中。

6.5 模糊逻辑与模糊推理

人类自然语言具有模糊性，能正确地识别和判断。计算机对模糊性却缺乏识别和判断能力，为了实现用自然语言跟计算机进行直接对话，就必须把人类的语言和思维过程提炼成数学模型，才能给计算机输入指令，建立合适的模糊数学模型，这是运用数学方法的关键。

6.5.1 模糊语言

把具有模糊概念的语言称为模糊语言，众所周知，任何一种语言都是以一定的符号来代表一定的意思，这种符号被称为文字，简称为“字”，语言中“字”和“义”的对应关系称为语义。当以颜色为语言主题时，即论域 U 为颜色，而表示颜色这一类单词就构成一个集合 T。语义通过从 T 到 U 的对应关系 N 来表达，通常 $\widetilde{N}$ 是一个模糊关系，对任意固定的 $a\in T$，记 $\widetilde{N}(a,u)=\mu_{\underset{\sim}{A}}(u)$，它是一个模糊子集，也可记为 $\widetilde{A}(u)$。单词 a 对应于 U

的这个模糊子集，用与 a 相对应的大字母 A 表示这个集合。当 $\widetilde{A}=A$ 时，则集合为普通集合，单词 a 的意义是明确的，否则称为模糊的。

$\widetilde{N}$ 是集合 T 对论域 U 的模糊关系，设 $\mu_{\widetilde{N}}$：$T\times U\rightarrow[0,1]$ 为 $\widetilde{N}(a,u)$ 的隶属函数，它具有两个变量，其中，$a\in T,u\in U$，$\widetilde{N}(a,u)$ 表示属于 T 的单词 a 与属于 U 的对象 u 之间关系的程度。

在自然语言中有一些词可以表达语气的肯定程度，如“非常”“很”“极”等；也有一类词，如“大概”“近似于”等，置于某个词前面，使该词意义变为模糊；还有些词，如“偏向”“倾向于”等可使词义由模糊变为肯定。

下面着重介绍一下语气算子，语气算子定义如下 $(H_\lambda\widetilde{A})(u)\triangleq[\widetilde{A}(u)]^\lambda$，其中 $\widetilde{A}(u)$ 为论域 U 的一个模糊子集，H_λ 称为语气算子，λ 为一正实数。

如论域 U 为温度，而 $\widetilde{A}(u)$ 表示单词［高］，那么随着 λ 取不同值，就可以表示出“高温”的程度。当 $\lambda>1$ 时，H_λ 称为集中化算子，它能加强语气的肯定程度；当 $\lambda<1$ 时，H_λ 称为散漫化算子，它可以适当地减弱语气的肯定程度。

上面对模糊语言做了初步介绍，目前模糊语言方面的研究还很不成熟，语言学家正在深入研究。

6.5.2　模糊命题与模糊逻辑

1. 模糊命题

具有模糊概念的陈述句往往被称为模糊命题，模糊命题比二值逻辑中的命题更能符合人脑的思维，它是普通命题的推广，反映了真或假的程度。因此仿照模糊集合中的隶属函数的形式，将模糊命题的真值推广到［0，1］区间上去连续值。

模糊命题 $\widetilde{P}$ 的真值记作 $V(\widetilde{P})=x$（$0\leqslant x\leqslant 1$），显然，当 $x=1$ 时表示 $\widetilde{P}$ 完全真；$x=0$ 时，表示 $\widetilde{P}$ 完全假；x 介于 0、1 之间时，表征 $\widetilde{P}$ 真的程度，x 越接近于 1，表明真的程度越大；x 越接近于 0，表明真的程度越小，即假的程度越大。

2. 模糊逻辑

通常将研究模糊命题的逻辑称为连续值逻辑，也称模糊逻辑，它是二值逻辑的推广是对经典的二值逻辑的模糊化，是建立在模糊集合和二值逻辑概念基础上的，可以把它视为一类特殊的多值逻辑。一个公式的真值，模糊逻辑中可取［0，1］区间中的任何值，其数值表示这个模糊命题真的程度。

一般情况下，对于一个合适的给定模糊逻辑函数式，可以通过等价变换使其成为析取范式（又称逻辑并标准形）或合取范式（又称逻辑交标准形），或是析取范式和合取范式的组合。

一般析取标准形可简记为 $F=\sum\limits_{i=1}^{p}\prod\limits_{j=1}^{n_i}x_{ij}$，合取标准形可简记为 $F=\prod\limits_{i=1}^{p}\sum\limits_{j=1}^{n_i}x_{ij}$，其中 x_{ij} 为模糊变量，称其为字。字的析取式 $x_1+x_2+\cdots+x_p$ 称子句；字的合取式 $x_1\cdot x_2\cdot\cdots\cdot x_p$ 称字组。由此不难看出，析取标准形为“积之和”型，而合取标准形为

“和之积”型。

对于同一模糊逻辑函数，两种范式之间是对偶的。可以自行验证，不赘述。

6.5.3 模糊推理

1. 判断与推理

判断和推理是思维形式的一种，判断是概念与概念的联合，而推理则是判断与判断的联合。

直言判断句的句型为“u 是 a”，是表示论域中的任何一个特定对象，称 u 为语言变元；a 为表示概念的一个词或词组，这种判断句记作（a）。如果 a 的外延是清晰的，则 a 所对应的集合为普通集合，a 称（a）是普通的判断句。

如果 $u\in A$，称“u 是 a”的判断为真，把 A 称为（a）的真域；如果 $u\notin A$，称“u 是 a”的判断为假。不难看出（a）对 u 真$\Leftrightarrow u\in A$，当“u 是 a”的判断没有绝对的真假时，将 u 对 A 的隶属度定义为（a）对 u 的真值。“若 u 是 a，则 u 是 b”型的判断句称为推理句，简记为“$(a)\to(b)$”。

2. 模糊推理句

模糊推理句同模糊判断句一样，不能给出绝对的真与不真，只能给出真的程度。类似于普通推理句，模糊推理句真值定义为“$(a)\to(b)$”对 u 的真值$\triangleq((a)\to(b))(u)\triangleq(A-B)^c(u)=1-\widetilde{A}(u)\wedge(1-\widetilde{B}(u)$。由于有 $\widetilde{A}-\widetilde{B}=\widetilde{A}\cap\widetilde{B}^c$，故可得$(\widetilde{A}-\widetilde{B})^c=(\widetilde{A}\cap\widetilde{B}^c)^c=\widetilde{A}^c\cup\widetilde{B}$，则 $((a)\to(b))(u)=1-\widetilde{A}(u)\vee\widetilde{B}(u)$。

3. 模糊推理

在应用模糊集合论对模糊命题进行模糊推理时，应用模糊关系表示模糊条件句，将推理的判断过程转化为对隶属度的合成及演算过程。

设 $\widetilde{A}$ 和 $\widetilde{B}$ 分别为 X 和 Y 上的模糊集，其隶属函数分别为 $\mu_{\widetilde{A}}(x)$ 和 $\mu_{\widetilde{B}}(x)$，词 a 和 b 分别用 X 和 Y 上的子集 $\widetilde{A}$ 和 $\widetilde{B}$ 描述，模糊推理句“$(a)\to(b)$”可表示为从 X 到 Y 的一个模糊关系，它是 $X\times Y$ 的一个模糊子集，记为 $\widetilde{A}\to\widetilde{B}$，它的隶属函数定义为 $\mu_{\widetilde{A}\to\widetilde{B}}(x,y)\triangleq[\mu_{\widetilde{A}}(x)\wedge\mu_{\widetilde{B}}(y)]\vee[1-\mu_{\widetilde{A}}(x)]$。

4. 模糊条件语句及其推理规则

模糊条件语句是一种模糊推理，其一般句型为“若…则…否则…”。模糊条件语句在模糊自动控制中占有重要地位，因为模糊控制是由许多条件语句所组成。

“若 a 则 b 否则 c”这样的模糊条件语句，可以表示为 $(a\to b)\vee(a^c\to c)$，$(\widetilde{A}\to\widetilde{B})\vee(\widetilde{A}^c\to\widetilde{C})$ 实际上也是 $X\times Y$ 的一个模糊子集 $\widetilde{R}$，因此它也是一种模糊关系，模糊关系 $\widetilde{R}$ 中的各元素根据下式计算

$$\mu_{(\widetilde{A}\to\widetilde{B})\vee(\widetilde{A}^c\to\widetilde{C})}(x,y)=[\mu_{\widetilde{A}}(x)\wedge\mu_{\widetilde{B}}(y)]\vee[(1-\mu_{\widetilde{A}}(x))\wedge\mu_{\widetilde{C}}(y)]$$

如果隶属度 $\mu_{(\widetilde{A}\to\widetilde{B})\vee(\widetilde{A}^c\to\widetilde{C})}(x,y)$、$\mu_{\widetilde{A}}(x)$ 及 $\mu_{\widetilde{B}}(y)$ 分别用 $\widetilde{R}(x,y)$、$\widetilde{A}(x)$ 及 $\widetilde{B}(y)$ 表示，则式变为 $\widetilde{R}(x,y)=[\widetilde{A}(x)\wedge\widetilde{B}(y)]\vee[1-\widetilde{A}(x)\wedge\widetilde{C}(y)]$，采用模糊向量的笛卡尔

乘积的形式，可表示为 $\widetilde{R}=(\widetilde{A}\times\widetilde{B})+(\widetilde{A}^c\times\widetilde{C})$。

推理规则的合成规则可以叙述如下：如果 $\widetilde{R}$ 是 X 到 Y 的一个模糊子集，且 $\widetilde{A}$ 是 X 上的一个模糊子集，则由 $\widetilde{A}$ 和 $\widetilde{R}$ 所推得的模糊子集为 $Y=\widetilde{A}\circ\widetilde{R}$。

模糊集理论提出虽然较晚，但目前在各个领域的应用十分广泛。实践证明，模糊理论在图像识别、天气预报、地质地震、交通运输、医疗诊断、信息控制、人工智能等诸多领域的应用已初见成效。从该学科的发展趋势来看，它具有极其强大的生命力和渗透力。

6.6　模糊聚类分析

6.6.1　模糊分类关系

模糊聚类分析是在模糊分类关系基础上进行聚类。由集合的概念，可给出如下定义：

定义1：n 个样品的全体所组成的集合 X 作为全域，令 $X\times Y=\{(X,Y)|x\in X,y\in Y\}$，则称 $X\times Y$ 为 X 的全域乘积空间。

定义2：设 $\boldsymbol{R}$ 为 $X\times Y$ 上的一个集合，并且满足：①反身性：$(x_i,y_i)\in\boldsymbol{R}$，即集合中每个元素和它自己同属一类；②对称性：若 $(x,y)\in\boldsymbol{R}$，则 $(y,x)\in\boldsymbol{R}$，即集合中 (x,y) 元素同属于类 $\boldsymbol{R}$ 时，则 (y,x) 也同属于 $\boldsymbol{R}$；③传递性：$(x,y)\in\boldsymbol{R}$，$(y,z)\in\boldsymbol{R}$，则有 $(x,z)\in\boldsymbol{R}$。

上述三条性质称为等价关系，满足这三条性质的集合 $\boldsymbol{R}$ 为一分类关系。聚类分析的基本思想是用相似性尺度来衡量事物之间的亲疏程度，并以此来实现分类。模糊聚类分析的实质就是根据研究对象本身的属性来构造模糊矩阵，在此基础上根据一定的隶属度来确定其分类关系。

6.6.2　模糊聚类

利用模糊集理论进行聚类分析的具体步骤如下：

(1) 当相似系数矩阵用定量观察资料定义时，在定义相似系数矩阵之前，可先对原始数据进行变换处理。

(2) 计算模糊相似矩阵：设 U 是需要被分类对象的全体，建立 U 上的相似系数 $\boldsymbol{R}$，$R(i,j)$ 表示 i 与 j 之间的相似程度，当 U 为有限集时，$\boldsymbol{R}$ 是一个矩阵，称为相似系数矩阵。定义相似系数矩阵的工作，原则上可以按系统聚类分析中的相似系数确定方法，但也可以采用主观评定或集体打分的办法。

(3) 聚类分析：用上述方法建立起来的相似关系 $\boldsymbol{R}$，一般只满足反射性和对称性，不满足传递性，因而还不是模糊等价关系。为此，需要将 $\boldsymbol{R}$ 改造成 $\boldsymbol{R}^*$ 后得到聚类图，在适当的阈值上进行截取，便可得到所需要的分类。将 $\boldsymbol{R}$ 改造成 $\boldsymbol{R}^*$，可用求传递闭包的方法。$\boldsymbol{R}$ 自乘的思想是按最短距离法原则，寻求两个向量 x_i 与 x_j 的亲密程度。

假设 $\boldsymbol{R}^2=(r_{ij})$，即 $r_{ij}=\vee(r_{ik}\wedge r_{kj})(k=1,\cdots,n)$，说明 x_i 与 x_j 是通过第三者 K 作为媒介而发生关系，$r_{ik}\wedge r_{kj}$ 表示 x_i 与 x_j 的关系密切程度是以 $\min(r_{ik},r_{kj})$ 为准则，

因 k 是任意的，故从一切 $r_{ik} \wedge r_{kj}$ 中寻求一个使 x_i 和 x_j 关系最密切的通道。$\boldsymbol{R}^m$ 随 m 的增加，允许连接 x_i 与 x_j 的链的边就越多。由于从 x_i 到 x_j 的一切链中，一定存在一个使最大边长达到极小的链，这个边长就是相当于 r_{ij}^{∞}。

在实际处理过程中，$\boldsymbol{R}$ 的收敛速度是比较快的。为进一步加快收敛速度，通常采取如下处理方法：

$$\boldsymbol{R} \to \boldsymbol{R}^2 \to \boldsymbol{R}^4 \to \boldsymbol{R}^8 \to \cdots \to \boldsymbol{R}^{2k}$$

即先将 $\boldsymbol{R}$ 自乘改造为 $\boldsymbol{R}^2$，再自乘得 $\boldsymbol{R}^4$，如此继续下去，直到某一步出现 $\boldsymbol{R}^{2k} = \boldsymbol{R}^k = \boldsymbol{R}^*$。此时 $\boldsymbol{R}^*$ 满足了传递性，于是模糊相似矩阵（$\boldsymbol{R}$）就被改造成了一个模糊等价关系矩阵（$\boldsymbol{R}^*$）。

（4）模糊聚类：对满足传递性的模糊分类关系的 $\boldsymbol{R}^*$ 进行聚类处理，给定不同置信水平的 λ，求 $\boldsymbol{R}_{\lambda}^*$ 阵，找出 $\boldsymbol{R}^*$ 的 λ 显示，得到普通的分类关系。当 $\lambda=1$ 时，每个样品自成一类，随 λ 值的降低，由细到粗逐渐归并，最后得到动态聚类谱系图。

6.7 模糊综合评判

综合评判就是对受到多个因素制约的事物或对象作出一个总的评价，这是在日常生活和科研工作中经常遇到的问题，如设备生产质量评定、科技成果鉴定、设备适应性的评价等，都属于综合评判问题。由于从多方面对事物进行评价难免带有模糊性和主观性，采用模糊数学的方法进行综合评判将使结果尽量客观从而取得更好的实际效果。

模糊综合评判的数学模型可分为一级模型和多级模型，在此仅介绍一级模型。采用一级模型进行综合评判，一般可归纳为以下几个步骤：

（1）建立评判对象因素集 $U=\{u_1, u_2, \cdots, u_n\}$。因素就是对象的各种属性或性能，在不同场合，也称为参数指标或质量指标，它们能综合地反映出对象的质量，因而可由这些因素来评价对象。

（2）建立评判集 $V=\{v_1, v_2, \cdots, v_n\}$。如工业产品的评价，评判集是等级的集合；农作物种植区域适应性的评价，评判集是适应程度的集合。

（3）建立单因素评判，即建立一个从 U 到 $F(V)$ 的模糊映射：

$$f: U \to F(V), \forall u_i \in U, u_i \mapsto f(u_i) = \sum_{j=1}^{m} r_{ij}/v_j \quad (0 \leqslant r_{ij} \leqslant 1, 1 \leqslant i \leqslant n)$$

由 f 可以诱导出模糊关系，得到模糊矩阵：

$$\boldsymbol{R} = \begin{bmatrix} r_{11} & r_{12} & \cdots & r_{1m} \\ r_{21} & r_{22} & \cdots & r_{2m} \\ \vdots & \vdots & \vdots & \vdots \\ r_{n1} & r_{n2} & \cdots & r_{nm} \end{bmatrix}$$

称 $\boldsymbol{R}$ 为单因素评判矩阵，于是（$U, V, \boldsymbol{R}$）构成了一个综合评判模型。

（4）综合评判。由于对 U 中各个因素有不同的侧重，需要对每个因素赋予不同的权重，它可表示为 U 上的一个模糊子集 $A=(a_1, a_2, \cdots, a_n)$，且规定 $\sum a_i = 1$。

在 $\boldsymbol{R}$ 与 A 求出之后，则综合评判模型为 $B = A \circ \boldsymbol{R}$。记 $B=(b_1, b_2, \cdots, b_m)$，它是 V 上

的一个模糊子集，其中 $b_j=\bigvee_{i=1}^{n}(a_i\wedge r_{ij})$ $(j=1,2,\cdots,m)$。如果评判结果 $\sum a_i\neq 1$，就对其结果进行归一化处理。

从上述模糊综合评判的四个步骤可以看出，建立单因素评判矩阵 $\boldsymbol{R}$ 和确定权重分配 A 是两项关键性的工作，但同时又没有统一的格式可以遵循，一般可采用统计实验或专家评分的方法求出。

6.8　模糊模式识别

"模式"一词来源于英文 Pattern，原意是典范、式样、样品，在不同场合有其不同的含义。在此是指具有一定结构的信息集合。模式识别就是识别给定的事物以及与它相同或类似的事物，也可以理解为模式的分类，即把样品分成若干类，判断给定事物属于哪一类。模式识别的方法大致可以分为两种，即根据最大隶属原则进行识别的直接法和根据择近原则进行归类的间接法，分别简介如下：

方法一：若已知 n 个类型在被识别的全体对象 U 上的隶属函数，则可按隶属原则进行归类。此处介绍的是针对正态型模糊集的情形。对于正态型模糊变量 x，其隶属度为 $\mu_{\tilde{A}}(x)=\exp[-(x-a)^2/b^2]$，其中 a 为均值，$b^2=2\sigma^2$，σ^2 为相应的方差。按泰勒级数展开，取近似值得

$$\mu_{\tilde{A}}=\begin{cases}1-(x-a)^2/b^2 & x-a<b\\ 0 & x-a\geqslant b\end{cases}$$

若有 n 种类型 m 个指标的情形，则第 i 种类型在第 j 种指标上的隶属函数是

$$\mu_{\tilde{A}_{ij}}=\begin{cases}0 & x=a_{ij}^{(1)}-b_{ij}\\ 1-(x-a_{ij}^{(1)})^2/b_{ij}^2 & a_{ij}^{(1)}-b_{ij}<x<a_{ij}^{(1)}\\ 1 & a_{ij}^{(1)}\leqslant x<a_{ij}^{(2)}\\ 1-(x-a_{ij}^{(2)})^2/b_{ij}^2 & a_{ij}^{(2)}\leqslant x<a_{ij}^{(2)}+b_{ij}\\ 0 & a_{ij}^{(2)}+b_{ij}\leqslant x\end{cases}$$

其中 $a_{ij}^{(1)}$ 和 $a_{ij}^{(2)}$ 分别是第 i 类元素第 j 种指标的最小值和最大值，$b_{ij}^2=2\sigma_{ij}^2$，而 σ_{ij}^2 是第 i 类元素第 j 种指标的方差。

方法二：若有 n 种类型 $(A_1,A_2,\cdots,A_N)$，每类都有 m 个指标，且均为正态型模糊变量，相应的参数分别为 $a_{ij}^{(1)}$，$a_{ij}^{(2)}$，b_{ij} $(i=1,2,\cdots,n;j=1,2,\cdots,m)$。其中，$a_{ij}^{(1)}=\min(x_{ij})$，$a_{ij}^{(2)}=\max(x_{ij})$，$b_{ij}^2=2\sigma_{ij}^2$，而 σ_{ij}^2 是 x_{ij} 的方差。待判别对象 B 的 m 个指标分别具有参数 a_j，b_j $(j=1,2,\cdots,m)$，且为正态型模糊变量，则 B 与各个类型的贴近度为

$$\mu_{\tilde{A}_{ij}}=\begin{cases}0 & x\leqslant a_{ij}^{(1)}-(b_j-b_{ij})\\ 1-(x-a_{ij}^{(1)})^2/b_{ij}^2 & a_{ij}^{(1)}-(b_j-b_{ij})<x<a_{ij}^{(1)}\\ 1 & a_{ij}^{(1)}\leqslant x<a_{ij}^{(2)}\\ 1-(x-a_{ij}^{(2)})^2/b_{ij}^2 & a_{ij}^{(2)}\leqslant x<a_{ij}^{(2)}+(b_j+b_{ij})\\ 0 & a_{ij}^{(2)}+(b_j+b_{ij})\leqslant x\end{cases}$$

记 $S_i = \min\limits_{1 \leqslant j \leqslant m} (\widetilde{A}_{ij}, \widetilde{B})$，又有 $S_{i0} = \max\limits_{1 \leqslant j \leqslant m} (\widetilde{S}_{ij})$，按贴近原则可认为 $\widetilde{B}$ 与 $\widetilde{A}_{i0}$ 最贴近。

总之，模糊理论实际上是模糊集合、模糊关系、模糊逻辑、模糊聚类以及模糊控制等理论的总称。在不同的场合，模糊理论有不同的名称，模糊集是相对于经典集的名称，而相对于传统的“是或者不是”“真或假”的二值逻辑而言，有模糊逻辑的叫法，模糊数学则是更广泛的叫法，指从数学的角度研究模糊集与模糊逻辑。从应用的角度看，模糊集由于其表示范围大大超过了经典集，更适于表达一些不确定、不完整的信息，或更接近于人们的思维与交流形式，从而导致了其应用的广泛。

本章参考文献

[1] 胡宝清．模糊理论基础［M］．武汉：武汉大学出版社，2010.

[2] 郭大蕾．模糊系统理论及应用［M］．北京：科学出版社，2022.02.

[3] 李永明，陈阳，王涛．模糊数学及其应用［M］．3版．沈阳：东北大学出版社，2020.

[4] 李春华，刘二根．模糊数学及其应用［M］．西安：西北工业大学出版社，2018.

[5] 李希灿．模糊数学方法及应用［M］．北京：化学工业出版社，2017.

[6] 阎少宏，王宏．模糊数学基础及应用［M］．北京：化学工业出版社，2017.

第7章 支持向量机

从20世纪末开始，人们越来越频繁地接触到一个新的名词统计学习理论（statistical learning theory，SLT）[1-6]。统计学习理论是一种专门研究有限样本情况下机器学习规律的理论，它为研究有限样本情况下的统计模式识别和更广泛的机器学习问题建立了一个较好的理论框架。而支持向量机（support vector machine，SVM）[7-10]是在统计学习理论的基础上发展起来的新一代学习算法，该算法有效地改善了传统的分类方法的缺陷，具有较强的理论依据，非常适合于小样本的模式识别问题，它在文本分类、故障诊断、手写识别、图像分类、生物信息学等领域中获得较好的应用。

7.1 支持向量机的发展概况

7.1.1 支持向量机产生理论基础

对样本数据进行训练并寻找规律，利用这些规律对未来数据或无法观测的数据进行预测是基于机器学习的基本思想。现有机器学习方法的重要理论基础之一是统计学。传统统计学研究的内容是样本无穷大时的渐进理论，即当样本数为无穷大时的统计特性。然而现实生活中的样本数目往往是有限的。因此，假设样本无穷多，并以此为基础推导出的各种算法，存在着固有的算法缺陷，很难在样本数据有限时取得理想的应用效果。神经网络的过学习问题就是一个典型的例子。

当样本数据有限时，本来具有良好学习能力的学习机器有可能表现出很差的泛化性能。诞生于20世纪70年代的统计学习理论系统地研究了机器学习问题，对有限样本情况下的统计学习问题提供了一个有效地解决途径，弥补了传统统计学的不足。与传统统计学相比，统计学习理论着重研究有限样本情况下的统计规律和学习方法，在这种体系下的统计推理不仅考虑了对渐进性能的要求，而且追求得到现有信息条件下的最优解。其核心内容包括：基于经验风险最小化准则的统计学习一致性条件；统计学习方法推广性的界；在推广性的界的基础上建立的小样本归纳推理准则：实现新的准则的实际方法。其中最有指导性的理论结果是推广性的界，以此相关的一个核心概念是VC维（vapnik - chervonenkis dimension）。

早期的统计学习理论一直停留在抽象的理论和概念的探索中，而且它在模式识别问题上往往趋于保守，数学上比较艰涩，直到20世纪90年代以前还没有提出能够将其理论付诸实现的有效方法，加上当时正处在其他学习方法飞速发展的时期，因此一直没有得到充分的重视。直到20世纪90年代中期，随着其理论的不断发展和成熟，也由于神经网络等学习方法在理论上难以有实质性进展，该理论才受到越来越广泛的重视，并在统计学习理论的基础上又发展了一种新的通用学习方法支持向量机。

支持向量机是统计学习理论中最年轻的内容，也是最实用的部分。支持向量机与神经网络完全不同。神经网络学习算法的构造受模拟生物启发，而支持向量机的思想来源于最小化错误率的理论界限，这些学习界限是通过对学习过程的形式化分析得到的。基于这一思想得到的支持向量机，不但具有良好的数学性质，如解的唯一性，不依赖于输入空间的维数等，而且在应用中也表现出了良好的性能。由于支持向量机独特的优势和潜在的应用价值，已成为当前国际上机器学习领域新的研究热点。

7.1.2 支持向量机研究现状

目前，对支持向量机的研究和应用主要包括以下三个方面。

1. 支持向量机理论研究

虽然支持向量机的发展时间很短，但由于它的产生基于统计学习理论，因此具有坚实的理论基础。近几年涌现出的大量理论研究成果，更是为其应用研究奠定了坚实的基础。核函数与支持向量机性能密切相关，如何构造与实际问题有关的核函数，一直是支持向量机研究的重要课题。核函数的研究包括核函数类型的选择、核函数参数的选择以及核函数的构造。大量研究表明，核函数类型和核函数参数会影响支持向量机的分类性能。

2. 支持向量机学习算法研究

对学习算法的改进是目前支持向量机研究的主要内容，支持向量机的学习算法研究可以用“更小、更快、更广”六个字来表达。由于支持向量机的学习过程是求解一个二次凸规划（QP）问题，从在理论讲，有许多经典的方法。但是支持向量机中二次规划的变量维数等于训练样本的个数，从而使其中矩阵元素的个数是训练样本的平方，这就造成实际问题的求解规模过大，而使许多经典的方法不适用则。例如，当样本点数目超过 4000 时，储存核函数矩阵需要多达 128 兆内存。其次，支持向量机在二次型寻优工程中需要进行大量的矩阵运算，多数情况下，寻优算法占用了算法的大部分时间，如何有效地改进寻优算法将对支持向量机的发展起到极大的推动作用。

3. 支持向量机应用研究

支持向量机是一种非常年轻的机器学习方法，虽然在理论上具有很突出的优势，但与其理论研究相比，应用研究则相对比较滞后，支持向量机的应用应该是一个大有作为的方向。目前主要应用在模式识别概率密度函数估计和回归估计等领域。

在这些应用中，最为著名的应该是贝尔实验室的研究人员 Burges、Cortes 和 Schölkopf 对美国邮政手写数字进行的实验，采用多项式、径向基、双曲正切三种典型核函数的支持向量机分类器得到的识别结果明显优于决策树方法、多层神经网络，它们的识别错误率分别是 4.0%、4.1%、4.2%、16.2%和 5.196%。相关的应用还包括文本自动分类、图像分类、三维物体识别、DNA 和蛋白质序列检测等领域，在这些领域支持向量机都有出色的表现。对于其他一些应用领域，国内外学者也逐步进行了探索和研究，其中包括机械设备运行状态监控与故障诊断。

7.2　统计学习理论

统计学习理论就是研究小样本统计估计和预测的理论，主要内容包括四个方面[2]：

(1) 经验风险最小化准则下统计学习一致性的条件。

(2) 在这些条件下关于统计学习方法推广性的界的结论。

(3) 在这些界的基础上建立的小样本归纳推理准则。

(4) 实现新的准则的实际方法（算法）。

其中，最有指导性的理论结果是推广性的界，与此相关的一个核心概念是 VC 维。传统统计模式识别的方法都是在样本数目足够多的前提下进行研究的，所提出的各种方法只有在样本数趋于无穷大时其性能才有理论上的保证。而在多数实际应用中，样本数目通常是有限的，这时很多方法都难以取得理想的效果，统计学习理论为研究有限样本情况下的统计模式识别和更广泛的机器学习问题建立了一个较好的理论框架，同时也发展了一种新的模式识别方法支持向量机。

7.2.1　机器学习问题

机器学习的目的是根据给定的训练样本求对某系统输入输出之间的依赖关系 $x_i \rightarrow y_i$ 的估计，使它能够对未知输出作出尽可能准确的预测 $x \rightarrow f(x,a)$。其中，函数 $f(x,a)$ 由参数 a 控制。给定一个新输入的样本 x，和一个特定的参数 a，系统将给出一个唯一的输出 $f(x,a)$。参数 a 的产生过程就是所说的学习训练。对于固定结构的神经网络，a 对应于连接权重。

机器学习问题就是根据 n 个独立同分布观测样本

$$(x_1,y_1),(x_2,y_2)\cdots(x_n,y_n) \tag{7.1}$$

在一组函数 $\{f(x,a)\}$ 中求最优的函数 $f(x,a)$ 对依赖关系进行估计，使式（7.2）

$$R(a)=\int \frac{1}{2}|y-f(x,a)|\mathrm{d}p(x,y) \tag{7.2}$$

最小。其中存在密度函数 $p(x,y)$，$\mathrm{d}p(x,y)$ 可以写成 $p(x,y)\mathrm{d}x\mathrm{d}y$。

1. 主要的学习问题

学习问题的这种形式化表述的面是很广的。它包括很多特殊的问题，考虑其中主要的问题：模式识别、回归函数估计和密度估计[1-2]。

(1) 模式识别。令训练器的输出 y 只取两种值 $y=\{1,0\}$，并令 $f(x,a)$，$a \in \Lambda$ 为指示函数集合（指示函数即只有 0 或 1 两种取值的函数）。考虑下面的损失函数：

$$L[y,f(x,a)]=\begin{cases}0, & y=f(x,a)\\ 1, & y\neq f(x,a)\end{cases} \tag{7.3}$$

对于这个损失函数，式（7.2）的泛函数确定了训练器和指示函数 $f(x,a)$ 所给出的答案不同的概率。把指示函数给出的答案与训练输出不同的情况称为分类错误。

这样，学习问题就成了在概率测度函数 $F(x,y)$ 未知，但数据式（7.1）已知的情况下使分类错误的概率最小的函数。

（2）回归函数估计。令训练器的输出 y 为实数值，并令 $f(x,a)$，$a\in\Lambda$ 为实函数集合，其中包括着回归函数

$$f(x,a_0)=\int y\mathrm{d}F(y|x) \tag{7.4}$$

回归函数就是在损失函数

$$L[y,f(x,a)]=[y-f(x,a)]^2 \tag{7.5}$$

这样，回归估计的问题就是在概率测度函数 $F(x,y)$ 未知，但在式（7.1）已知的情况下，对采用式（7.5）所示的损失函数对式（7.2）所示风险泛函进行最小化的过程。

（3）密度估计。对于从密度函数集 $p(x,a)$，$a\in\Lambda$ 中估计密度函数的问题，由损失函数：

$$L(p(x,a))=-\log p(x,a) \tag{7.6}$$

可以知道，待求的密度函数在损失函数下使式（7.2）所示泛函最小化。因此，对于从数据估计密度函数的问题就是在相应的概率测度 $F(x)$ 未知，但给出了独立同分布数据 $x_1,x_2,\cdots,x_n$ 的情况下，使风险泛函最小化。

2. 经验风险

式（7.2）中 $R(a)$ 的值称为期望风险，在这里称为真正风险，其取值是最终感兴趣的。而“经验风险”则是对一个有限测试集合的平均错误，可表示为

$$R_{\mathrm{emp}}(a)=\frac{1}{2l}\sum_{i=1}^{l}|y_i-f(x_i,a)| \tag{7.7}$$

式中，$R_{\mathrm{emp}}(a)$ 对于一个特定的 a 和特定分布（x_i,y_i）是一个固定值；$|y_i-f(x_i,a)|/2$ 称为损失，它只能取值 0 或 1。

用经验风险逼近期望风险，这一原则称作经验风险最小化（empirical risk minimization，ERM）归纳原则，简称 ERM 原则。对于一个归纳原则，如果对任何给定的观测数据，学习机器都依照这一原则来选择逼近，则说这一归纳原则定义了一个学习过程。在学习理论中，ERM 原则扮演了一个具有决定性的角色。ERM 原则是非常一般性的。解决一些特殊的学习问题的很多传统方法，比如在回归估计问题中的最小二乘法，概率密度估计中的最大似然方法等，都是 ERM 原则的具体实现，其中采用了前面讨论过的损失函数。

仔细研究经验风险最小化原则和机器学习问题中的期望风险最小化要求，可以发现，从期望风险最小化到经验风险最小化并没有可靠的理论依据，只是直观上合理的想当然做法。

首先，$R_{\mathrm{emp}}(a)$ 和 $R(a)$ 都是 a 的函数，概率论中的大数定理只是说明了（在一定条件下）当样本趋向于无穷多时 $R_{\mathrm{emp}}(a)$ 将在概率意义上趋近于 $R(a)$，并没有保证使 $R_{\mathrm{emp}}(a)$ 最小的 a 与使 $R(a)$ 最小的 a 是同一个点上，更不能保证 $R_{\mathrm{emp}}(a)$ 能趋近于 $R(a)$。其次，即使有办法使这些条件在样本数无穷时得到保证，也无法认定这些前提下得到的经验风险最小化方法在样本数有限时仍能得到好的结果。

尽管有这些未知的问题，经验风险最小化成为解决模式识别等机器学习问题基本的思想仍统治了这一领域的几乎所有研究，人们多年来一直将大部分注意力集中到如何更好地

求取最小经验风险上。与此相反，统计学习理论则是用经验风险最小化原则解决期望风险最小化问题的前提，这些前提不成立时经验风险最小化方法的性能以及是否可以找到更合理的原则等基本问题进行了深入的研究。

7.2.2　推广性的界

在早期神经网络研究中，人们总是把注意力集中在如何使经验风险更小，但很快发现，一味追求训练误差小并不总能达到很好地预测效果。人们将学习机器对未来输出进行正确预测的能力称为推广性。某些情况下，当训练误差过小反而会导致推广能力的下降，这就是几乎所有神经网络研究者都曾经遇到过的所谓过学习问题（overfitting）。从理论上看，模式识别中也存在同样的问题，但因为通常使用的分类器模型都是相对比较简单，因此过学习问题并不像神经网络中那样突出。

之所以出现过学习现象：一是因为学习样本不充分；二是学习算法设计不合理，这两个问题是相互联系的。在神经网络中，如果对于有限的训练样本来说网络的学习能力过强，足以记住每一个训练样本，此时经验风险很快就可以收敛到很小甚至零，但却根本无法保证它对未来新的样本能够得到很好的预测。这就是有限样本下学习机器复杂性与推广性之间的矛盾。

在很多情况下，即使已知问题中的样本来自某个比较复杂的模型，但由于训练样本有限，用很复杂的预测函数对样本进行学习的效率通常也不如用相对简单的预测函数，当有噪声存在时就更加如此了。

从这些讨论中可以得出以下基本结论：①在有限样本情况下，经验风险最小并不一定意味着期望风险最小；②学习机器的复杂性不但与所研究的系统有关，而且要与有限的学习样本相适应。

有限样本情况下的学习精度和推广性之间的矛盾似乎是不可调和的，采用复杂的学习机器容易使学习误差更小，但却往往丧失推广性。因此，人们研究了很多弥补方法，比如在训练误差中对学习函数的复杂性进行惩罚，或者通过交叉验证的方法进行模型选择以控制复杂度等，使原来的方法得到了改进，但是，这些方法多带有经验性质，缺乏完善的理论基础。

统计学习理论系统地研究了对于各种类型的函数集，经验风险和真实风险之间的关系，即推广性的界。关于两类问题，结论是：对指示函数集中的所有函数，经验风险 $R_{\mathrm{emp}}(w)$ 和真实风险 $R(w)$ 之间至少以 $1-\eta$ 的概率，满足如下关系[1]，即

$$R(w)\leqslant R_{\mathrm{emp}}(w)+\sqrt{\frac{h[\ln(2n/h)+1]-\ln(\eta/4)}{n}} \tag{7.8}$$

式中：h 为函数集的 VC 维；n 为样本数。

这一结论说明了学习机器的真实风险由两部分组成：一部分是经验风险（训练误差，上式右边的第一部分）；另一部分称作置信范围（也称 VC 置信，上式右边的第二部分），它反映了根据经验风险最小化原则得到的学习机器的推广能力，因此称作为推广性的界。它与学习机器的 VC 维 h 及训练样本数 n 有关，可以简单表示为

$$R(\omega)\leqslant R_{\text{emp}}(w)+\phi(h/n) \tag{7.9}$$

它表明在有限训练样本下，学习机器的 VC 维越高（复杂性越高）则置信范围越大，导致真实风险与经验风险之间可能的差别就越大。这就是为什么会出现过学习的原因。机器学习过程不但要使经验风险最小，还要使 VC 维尽量小，以缩小置信范围，才能取得较小的真实风险，从而对未知样本有较好的推广性。

需要指出的是，推广性的界不依赖于 $P(x,y)$，即不管是训练样本还是测试样本都是相对于某个 $P(x,y)$ 完全独立的：在通常情况下，经验风险是很难计算出来的，而如果知道了 h 的值，就很容易计算出置信范围。对于函数集合 $\{f(x,a)\}$，如果 η 已知，则使置信范围最小的 a 取值就是风险最小的学习机器。这是机器学习的基本原理，也是结构风险的主要思想。

7.2.3　VC 维

为了研究学习过程一致收敛的速度和推广性，统计学习理论定义了一系列有关函数集学习性能的指标，其中最重要的是 VC 维。模式识别方法中 VC 维的直观定义是：对一个指示函数集，如果存在 h 个样本能够被函数集中的函数按所有可能的 2^h 种形式分开，则称函数集能够把 h 个样本打散；函数集的 VC 维就是它能打散的最大样本数目 h。若对任意数目的样本都有函数能将它们打散，则函数集的 VC 维是无穷大。有界实函数的 VC 维可以通过用一定的阈值将它转化成指示函数来定义。

VC 维反映了函数集的学习能力，VC 维越大则学习机越复杂，目前还没有通用的关于函数集 VC 维计算的理论。对于一些比较复杂的学习机（神经网络），其 VC 维除了与函数集（神经网络结构）有关外，还受学习算法的影响，其确定更加困难。对于给定的学习函数集，如何计算其 VC 维是当前统计学习理论中有待研究的问题。

1. R^n 空间有向超平面的 VC 维

假设数据点所在的空间是 R^n，函数集合 $\{f(x,a)\}$ 包含有向直线。对某一分类线而言，一边的点都赋值以类 1，另一边的点是类−1。图 7.1 中的箭头表示方向是类别 1 的所在。显然，在平面上，分类线总能把三个点完全区分，但是四个点却不能保证。所以在平面上用有向直线分类的 VC 维是 3。

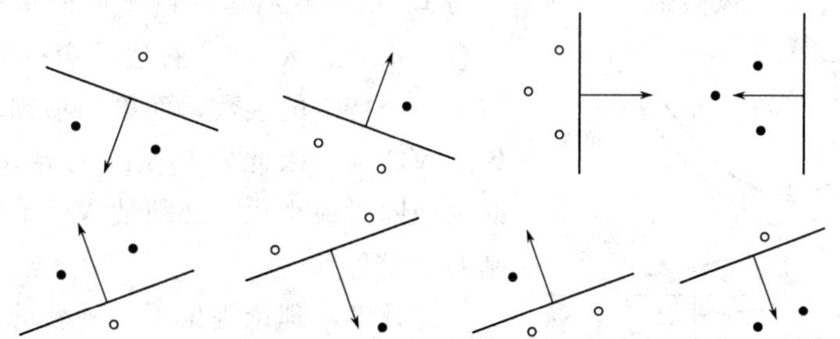

图 7.1　二维空间有向直线的三点分离

现在考虑 R^n 空间，有以下定理：

定理 1：在 R^n 空间里考虑 m 点集合，选定一个点为原点，则这 m 个点能被有向超平面分离的充分必要条件是除原点以外的其他所有点是线性无关的。

推论：R^n 空间有向超平面的 VC 维是 $n+1$。因为总能找到 $n+1$ 个点，选择其中一个为原点，剩余的 n 个点是线性无关的，但对于 $n+2$ 个点不行，因为 $n+1$ 个矢量在 R^n 空间里线性无关是不可能的。

2. VC 维与推广性的界

通过式（7.8）右边的第二部分和 h 之间的关系表明 VC 置信是关于 h 的单调函数，这个结论对于任何 l 的取值都是成立的。

特别地，如果选择某些学习机器其经验风险是 0，那么越小的 VC 维将获得更佳的真实错误上界。一般来说，经验风险不是 0，总是选择使式（7.8）的右边部分尽量小的学习机器。

式（7.8）给出了真实风险的上界，但这个并不意味着对于某些特定的学习机器，其在同样的经验风险条件下，获得较高的 VC 维的同时保持同样或更好的性能。

以 K 近邻分类法为例，这里 K 取 l。分类函数集具有无限大的 VC 维和 0 经验风险。这是因为任何数量的点，不管怎么标记类别，都可以通过算法学习。这样，式（7.8）所示的界就毫无意义。事实上，对于任何一个 VC 维是无限大的分类器，这个界甚至是不确切的。对于近邻分类法来说，它还是可以获得很好的性能，即无限大的分类能力并不意味着不好的性能。

7.2.4　结构风险最小化

1. 结构风险最小化

在传统方法中，选择学习模型和算法的过程就是调整置信范围的过程，如果模型比较适合现有的训练样本（相当于 h/l 值适当），则可以取得比较好的效果。但因为缺乏理论指导，这种选择只能依赖先验知识和经验，造成了如神经网络等方法对使用者“技巧”的过分依赖。

当 h/l 较小时，式（7.8）右边的第二部分就较小，因此，期望风险就接近经验风险的取值。在这种情况下，较小的经验风险值就能够保证（期望）风险的值也较小。

然而，如果 h/l 较大，那么一个小的经验风险值并不能保证小的期望风险值。在这种情况下，要最小化实际风险值，必须对不等式（7.8）右边的两项同时最小化。但是需要注意，不等式（7.8）右边的第一项取决于函数集中的一个特定的函数，而第二项则取决于整个函数集的 VC 维。因此要对风险的界式（7.8）的右边的两项同时最小化，必须使 VC 维成为一个可以控制的变量。

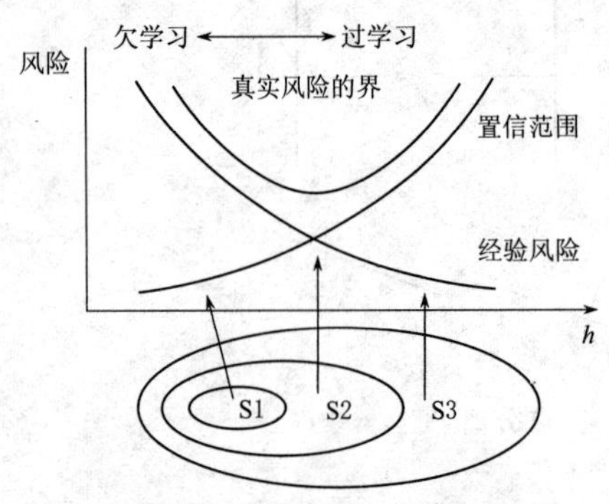

图 7.2　结构风险最小化示意图

统计学习理论提出了一种新的策略，即把函数集构造为一个函数子集序列，使各个子集按照 VC 维的大小（亦即 Φ 的大小）排列；在每个子集中寻找最小经验风险，在子集间折中考虑经验风险和置信范围，取得实际风险的最小，如图 7.2 所示。

这种思想称作结构风险最小化（structural risk minimization，SRM）准则。统计学习理论还给出了合理的函数子集结构应满足的条件及在SRM准则下实际风险收敛的性质。

2. SRM原则的实现

选择最小经验风险与置信范围之和最小的子集，就可以达到期望风险的最小。实现SRM原则可以有两种思路：一是在每个子集中求最小经验风险，然后选择使最小经验风险和置信范围之和最小的子集。显然这种方法比较费时，当子集数目很大甚至是无穷时不可行。因此有第二种思路，即设计函数集的某种结构使每个子集中都能取得最小的经验风险（如使训练误差为0），然后只需选择适当的子集使置信范围最小，则这个子集中使经验风险最小的函数就是最优函数。

结构风险最小化原则为提供了一种不同于经验风险最小化的更科学的学习机器实际原则，但是，由于其最终目的在于式（7.8）的两个求和之间进行折中，因此实际上实施这一原则并不容易。如果能够找到一种子集划分方法，使得不必逐一计算就可以知道每个子集中所可能取得最小经验风险（比如使所有子集都能把训练样本集完全正确分类，即最小经验风险都是0），则上面的两步任务就可以分开进行。即选择使置信范围最小的子集，然后在其中选择最优函数。

可见这里的关键是如何构造函数子集结构。遗憾的是，目前尚没有关于如何构造预测函数子集结构的一般性理论。下一节将要介绍的支持向量机方法实际上就是这种思想的具体实现。

7.3　支持向量机的理论与方法

结构风险最小化原则要在实际中发挥作用，还要求它能实现，这就是下面要讨论的支持向量机的方法。支持向量机理论的基本思想是，对于一个给定的具有有限数量训练样本的学习任务，在准确性（对于给定训练集）和机器容量（机器可无错误地学习任意训练集的能力）之间进行折中，以得到最佳的推广性能。

7.3.1　支持向量机的基本原理

为了最小化期望风险的上界，存在两种解决方案：一种方案是固定VC置信度，使经验风险最小；另一种方案是固定经验风险（等于0），使置信度最小。神经网络采用的是第一种方案，而支持向量机采用的是第二种方案。

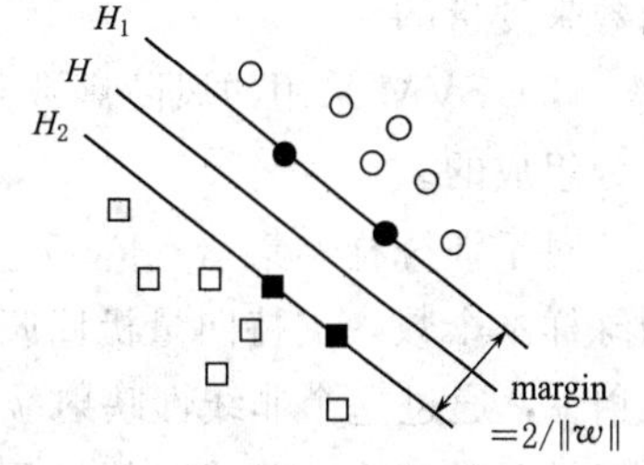

图7.3　最优分类面

支持向量机是从线性可分情况下的最优分类面发展而来的，也是统计学习理论中最实用的部分，其基本的思想可用图7.3的两维情况说明，图7.3中，圆圈和方块代表两类样本，H 为分类超平面，H_1、H_2 分别为过各类中离分类超平面最近的样本且平行于分类超平面的平面，它们之间的距离称为分类间隔（margin）。所谓最优分类面就是要求分类面不但能将两类正确分开（训练错误率为0），而且使分类间隔最大。距离最优分类超平面最近的向量称为支持向量。

设样本为 N 维向量，某区域的 L 个样本及其所属类别表示为

$$(x_1,y_1),\cdots,(x_l,y_l)\in R^n\times\{+1,-1\} \tag{7.10}$$

超平面 H 可以表示为

$$w\cdot x+b=0 \tag{7.11}$$

显然，式（7.11）中 w 和 b 乘以系数后仍满足方程。不失一般性，设对所有样本 x_i 满足下列不等式

$$w\cdot x_i+b\geqslant 1 \quad 若\ y_i=1\ 或\ w\cdot x_i+b\leqslant -1 \quad 若\ y_i=-1$$

可将上述不等式的规范形式合并为如下紧凑形式，即

$$y_i(w\cdot x_i+b)\geqslant 1 \quad (i=1,2,\cdots,L) \tag{7.12}$$

点 x 到超平面 H 的距离为

$$\mathrm{d}(w,b,x)=\frac{|w\cdot x+b|}{\|w\|} \tag{7.13}$$

则构造最优分类超平面的问题可以转换为，在条件（7.12）下求 $\mathrm{d}(w)=\|w\|$ 最小值的问题。事实上，支持向量机到超平面的距离为 $1/\|w\|$，于是支持向量之间的间隔为 $2/\|w\||$。寻求具有最大间隔的最优超平面的依据是，一个规范超平面子集的VC维数满足下列不等式：

$$h\leqslant \min([R^2A^2],n)+1 \tag{7.14}$$

式中：n 为矢量空间的维数，而参数 A 代表任意假定的 $\|w\|$ 的上限，所有待分割的向量位于半径为 R 的超球内，而 $\|w\|\leqslant A$。

这样就可在固定经验风险的情况下，将使VC维置信度最小化的问题转化为使 $\|w\|$ 最小化的问题。

7.3.2 支持向量机的回归理论

1. SVM 回归估计算法

SVM 用来估计回归函数时，与神经网络回归算法相比，有三个不同的特点：

（1）SVM 利用在高维空间中定义的线性函数集来估计回归。

（2）SVM 利用线性最小化来实现回归估计，这里的风险是用 Vapnik 的 ε 不敏感损失函数来度量的。

（3）SVM 采用的风险函数是由经验误差和一个由结构风险最小化原则导出的正则化部分组成的。

对于训练样本集 $\{x_i,y_i\}$，$x_i\in R^n$ 为输入变量的值，$y_i\in R$ 为相应的输出值，L 为训练样本个数，支持向量机回归的基本思想是寻找一个从输入空间到输出空间一个非线性映射 ϕ，通过这个非线性映射 ϕ，将数据 x 映射到高维特征空间 F，并在特征空间中用下述线性函数这个空间进行线性回归，即

$$f(x)=[w\cdot\phi(x)]+b \quad (\phi:R^n\rightarrow F, w\in F) \tag{7.15}$$

式中：b 为阈值。

因此，在高维特征空间的线性回归便对应于低维输入空间的非线性回归，免去了在高维空间 w 和 $\phi(x)$ 点积的计算。由于 ϕ 是固定不变的，故影响 ω 的有经验风险的总和 R_{emp} 与使其在高维空间平坦的 $\| w \|^2$，则

$$R(w)=\frac{1}{2}\|w\|^2+R_{\text{emp}}=\frac{1}{2}\|w\|^2+\sum_{i=1}^{l}e[f(x_i)-y_i] \tag{7.16}$$

式中：L 为样本的数目；$\varepsilon(\ )$ 为损失函数，通常采用的是 ε -不敏感区函数，其定义为

$$\varepsilon(f(x_i)-y_i)=\begin{cases}0, & |f(x_i)-y_i|<\varepsilon \\ |f(x_i)-y_i|-\varepsilon, & \text{其他}\end{cases} \tag{7.17}$$

根据统计学习理论的结构风险最小化准则，支持向量机回归方法通过极小化目标函数确定回归函数，即

$$\min \frac{1}{2}\|w\|^2+\sum_{i=1}^{l}e[f(x_i)-y_i] \tag{7.18}$$

由于特征空间的维数很高（甚至无穷）且目标函数不可微，直接求解式（7.18）几乎是不可行的。支持向量机回归方法的特殊效果在于，通过引入点积核函数 $k(x_i, x_j)$ 和利用 Wolfe 对偶技巧避开了这些问题，将上述问题转化为下述可有效求解式（7.16）的对偶问题，由式（7.17）、式（7.18）可知基于回归算法的支持向量机可以表示为

$$\min \frac{1}{2}\|w\|^2+\sum_{i=1}^{l}e[f(x_i)-y_i]$$

$$\text{s. t.}\begin{cases}y_i-w\cdot\phi(x_i)-b\leqslant e+\xi \\ w\cdot\phi(x_i)+b-y_i\leqslant e+\xi^* \\ \xi,\xi^*\geqslant 0\end{cases}$$

建立 Langrange 方程：

$$L(w,\xi_i,\xi_i^*)=\frac{1}{2}\|w\|^2+C\sum_{i=1}^{l}(\xi+\xi^*)-\sum_{i=1}^{l}a_i[(e+\xi_i)-y_i+w\cdot\phi(x_i)+b]$$
$$-\sum_{i=1}^{l}a_i^*[(e+\xi_i^*)+y_i-w\cdot\phi(x_i)-b]-\sum_{i=1}^{l}(\lambda_i\cdot\xi_i+\lambda_i^*\cdot\xi_i^*) \tag{7.19}$$

要使上式取得最小值，对于参数 w，b，ξ，ξ^* 的偏导都应等于 0，即

$$\begin{cases}\dfrac{\partial l}{\partial w}=w-\displaystyle\sum_{i=1}^{l}(a_i-a_i^*)\cdot\phi(x_i)=0 \\ \dfrac{\partial l}{\partial b}=\displaystyle\sum_{i=1}^{l}(a_i-a_i^*)=0 \\ \dfrac{\partial l}{\partial \xi_i}=C-a_i-\lambda_i=0 \\ \dfrac{\partial l}{\partial \xi_i^*}=C-a_i^*-\lambda_i^*=0\end{cases}$$

代入式（7.19），可以得到对偶优化问题，即

$$\min \frac{1}{2}\sum_{i,j=1}^{l}(a_i - a_i^*)(a_j - a_j^*)[\varphi(x_i)\cdot\varphi(x_j)] + \sum_{i=1}^{l}a_i(e - y_i) + \sum_{i=1}^{l}a_i^*(e + y_i)$$

$$s.t.\begin{cases}\sum_{i=1}^{l}(a_i - a_i^*) = 0 \\ a_i, a_i^* \in [0, C]\end{cases} \tag{7.20}$$

由此，支持向量机的函数回归问题就可以归结为式（7.20）所示的二次规划问题。求解该二次规划问题，可以得到用数据点表示的 w 为

$$w = \sum_{i=1}^{l}(a_i - a_i^*)\phi(x_i) \tag{7.21}$$

式中：α_i 和 α_i^* 为最小化 $R(w)$ 的解。

由式（7.14）和式（7.21），$f(x)$ 可表示为

$$f(x) = \sum_{i=1}^{l}(a_i - a_i^*)[\phi(x_i)\cdot\phi(x)] + b = \sum_{i=1}^{l}(a_i - a_i^*)k(x_i, x) + b \tag{7.22}$$

式中：$k(x_i, x) = \phi(x_i)\phi(x)$ 为核函数，它是满足 Mercer 条件的任何对称的核函数对应于特征空间的点积。

2. 损失函数

函数估计中一个重要的问题就是如何选择损失函数。在数据噪声未知的情况下，回归结果受到损失函数的影响。1964 年，Huber 提出了一个理论，它可以在只知道关于噪声模型的一般信息的情况下，找到选择损失函数的最佳策略。但是，Huber 所提出的损失函数对于支持向量不合适，因为它并不能使得支持向量稀疏。为了解决这个问题，Vapnik 提出了不敏感损失函数 ε，该损失函数的数学表示形式为

$$\varepsilon(f(x_i) - y_i) = \begin{cases}0, & |f(x_i) - y_i| < \varepsilon \\ |f(x_i) - y_i| - \varepsilon, & \text{其他}\end{cases}$$

式中：ε 为允许误差，假设以精度 ε 逼近函数 $f(x)$，即用另一个函数 $g(x)$ 来描述函数 $f(x)$，使得函数 $f(x)$ 处在 $g(x)$ 的 ε 管道内。如果在某点 $f(x)$ 与 $g(x)$ 的差值的绝对值小于 ε，则认为 $g(x)$ 逼近了 $f(x)$；反之，则没有。

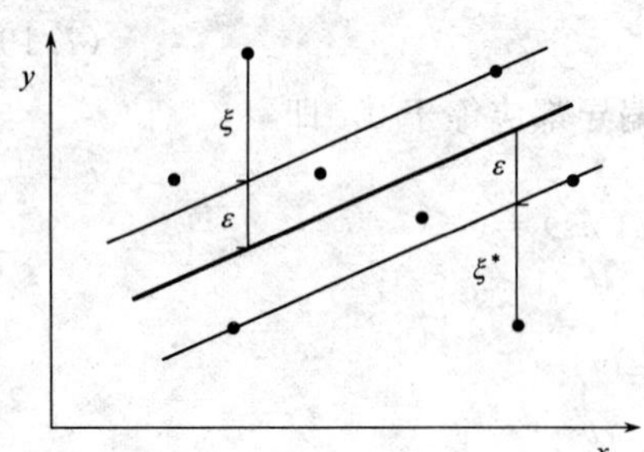

图 7.4　不敏感损失函数 ε

不敏感损失函数 ε 如图 7.4 所示，不敏感损失函数 ε 在特征空间中确定一个以平面 $y = f(x)$ 为中心、厚为 2ε 的薄板区域。当样本落入该区域时，损失为 0，落入该区域外时，对其进行线性惩罚。由此得到的解具有很强的鲁棒性。

3. 核函数

如果在输入空间存在一个函数 $k(x_i, x_j)$，而且它可以表示为从输入空间到特征空间的映射 $\phi(x)$ 的内积，即 $k(x_i, x_j) = \{\phi(x_i), \phi(x_j)\}$。一般 $k(x_i, x_j)$ 被称为核函数。在支持向量机中，核函数是一个重要的概念。因为正是由于核函数的引入，才使得高维空间中的智能学习成为可能，而且学习的复杂度也没有增加。

假设给定输入空间中的样本集 $(x_1, x_1), (x_2, x_2), \cdots, (x_l, x_l), x \in R^n, y_i \in R(i=$

$1,\cdots,l$）。对于这些数据存在一个映射 ϕ，使得下面的关系满足：

$$R^n \rightarrow H: x_i \rightarrow \phi(x_i)$$

在输入空间中存在一个函数 k 满足 $k(x_i,x_j)=\phi(x_i)\phi(x_j)$，则函数 k 就称为核函数。核函数的本质是关于输入空间中数据的函数。根据前面的推导公式可看出，应用核函数可避免直接计算 $\{\phi(x_i),\phi(x_j)\}$。因此，即便不知道 ϕ 的表达式，也可以完成高维空间中的分类或回归。

（1）核函数确定。根据泛函的有关理论，一个函数只要满足 Mercer 条件就是关于某个变换的核函数。简化的 Mercer 条件为

$$\int_{x\times x} k(x,x^*)f(x)f(x^*)\mathrm{d}x\mathrm{d}x^* \geqslant 0 \quad f \in L_2(x) \tag{7.23}$$

式中：$L_2(x)$ 为平方可积空间；f 为平方可积空间中的任意函数；$k(x,x^*)$ 为平方可积空间中的函数。

如式（7.23）成立，则 $k(x,x^*)$ 就是核函数。

（2）几种常见的核函数。常见的核函数主要有三种：①多项式核函数，$k(x_i,x_j)=[\{x_i,x_j\}+\theta]^d$；②高斯核函数（径向基核函数），$k(x_i,x_j)=\exp[-\|x_i-x_j\|^2/(2\sigma^2)]$；③Sigmoidal 核函数，$k(x_i,x_j)=\tanh(u\{x_i,x_j\}+c)$。

这三种核函数分别对应了三种不同的学习机器。通常，只需要改变核函数的形式就可以构造出不同的学习机器。其他形式的核函数还有很多，例如，B 样条核，三角函数核等。

核函数的概念应用很广。由于它可以起到“降维”的作用，因此很多方法都引入了核函数的思想，如费舍尔核判别式，核主成分分析法等。

目前，关于核函数选择的理论仍然很少，尽管一些实验结果表明核函数的具体形式对分类效果的影响不大，但是核函数的形式以及其参数的确定决定了分类器的类型和复杂程度，它显然应该作为控制分类器的性能的手段，所以具体问题需要具体分析。

Sigmoid 核函数有一定局限性，因为该核函数中的参数 u，c 只对某些值满足 Mercer 条件，多项式核函数中有两个可控参数 θ 和 d，而高斯核函数中只有一个 σ，故在选择核函数时，一般选择高斯核函数。

本章参考文献

[1] VAPNIK V. The nature of statistical learning theory [M]. New York：Springer，1999.

[2] 瓦普尼克，统计学习理论的本质 [M]. 张学工，译. 北京：清华大学出版社，2000.

[3] 李轩涯，张暐. 统计学习必学的十个问题：理论与实践 [M]. 北京：清华大学出版社，2021.

[4] 哈明虎. 不确定统计学习理论与支持向量机 [M]. 北京：科学出版社，2020.

[5] 边肇祺，张学工. 模式识别 [M]. 北京：清华大学出版社，2000.

[6] 左飞. 统计学习理论与方法 [M]. 北京：清华大学出版社，2019.

[7] VAPNIK V. Statistical learning theory [M]. New York：Wiley，1998.

[8] 阎满富. 支持向量分类机及其应用 [M]. 北京：知识产权出版社，2021.

[9] 董超. 多视角广义特征值最接近支持向量机 [M]. 上海：华东师范大学出版社，2016.

[10] 王建国，张文兴. 支持向量机建模及其智能优化 [M]. 北京：清华大学出版社，2015.

第8章 深 度 学 习

机器学习是人工智能的一个部分，它赋予系统从概念和知识中自动学习的好处，而无须明确编程。它从观察（如直接经验）开始，为数据中的特征和模式做准备，并在未来产生更好的结果和决策。深度学习是目前机器学习的一个热点领域，它是由传统的神经网络衍生而来的，但其性能大大优于其前辈。深度学习同时使用变换和图技术，以建立多层学习模型，被认为是利用反向传播算法在高维数据中发现复杂架构的最佳选择。

尽管以人工神经网络、支持向量机为主的传统智能故障诊断技术能够在无人力参与的情况下完成设备的状况监控，但是设备的状况提取依靠人力。此外，传统的机器学习理论由于泛化性能低下，在处理高维度、多变量数据时效果不佳，极大影响了诊断的准确性。为了解决这一问题，深度学习技术于 2010 年被引入智能故障诊断技术[1]。深度学习依赖于多种机器学习算法的集合，这些算法用多重非线性对数据中的高层抽象进行建模转换。“深度”一词表明了数据在处理系统中经过了无数层的转换，因此，深度学习也被称为深度结构化学习和分层学习。这些系统由非常特殊的信度分配路径组成，它表征从输入到输出的转换步骤，代表输入层和输出层之间的脉冲连接。必须注意的是，机器学习和深度学习是有区别的，其区别如图 8.1 所示。

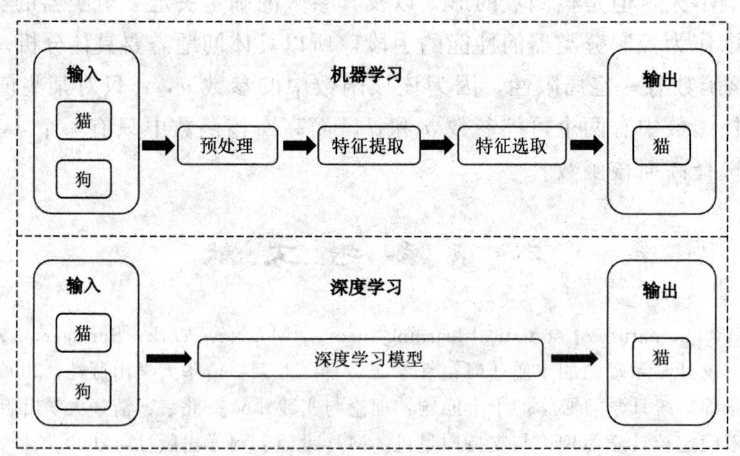

图 8.1　机器学习和深度学习的区别

通常，机器学习算法的有效性在很大程度上依赖于输入数据表示的完整性。已有研究表明，与糟糕的数据表示相比，合适的数据表示可以提供更好的性能。因此，近二十多年来，机器学习的一个重要研究趋势是特征工程，其目的在于从原始数据构建特征。然而，特征工程需面向非常具体的领域，经常需要相当大的人力成本。一旦一种合适的特征被确定和引入，将大大提高预测模型对未知数据的预测精度。

相对而言，特征提取是在深度学习算法中是以自动的方式实现的。这极大减轻了研究或工程人员提取鉴别特征的成本。深度学习具有多层数据表示架构，其中第一层提取底层特征，而最后一层提取高层特征。这种类型的架构最初由人工智能启发，它更加贴近人类大脑内部核心感觉区域发生的过程。

8.1 深度学习的发展

总体上看，深度学习是一种具有多层非线性组合的复杂训练算法的机器学习方法。深度学习适用于解决非线性问题（识别、检测、分类等），提取具有多层特征的数据表示。深度学习思想的提出可以追溯至 1943 年。神经科学家麦卡洛克（McCilloch）和数学家皮兹（Pitts）提出了一种模拟人类大脑神经元的结构和工作原理模型，即所谓的 MCP 模型[2]。这种模型将人类神经元工作过程抽象和简化为三个较为独立的过程：输入信号线性加权、求和运算以及非线性激活。这项工作标志着神经网络模型研究在计算机领域的正式开启。

1958 年，计算机科学家罗森布拉特（Rosenblatt）在 MCP 模型的基础上，提出使用两层神经元组成神经网络，以提高计算机的数据处理能力。这种新型模型即后来为人们所熟知的感知器（Perceptrons）。在此基础上，计算机辅助的机器分类功能得到极大发展。1965 年，数学家伊凡卡内科（Ivakhnenko）和拉帕（Lapa）针对多项式激活函数的神经网络模型中每一层网络的传递性能进行了统计分析，并将最优的参数信息传递给下一层。这项工作标志了深度学习雏形的诞生。

1986 年，神经网络之父、认知心理学家和计算机科学家杰弗里辛顿（Geoffrey Hinton）在 20 世纪 60 年代早期存在的误差反向传播概念的基础上，提出了适用于多层感知器的误差逆传播算法[3]，并首次引入式（8.1）所示的 Sigmoid 函数（又称为 S 函数）作为神经网络的阈值函数，较为成功地提升了多层神经网络对于非线性问题的解决能力，促进了神经网络在多个行业的应用。然而，误差反向传播算法中的向后传递梯度较小，又采用的是线性相乘叠加的误差传递方式，考虑到 Sigmoid 函数易饱和（输入是实数，而输出被限制在 0 到 1 之间），误差梯度在反向传递前层时数值趋近于 0，导致前层的网络学习效果不佳，也限制了深度学习技术的进一步发展。

$$f(x)=\frac{1}{1+e^{-x}} \tag{8.1}$$

2011 年，具有线性分段特性的 ReLU 激活函数被研究人员提出。如式（8.2）所示，ReLU 激活函数把所有的负值都变为 0，同时保持正值不变，即所谓的单侧抑制处理。单侧抑制的引入，一方面使多层神经网络的组成神经元具有稀疏激活性，更适宜于挖掘相关特征；另一方面则弥补了误差反向传播算法中梯度消失问题，使训练模型更容易收敛。

$$\mathrm{ReLU}(x)=\begin{cases}x & x>0\\0 & x\leqslant 0\end{cases} \tag{8.2}$$

自此，深度学习迎来了大爆发时期，典型案例是深度神经网络技术在语音识别和图像识别领域的成功应用。微软研究院研究人员采用深度神经网络技术提升语音识别的准确度，成功将错误率降低至20%；近期，他们在论文“Achieving Human Parity in Conversational Speech Recognition”[4]中提到，通过进一步改进深度神经网络中的语言模型，对语料库的识别错词率将下降至5.9%，语音识别领域在20多年来取得了持续性的进展。在图像识别领域，每年度的ImageNet大规模视觉识别挑战赛（ILSVRC）是研究者展示图像识别新技术的重要舞台，Hinton构建了基于卷积神经网络（convolutional neural network，CNN）模型的AlexNet，一举夺得大赛冠军，引起了业内人士的大量关注。

2016年，谷歌旗下科技公司DeepMind基于深度学习技术开发了围棋机器人AlphaGo[5]，融合了策略网络、快速部署、价值网络、蒙特卡罗树搜索等最新的技术，基于有监督学习方法对大量围棋棋谱进行强化学习，先后击败了围棋世界冠军李世石、柯洁。随后，DeepMind公司将AlphaGo的多网络集成为一个共享拓扑网络，并采用神经网络权值完全随机初始化等改进，提出了无须任何先验信息的新一代围棋机器AlphaGo Zero[6]，需求训练资源更为有限，但效果远超其原型网络AlphaGo。

近期，多项深度学习技术得到重视和发展。例如，原始数据标记是进行深度学习前的必要步骤，也是最为繁杂的工作。自监督学习，直接从无标签数据中自行学习，无须标注数据，是深度学习中一种很有前途的新技术。目前，深度学习依赖于归纳偏差或者先验经验，是已存在原理或设定领域的学习，随着神经科学理论的进步，将人类认知方式移植于深度学习架构，设计出更加新颖的深度学习系统，实现机器对更高级世界的理解和发现是另一个重点发展方向。

8.2 深度学习的架构与分类

总体上说，深度学习模型通过在输入层和输出层之间添加具有不同拓扑结构的人工神经网络而组成的单向数据流网络。在不同场合下，深度学习架构有着不同的名称，如深度信念网络、循环神经网络和深度神经网络。表8.1展示了不同时期发展的深度学习架构，并在后续章节进行介绍。

表8.1 不同时期发展的深度学习架构

时　期	深度学习架构
1985—1995年	自动编码器、递归神经网络、自编码器
1995—2005年	长短期记忆人工神经网络、卷积神经网络
2005—2010年	深度信息网络
2010年至今	深度堆叠网络、门控循环单元、深度对抗网络

8.2.1 自动编码器

自动编码器（auto encoder，AE）是一种基于无监督学习技术并使用反向传播算法的神经网络，其架构由输入层、隐藏层（即所谓的编码层）和解码层组成[7]。AE首先将目标结果值设置为与输入值相等，随后试图重构一个与恒等函数等价的近似映射关系。自动编码器的特点在于，其隐藏层通过重建、学习输入特征以获得最佳表示。AE的功能与主成分分析（PCA）十分类似，但其本质是神经网络。AE允许在编码中以线性和非线性的方式表示，而PCA中仅仅可能存在线性变换。同时，由于采用网络拓扑结构表示，AE可以堆叠和分层，以产生一个灵活结构的深度学习网络。

如式（8.3）所示，AE通过最小化编码函数f_θ与解码函数r的联合误差而形成。f_θ

通过有效地显示计算将输入数据 x 转化为隐式变量 $h^{(t)}$，即特征向量；r 的作用即是把隐藏层的隐变量隐式变量 $h^{(t)}$ 还原到具有初始维度的输出层。

$$\begin{cases} h^{(t)}=f_{\theta}(x^{(t)}), \quad h=s(Wx+b) \\ r=g_{\theta'}(h), \quad h=s(W'x+b') \end{cases} \tag{8.3}$$

此类模型的设置参数组 $\Theta=\{W,b,W',b'\}$，即包含编码器权重矩阵 W、偏置向量 b 和解码器权重矩阵 W'、偏置向量 b'。s 代表网络中的激活函数（如 Sigmoid 函数、ReLU 函数等）。通过训练，确定这些值的最佳选择，力图使输入-输出复现误差最小；在这个最小化计算过程中，随机梯度下降算法（SGD）是最常用的参数优化手段。

当面对数据量巨大、维度高的应用场景，上述最基本的 AE 通常面临训练效率不佳的困境。研究人员对拓扑结构、编码-解码方式等进行了大量的优化优化研究，提出了一系列升级版本的自动编码类算法。下面对其中的一些典型算法进行介绍。

（1）去噪自编码器（de - noising auto encoder，DAE）。为了解决基础自编码器存在的恒等函数风险，DAE 通过随机地采用部分受损的输入数据，抑或主动破坏部分输入数据，继而实现隐藏层编码-解码函数的随机更新（恢复或去噪）[8]。通常来说，应用的受损输入量占总输入数据的比例不宜太大，一般不高于 30%，否则将明显影响算法的稳健性。有鉴于这种处理方式，DAE 被称为是 AE 的高级版本或随机版本。

（2）稀疏自编码器（sparse auto encoder，sparse - AE）。一般来说，AE 的隐含层节点数会小于输入层的节点数，此时编码器更加趋向于学习标记数据内部的规律。一旦将隐含层节点数提升至大于输入层节点数时，又面临对于数据“过度挖掘”的困境。此时，将自编码器添加稀疏性特征，这里的“稀疏”一词表示，隐藏单元只允许对特定类型的输入触发，且不太频繁。即在同一时刻，只有某些隐层节点是“活跃”的，这样整个自编码器就呈现出稀疏的特质。已有研究表明，Sparse - AE 在无监督学习场景应用效果较为优异。

（3）变分自动编码器（variational auto encoder，VAE）。VAE 结合变分推断与神经网络两种技术的优势，在拓扑上遵循 AE 的结构，由编码器、解码器和损失函数组成。不同的是，在训练阶段，VAE 首先针对输入数据进行分析，形成概率分布；进而依据概念分布进行采样，得到隐变量，解码器则将隐变量映射回样本变量，即进行重构。这种方法在 AE 的基础上加入了随机性，从而保证可以输出带有随机性的数据。通常，VAE 被用于设计复杂的数据模型（大的数据集），故被称为高分辨率网络。

（4）堆栈自动编码器（stacked auto encoder，SAE）。在人工神经网络发展的初期，由于激活函数以 S 型函数为主，一旦网络层数增加，容易出现梯度弥散等训练困境。因此，传统 AE 只含有一层隐含层，对于输出数据的解析存在较大的限制。随着 ReLU 函数的提出，AEs 开始以多层堆栈的结构形式出现，这类自动编码器被称为 SAE 或者深度自动编码器。如图 8.2 所示，SAE 以前一层自编码网络的输出作为后一层自编码网络的输入，每个子块可以认为是独立的自编码网络，均包含各自的编码-解码步骤。若干个 AEs 按照逻辑顺序一次训练：第 n 个 AE 训练完成后，其输出作为第 $n+1$ 个 AE 的输入，以此类推完成整个 SAE 的参数训练。有关对比表明，SAE 的分类准确度优于传统的单层自动编码器，且可以学习更复杂的数据特性。

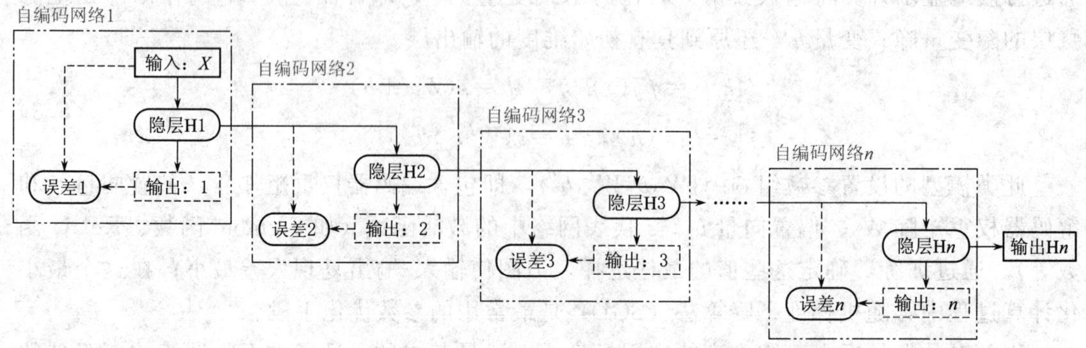

图 8.2　堆栈式自动编码网络的结构[9]

8.2.2　受限玻尔兹曼机及其变体

受限玻尔兹曼机（restricted boltzmann machine，RBM）由 Hinton 等提出，是一种隐含层、可见层和不同层之间对称连接的无向图形化和建模表示，主要的应用场景是数据降维、分类、回归、协同过滤、特征学习等。RBM 本质上是两层神经网络，第一层是输入层，或称之为可见层，第二层为隐藏层；其最大的特点是不同层之间节点完全相连，而同层之间节点不相连。“受限“一词指的就是这种同层无通信的特性。这种特性虽然在一定程度上降低了对无监督数据的学习能力，但在模型训练（时长、所需数据量等）方面具有巨大优势。例如，一张图像样本（一组二进制向量）可被 RBM 模化为双层结构，随机对称加权链接的方式被用以检测二进制像素特征。像素的状态是可以被观测到的，故代表为 RBM 中的可见单位；像素中隐含的特征需要被解析，所以代表像素特征的层称之为状态检测器。可见单位和隐藏特征（h，v）的共同结构能量值可由式（8.4）进行量化

$$E(h,v)=v^{\mathrm{T}}Wh-v^{\mathrm{T}}b^{v}-h^{\mathrm{T}}b^{h} \tag{8.4}$$

式中：W 为隐藏（h）层和可见（v）层之间的权值矩阵；b^v、b^h 为可见变量和隐藏变量中的偏差。

RBM 一般使用负梯度下降算法进行训练。同一层的神经元相互独立，但依赖于下一层（误差反向传播）。由于这些特性，具有隐藏层的 RBM 比经典玻尔兹曼机器更快。

深度信念网络（deep belief network，DBN）是一种多层网络架构，最初来源于基于贪婪层无标记学习算法创建的 Hinton 模型。在融合了一种具有许多隐藏层的新颖训练方法后，整个堆栈模型被视为一个单体模型。与 SAE 类似，DBN 中每一对相连的层都是一个 RBM，因此其也被称为 RBM 的堆栈。输入层构成基本的数据输入以及表征这种输入的抽象描述的隐藏层。输出层的工作是只执行网络分类，但其与最近的一层具有 DBN 中唯一双向连接关系，也就是其他层之间的连接都是单向的。

同样类似于 SAE，DBN 的训练容易陷入局部最优解，通常都会引入预训练的模块。因此，DBN 的训练过程主要分成两个阶段完成，即无监督的预训练和有监督的微调整。在无监督的预训练中，RBM 从第一个隐藏层开始重构其输入，下一个 RBM 以第一个隐藏层作为输入和可见层，通过取第一个隐藏层的输出来训练 RBM。以此类推，每一层都经

过串联式训练。当预训练阶段完成后，便可开始有监督的微调整。在这一步中，代表输出的节点被标记为值或标签，以便它们在学习过程中提供训练目标，随后用梯度下降学习或反向传播算法完成全网络训练。

与 DBN 类似，深度玻尔兹曼机（deep boltzmann machines，DBM）也是由若干个 RBMs 堆叠形成的一个多层神经网络。二者的区别是，DBM 中任意两相邻层节点是可以双向链接的。本节不再详细展开。

8.2.3 卷积神经网络

在深度学习领域，CNN 是最著名也是最常用的算法，目前已经被广泛应用于一系列不同的领域，包括计算机视觉、语音处理、故障识别等。如同传统人工神经网络系统，CNN 的结构灵感亦来源于人类和动物大脑中的神经元；更具体地说，继承于对猫的大脑中视觉皮层神经细胞的工作方式。与传统的全连接人工神经网络不同，CNN 中采用了共享权值和局部连接技术，以充分利用图像信号等二维输入数据的结构信息。这种处理方法只需极少量的参数，在简化训练过程的同时，又显著地加快了网络训练和执行速度。这种模式与在视觉皮层的神经细胞工作方式是一样的。不过值得注意的是，这些细胞只感知场景中的小区域，而不是整个场景。类比与 CNN，这些细胞（或工作单元）在空间上仅提取输入信息中可用的局部关联，就像对输入数据使用了特殊的局部过滤器。

类似于多层感知机（multilayer perceptron，MLP），典型的 CNN 模型的结构由许多卷积层（位于采样层，即池化层之前）组成，而结束层是全连接层。图 8.3 CNN 模型处理图像的流程。CNN 模型首先将输入数据分解为三个维度：高度、宽度和深度，或者用 $m \times m \times r$ 表示，其中高度（m）等于宽度，深度（r）也被称为通道数。例如，对于 RGB 图像，深度（r）等于 3。每个卷积层中可利用的核（即滤波器）数为 k，同样具有三个维度（$n \times n \times q$）。在数值上，n 必须小于 m，而 q 不能大于 r。卷积核是局部链接的基础，他们共享的相似的参数（偏差 b^k 和权重 W^k）用以生产 k 个特征映射 h^k，并与输入数据进行卷积进行计算。卷积层计算其输入和权值之间的点积，随后对得到的结果使用非线性或线性激活函数进行映射，该过程可由式（8.5）进行表示，即

$$h^k = f(W^k x + b) \tag{8.5}$$

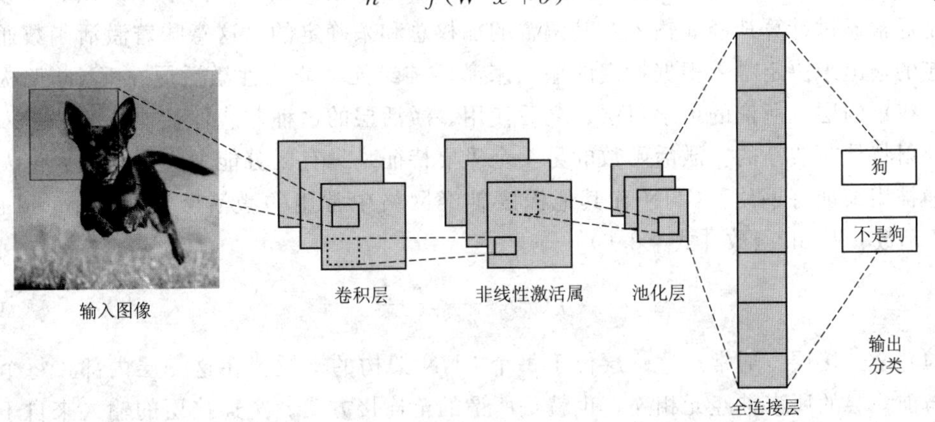

图 8.3 CNN 模型处理图像的流程[10]

此外，对子采样层中的每个特征图进行降采样操作的好处在于可减少网络参数，加速了训练过程，便于处理过拟合问题。对于所有的特征映射，池化函数（如 max 或 average）被应用到一个大小为 $p \times p$ 的相邻区域，其中 p 是核大小。最后，完全链接层接收中低层的特征输出，创建高层抽象表示。对于分类问题来说，选择合适的分类分数（如支持向量机或 softmax）对高层抽象进行评分，该分数代表了本实例属于一个特定类的概率。

CNN 由许多相互关联的模块（层）组成，其中主要包含如下：

（1）卷积层（Convolutional Layer）。卷积层是 CNN 架构中的核心部分，由一组卷积滤波器（所谓的核）组成。输入数据表示为 n 维度量，与这些滤波器进行卷积，生成输出特征映射。

1）核。通常通过离散数字或值组成的网格来描述，其中每个值都被称为核权值。在 CNN 训练过程开始时，会分配随机数作为核的权值。这些权重会在每个训练阶段进行调整，可以认为核的学习是显著特征的提取过程。

2）卷积运算。着眼于输入格式，向量格式是传统神经网络的输入，而多通道图像是 CNN 的输入。首先，核在整个图像上横向和纵向滑动。另外，确定输入图像和核之间的点积，将它们对应的值相乘，然后求和，生成单个标量值。然后重复整个过程，直到不可能再进一步滑动为止。注意，计算出的点积值代表输出的特征映射。填充对于确定输入数据相关的边界大小信息非常重要。相比之下，边框侧面特征的移动速度非常快。通过应用填充，输入数据的大小会增加，反过来，输出特征映射的大小也会增加。

3）权值共享。在 CNN 中相邻层的任意两个神经元之间没有分配权值，因为整个权值与输入矩阵的单个和所有点共享。由于不需要为每个神经元学习额外的权值，所需的训练时间和各种成本将显著减少。

4）稀疏连接。在 CNN 中，相邻两层之间只有少量必要的连接，因此所需的权重或连接的数量很少，而存储这些权重所需的内存也很少。

（2）池化层。池化层主要任务是对卷积操作生成的特征映射进行子采样。这种方法通过缩小大尺寸的特征映射来创建更小的特征映射。同时，在池化阶段的每一步中都保持了大部分的主导信息（或特征）。

（3）激活函数。将输入数据非线性地映射到输出数据，是神经网络中的核心函数。输入值是通常通过计算神经元输入及其偏置的加权总和来确定的。这意味着激活函数通过创建相应的输出来决定是否根据特定的输入来激活神经元。非线性激活层在 CNN 架构中所有具有权重的层（所谓的可学习层）之后使用。激活层的这种非线性性能意味着输入到输出的映射将是非线性的。激活函数的另一个重要特征是具有区分能力，因为它允许误差反向传播被用来训练网络。CNN 和其他深度神经网络中常用的激活函数有 Sigmoid 函数、ReLU 函数、Tanh 函数［式（8.6）］等。

$$f(x)=\frac{e^{x}-e^{-x}}{e^{x}+e^{-x}} \tag{8.6}$$

（4）全连接层。通常，这一层位于每个 CNN 架构的末尾。在这一层内部，每个神经元都与前一层的所有神经元相连，也就是所谓的全连接方式。全连接层的输入来自于最末端的池化层或卷积层。这个输入是以向量的形式出现的，它是由扁平化后的特征映射创建的。全连接层的输出代表最终的 CNN 输出。

（5）损失函数。输出层利用损失函数来计算 CNN 模型中跨训练样本产生的预测误差，这个误差表征实际输出和预测之间的差异。在训练阶段，CNN 通过学习过程进行权值优化以降低损失值。对于不同问题，应当选用不同类型损失函数。

1）欧氏距离损失函数。该函数亦称为均方根误差，主要的应用场景是回归问题，其数学表达式为

$$H(p,y)=-\frac{1}{2N}\sum_{i=1}^{N}(p_i-y_i)^2 \tag{8.7}$$

2）铰链损失函数。通常用于最大间隔算法（maximum - margin），处理二元分类相关的判定，其数学表达为

$$H(p,y)=\sum_{i=1}^{N}\max[0,m-(2y_i-1)p_i] \tag{8.8}$$

3）交叉熵损失函数。交叉熵损失函数也被称为 log loss function，它的输出是概率 $p\in\{0,1\}$。在多类分类问题中，通常用它来代替平方误差损失函数。在输出层，它利用 softmax 激活函数在一个概率分布内生成输出，输出概率可表示为

$$p_i=\frac{e^{a_i}}{\sum_{i=1}^{N}e_k^a} \tag{8.9}$$

式中：e^{ai} 为前一层的非归一化输出；N 为输出层的神经元数量。最后，交叉熵损失函数可由式（8.10）所示。

$$H(p,y)=\sum_{i=1}^{N}y_i\ln(p_i) \tag{8.10}$$

损失函数是建立在大量可学习参数（如偏差、权重等）或最小化误差（实际输出和预测输出之间的变化）的基础上的，是所有监督学习算法的核心目的。CNN 模型通常选择基于梯度的参数学习技术进行模型优化；随着训练时刻的推进，网络参数不断更新，网络也寻找局部最优的配置，达到误差最小化的目的。参数更新的步长定义为学习率。值得注意的是，模型的学习率需要慎重地确定，否则会对学习过程稳健性造成不利的影响。

梯度下降算法是最常用的训练算法，它们通过对网络参数应用一阶导数来计算目标函数梯度（斜率）。随后，按照梯度的反方向更新参数，以减少误差。参数更新过程通过网络反向传播进行，其中每个神经元上的梯度反向传播到前一层的所有神经元，在数学上可表示为

$$\begin{cases}W_{ij}^t=W_{ij}^{t-1}-\Delta W_{ij}^t\\ \Delta W_{ij}^t=\eta\times\dfrac{\delta E}{\delta W_{ij}}\end{cases} \tag{8.11}$$

式中：W_{ij}^t 为当前训练周期（t）的最终权重值，而前一个（$t-1$）训练时期的权重记为 W_{ij}^{t-1}；η 为学习率；E 为预测误差。

目前，已有多种基于梯度的学习算法可供替代使用，如批量梯度下降法、随机梯度下降法、Mini - batch 梯度下降及自适应矩估计（Adam）[11] 等。

8.2.4 循环神经网络

与传统网络不同，循环神经网络（recurrent neural network，RNN）是一种利用单元连接形成有向图以及序列输入的神经网络，即在网络中使用的是顺序数据。由于数据序列中的嵌入结构传递了有价值的信息，这一特征是在不同应用场合下理解或提取潜在信息的基础。例如，为了确定句子中某个特定单词的意思，理解句子的上下文是很重要的。因此，可以将 RNN 视为短期记忆的一个单位，其中 x 表示输入层，y 表示输出层，s 表示状态（隐藏）层。相对于完整的前馈连接，递归网络具有一个可以反馈到先验层的连接。它利用之前的输入记忆，并在较短时间内对问题进行建模。这些网络可以通过标准的反向传播进行升级、熟练和扩展。Pascanu 等[12]介绍了三种不同类型的深度 RNN 技术，分别是“Hidden - to - Hidden”“Hidden - to - Output”和“Input - to - Hidden”。通过引入了一种深度 RNN，降低了深度网络中的学习难度，并在这三种技术的基础上带来了更深层次 RNN 的好处。

然而，RNN 对爆炸梯度和消失问题的敏感性是该方法在应用时面临的主要问题。更具体地说，在训练过程中，几个大的或小的导数的重复可能会导致梯度指数爆炸或衰减。随着更多新输入的进入，RNN 将停止对初始输入的思考。因此，这种数据敏感度会随着时间的推移而衰减。这个问题可以用长短期记忆网络（long short - term memory，LSTM）来处理；LSTM 由存储单元和门组成，是为了解决梯度下降问题和克服复杂的时间序列而开发的。LSTM 可以通过将记忆细胞作为隐藏层纳入经典 RNN 结构中来创建耦合网络结构。这种方法提供了对网络中的内存块的循环连接，并且每个内存块都包含大量的记忆单元，这些记忆单元有能力存储网络的时间状态。验证研究表明[13]，在非常深的网络中，剩余连接也有能力大大减少前文所提到的消失梯度问题的影响。

8.2.5 长短期记忆人工神经网络

长短期记忆网络本质上是一种特殊的 RNN，于 1997 年在 Hochreiter 和 Schimdhuber 的努力下设计提出[14]，设计初衷是希望能够解决神经网络中的长期依赖问题。LSTM 的特别之处在于使用了一种称为 Cell 的存储单元，可以在足够的时间内保持恒定值，并将其视为其输入的函数；这有助于单元记忆最后一次计算的值。

存储单元（或 Cell）由三个称为门的端口组成，它们控制单元内信息的移动，即进入单元和离开单元。三个端口分别是：“输入端口”，负责管理流入存储单元的新信息流；“遗忘端口”，帮助存储单元在已有信息被遗忘情况下记忆新的数据；“输出端口”，控制流出本存储单元的信息，即对外输出的信息。存储单元内部存储信息由单元权重所控制，目前常用的权重训练方法是时间反向传播（back propagation through time，BPTT），该方法利用输出误差来进行权重优化。

门控循环单元（GRU）包括两个门，分别被称为更新门和复位门。更新门的职责是告知前一个单元的内容对维护的要求。复位门则用于描述前一个单元格内容与新输入的携带过程。GRU 通过将复位门初始化为 1，同时将更新门初始化为 0 来表示一个标准 RNN。

与 LSTM 相比，GRU 模型的工作能力简单。它可以在短时间内完成参数训练，同时在执行方面被认为效率更优。

8.2.6 深度堆叠网络

深度堆叠网络（deep stacking networks，DSN）是一种基于多块架构的深凸网络。不同于其他传统的深度学习结构，DSN 包含大量的独立的深度网络，即每个网络都有自己的隐藏层。在设计之初，构建者便认为 DSN 的训练不应当是一个特定的、孤立的问题，而是构架内所有个体训练问题的集合。

DSN 是由一些模块组合而成的，而这些模块都属于是体系结构中网络的一部分。每个独立模块都包含一个输入区、一个单独的隐藏区和一个输出区。图 8.4 描述了面向复杂分类问题的 DSN 各层工作过程，每一层的输入都由前一层的输出向量和真实的输入向量组合而成。在 DSN 中，每个模块都是隔离训练的；有监督的反向传播训练算法用以训练每个模块的参数，而不是针对整个网络。相关研究表明，虽同属于堆叠架构，DSN 的工作性能明显优于典型的 DBN，这使得它具备更广阔的应用潜力。

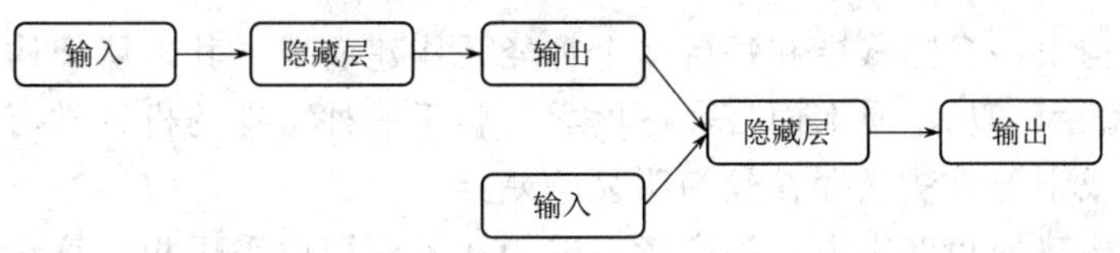

图 8.4 DSN 架构的示例

8.2.7 深度神经网络高级架构

优化组织架构是提高深度学习模型性能的关键因素。由于神经网络配置十分灵活，研究人员基于基础网络进行了各种各样的修改，如结构重式化、正则化、参数优化等，以实现针对不同应用场景的性能优化。以 CNN 为例，处理单元重组和开发新区块是性能提升的关键措施；从 2012 年提出的 AlexNet 模型开始，架构特征（如输入大小、深度和鲁棒性）、堆叠架构等影响因素都不断地被更新，出现了一大批 CNN 高级架构。下面将对几种深度神经网络高级架构（AlexNet、GoogleNet、ResNet）进行简要介绍。

（1）AlexNet。AlexNet 是由 Krizhevsky 等开发的早期 CNN 高级框架[15]，并通过增加其深度和实施多个参数优化策略，从而提高了 CNN 的学习能力。该架构由卷积层和池化层组成，它们相互叠加，然后在网络最末端是完全连通层。AlexNet 的好处和优越性在于其可扩展性，及对 GPU 的适用性都是极高的。例如，为了克服硬件限制，可使用多块 GPU 并行训练；针对不同的输出数据，可灵活适用多段式特征提取方法等。

（2）GoogleNet。该架构是谷歌研究人员在 2014 - ILSVRC 竞赛上提出的 22 层深度学习框架，其核心目的是在降低计算成本的前提下，实现高水平的预测精度。GoogleNet 在 CNN 环境中提出了一个新颖的 inception（模块）概念，即采用了多种特征提取器（merge、transform 和 split 函数）进行特征提取，同时结合多尺度卷积变换，可实现在不同过滤尺寸、不同空间分辨率范围捕获信道信息和空间信息的能力。GoogleNet 采用稀疏连接来克服冗余信息问题，即通过忽略不相关的通道来降低成本。这里需要注意的是，只有一些输入通道连接到了输出通道。通过使用GAP层作为终端层，降低了连接密度。基于这些拓扑改进，需要调节参数的数量也从4000万个减少到500万个。

(3) ResNet。此架构由He等[16]开发，参加并获得了ILS-VRC竞赛的冠军。与之前的网络架构相比，他们的目标是设计一个不存在消失梯度问题的超深网络。根据网络层的不同，ResNet可分为Res18、Res34、Res50、Res101和Res152五种主要类型。其中，ResNet50是最常用的类型，它由49个卷积层加上一个全连接层组成，网络权重的总数量为25.5 M。ResNet的一个创新思路是使用了旁路通路的概念，即一个传统的前馈网络加上一个过余连接。ResNet在结构上使用了快捷连接方式，以实现跨层连接，这是不需要额外参数和数据的。此外，ResNet具有防止梯度递减问题的潜力，因为快捷连接加速了深度网络收敛。ResNet以152层深度获得了2015-ILSVRC冠军，这是VGG深度的8倍，AlexNet深度的20倍。与VGG相比，即使ResNet的深度更大，其计算复杂度也更低。

8.3 深度学习的特点

深度学习架构由许多隐藏层和每层多个神经元构建而成，其多层架构有助于将输入映射到更高层次的表示。从本质上而言，深度学习属于一种特殊的机器学习技术，但其与传统机器学习技术或学习方法又存在较为明显的差异：

(1) 从模型构建的角度来说，深度学习采用在不同层内采用相应算法来构建神经网络模型，其可以自己学习并作出智能决策；而机器学习需要通过算法来解析、学习数据，进而生成决策。这种构建方式（或训练方式）的不同导致二者在处理问题的过程亦不相同；深度学习以端到端的方式，以输入-输出为逻辑解决问题，而机器学习则是通过将更大的任务分解为更小的任务，然后结合多个结果来解决问题。不过值得指出的是，由于存在大量的超参数和复杂的网络设计，深度学习网络的工作机制非常难以理解，故常被认为是黑盒子网络。

(2) 在数据特征的识别及提取上，深度学习避免了机器学习中具有挑战性和极度复杂的特征工程阶段，针对原始数据进行特征学习，并找到最适合的模式，以提高识别精度。传统机器学习则需在人工参与的条件下完成特征向量的选取，当面对复杂情况，特别是处理高维数据时，特征的提取尤为困难。

(3) 在数据层面，为了避免过拟合，深度学习需要大量外部数据集，对于训练时间与训练内存的需求相交传统机器学习要高得多。因此，深度学习网络的训练通常基于较为昂贵的高端图形处理单元（矩阵计算速度相较中央处理器更高）。不过，对于深度学习来说，输入数据的预处理和归一化并不是强制性的，且可利用层次特征和平移不变特征可以解决手工处理特征时较为复杂的特征类间变异性和类间关系。

8.4 深度学习在故障诊断领域的应用

8.4.1 概述

随着互联网技术和信息技术的爆发式发展，动力设备的智能化水平不断地提高，现阶段工业级传感器已能够覆盖设备的主要性能参数。可采集的数据量比以往任何时候都要大，同时，这些数据的精度和维度亦相较传统设备大大增强。越来越多的数据为机器故障诊断提供了更充分的信息，从而更有可能提供准确的诊断结果。可以说，故障诊断领域进入了“大数据时代”。这一现状为以深度学习为代表的新一代人工智能技术在故障诊断领域的应用奠定了数据基础。如前文所述，相较于传统学习方法，深度学习对于数据特征的提取具有天然优势，即利用了深度层次结构自动提取抽象特征（无须人工干预），可进一步直接建立学习到的特征与目标输出之间的关系，随后，结合已有故障知识库即可完成对故障的识别。因此，故障诊断流程可由“获取数据—特征工程—模型构建—故障诊断与分类”四步化简为“获取数据—基于深度学习的故障诊断与分类”两步，即所谓的“端至端”模型。

基于深度学习技术的故障诊断方法从本质上来说是一项数据驱动的建模与分类方法，在实践层面通常分为两个环节：离线训练环节，其目的在于根据有效信息提取故障特征，并建立相应故障的预测模型，包含了数据收集、数据清洗、自动特征工程、模型建立等部分，是深度故障诊断的核心及难点；在线诊断环节，主要工作在于使用已经训练完成的故障数据模型，对实时数据进行故障评估与监测，此外，也需要基于实时的数据对故障数据模型进行更新和迭代，以保持模型的时效性。下面的小节将要介绍主要步骤。

8.4.2 应用步骤

1. 数据采集

对于一个复杂的能源动力设备，如电站系统、车载动力系统、风力发电系统、空调制冷系统等，其数据收集方式主要有以下特征点：

（1）数据收集周期长。能源动力设备的运行周期一般都在数小时到数百小时；对于电厂系统，特别是核能发电厂，一次运行时间可达数年之久。

（2）数据类型多样。为了全面监控设备状态，越来越多的传感器被用以测量设备实时数据。以核电厂为例，其控制系统在整个核电厂中采用大量的分布式传感器来监测核电厂的状态；分布式传感器用于测量工厂的温度、压力、液体流量和中子密度等参数。此外，由于存储结构不同，数据是异构的。因此，不同类型不同结构数据的融合是需要解决的问题。

（3）冗余数据占比大。虽然监控系统可以获取大量数据，但只有少数数据是有价值的。一方面，健康状况占设备长期运行的大部分，而故障很少发生。因此，收集健康数据比收集错误数据更容易。另一方面，采集数据的质量并不总是令人满意的，因为一些数据可能会受到突发事件的影响，如传输中断、测量设备异常等。此外，传感器的性能可能由于老化或其他因素而退化，故障传感器可能会提供错误的参数信息。

（4）数据吞吐密度大。大量采集器实时采集将产生大量的数据，加上通信带宽的不断增强，这对深度学习模型的实时运算能力提出了很高的要求。所幸随着 GPU 硬件水平的提升，监测数据流目前已能较好的处置。

2. 数据清洗

如前所述，由设备所直接收集的数据质量良莠不齐，对模型的训练效果会有较大影响。研究指出[17]，真实场景下设备状态的原始数据存在不可忽视的异常值、缺失值，不能直接用于模型的训练。在另一个层面，由于能源动力设备的组成部件十分复杂，可能发生的故障问题十分多样。例如，对于核电设备来说，常见的组成设备与可能发生的故障见表8.2。如何在繁杂的数据中较为准确地定位故障，亦是在模型构建前需要完成的步骤。

表8.2　核电设备中部分组成部件及可能的故障[18]

类型	部　件	可　能　故　障
泵	冷却剂泵、离心泵、真空泵、隔膜泵等	无法启动、泵压不足
阀门	气动阀、电动阀、手动阀、截止阀、卸压阀、安全阀等	漏液、不能开启、振动过大等
热交换器	蒸汽发生器、凝集器等	泄漏、漏热等
容器	反应堆压力容器、主回路稳压器等	泄漏、腐蚀等
电机	交流发电机、励磁机、电动机等	无法启动、阻尼过大、振动过大等
传感器	核测探测器、液位传感器、流量传感器、温度传感器、速度传感器等	测量漂移、输出振荡、延迟明显等

就物理现象而言，设备从正常运行到故障发生及设备失效存在两个阶段：第一阶段即设备开始运行到出现异常状态前的正常运行阶段，在该阶段收集的数据一般比较平稳，瞬态工况的切换亦比较平滑；第二阶段则是开始于设备出现零星异常情况到完全失效的故障阶段，该阶段收集到数据出现异常波动，且在总体上呈现一定的退化或恶化趋势。第二阶段是设备异常及故障诊断的重点监控区间。结合上述两点现状，现有深度学习技术对于原始数据的处理已经完全避免了人工知识参与，通常采用聚类算法和深度学习算法耦合的方式对数据进行清洗和筛选。

3. 故障诊断模型构建

根据训练数据样本的不同，故障诊断模型的构建主要存在两种策略[19]：一种是以积累的异常数据样本为基础，结合正常样本训练模型；另一种策略则相反，即主要以设备正常工作阶段采集数据为基础样本进行模型训练。两种训练策略各有优劣，前者检测准确度较高，但异常数据样本的积累比较困难，故容易面临样本不足的困境；后者训练效率较快，但容易出现故障漏报或误报的现象。总体上看，两种策略在模型训练过程上较为一致，即从输入的监测数据中自动学习特征，并根据学习到的特征识别机器的健康状态。从功能层上说，面向故障诊断的深度学习网络通常分为多层特征提取层和单层分类层；首先使用分层网络从样本数据中逐层学习抽象的特征，在终端特征提取层后连接一个输出层，用于设备状态的识别。常用于多层特征提取层的深度学习网络有AE、DBN和CNN等；而用于故障识别则多采用单层人工神经网络模型（某些深度学习网络已经把分类识别功能融入到特征提取层之中）。下面将介绍四种典型的深度学习方法在动力装置故障诊断中的应用。

轴承和齿轮运行状态监控及故障诊断领域是最早引入AE的领域。Jia等[20]利用SAE对滚动单元轴承和齿轮运行状态进行了长期健康和诊断，他们构建的网络包含了三个叠加的AE模块，用以分离无用的健康信息（即第一阶段数据），同时对于异常数据信号进行压缩。这种方法被验证能够处理海量监测数据，且具有较高的诊断精度。随后，研究者为了进一步提高基于AE的诊断模型性能做了一系列的工作，如采用AE稀疏化处理[21]，使用新型激活函数（甚至使用激活函数组）[22]等。此外，研究者还致力于开发 AE 与其他智能等方法相结合的混合诊断模型。例如，使用极限学习机构建基于人工智能的诊断模型，其中参数是随机确定的。该训练策略提高了传统基于人工智能的模型的泛化性能和收敛速度，目前已成功应用于电机轴承[23]和风力涡轮机[24]的状态监控和故障诊断。不过值得注意的是，AE 是一种典型的无监督学习方法，不能直接用于设备状态监控和故障识别，必须在网络末端设置分类层。

与 AE（SAE、DAE 等）不同，基于 DBN 的诊断模型通过预先训练一组堆叠的 RBM，从输入数据中自动学习特征，同时解决 BP 算法微调深层网络时梯度消失的问题。为了识别机器的健康状态，DBN 通过添加分类层将学习到的特征映射到标签空间。为了获得可信的诊断结果，需要使用足够的标记数据对所构建的诊断模型进行训练。在面向对象上，基于 DBN 的故障诊断模型已拓展应用到发动机[25]、压缩机[26]、空调[27]等设备领域。为了提升模型性能，主要的改进在分类层模块，具体来说，使用适应特定故障类型的分类算法对 DBN 的输出进行分类学习。常用的分类算法有隐马尔可夫模型、量子神经网络等。同时亦有使用进化算法对 DBN 结构进行优化的尝试见于报道[28]。

对于输入数据的卷积处理是 CNN 的核心特点，在特征的提取上有平移不变性，具有优异的鲁棒性和泛化能力。CNN 的设计初衷是面向二维数据的特征挖掘，可以直接用以对设备监控图像进行特征提取与识别。例如，基于振动型号和红外图像组成多元数据输入，CNN 模型可实现对电机转子系统的运行状态的多维监测（运动、温度等）[29]，能够较为准确地定位故障。考虑到更多监测信号是以独立的一维时序形式传递，如振动、温度等信息，研究者采用小波变换[30]、同步压缩变换[31]等信号处理方法对原始数据进行预处理，将信号由时域转化为时频域，进而为 CNN 模型所处理。Guo 等[32]利用小波变换对旋转机械不同尺度的振动信号进行分解，形成连续小波变换标尺，输入至 CNN 模型进行训练，实现对涡轮转子偏心故障的精准预测。由于 CNN 能够捕捉输入数据的移位变化，相较于 AE 和 DBN，基于 CNN 的诊断模型能够从原始监测数据中直接学习特征，而不需要进行频域变换等预处理。此外，通过共享权值，所需训练参数量大大减小，同时实现了提升收敛速度和抑制过拟合两大目的。不过值得指出的是，CNN 的成功训练亦离不开足够数量的标记样本。

基于上述讨论，可以发现当前深度学习技术在故障诊断领域的融合研究越来越丰富，展示出了优异的性能。但也需要看到，这些模型的构建是基于充足的标记良好的数据样本；而在实际工程场景中，这种理想情况是很难现实的。事实上，大多时间内设备都工作在健康状态，而故障的发生是小概率。换句话说，收集到的数据存在严重的不平衡，即健康数据远多于异常数据。此外，采集到的原始数据是没有任何标记处理的，如何分离标记，在现阶段除了人工参与并没有很好的解决方案。发展适用于工程现场设备健康监控及故障识别模型仍需更大的努力。

本章参考文献

[1] LECUN Y, BENGIO Y, HINTON G. Deep learning [J]. Nature, 2015, 521 (7553): 436 - 444.

[2] MCCULLOCH W S, PITTS W. A logical calculus of the ideas immanent in nervous activity [J]. The Bulletin of Mathematical Biophysics, 1943, 5 (4): 115 - 133.

[3] RUMELHART D E, HINTON G E, WILLIAMS R J. Learning representations by back - propagating errors [J]. Nature Nature Publishing Group, 1986, 323 (6088): 533 - 536.

[4] XIONG W, DROPPO J, HUANG X, et al. Achieving Human Parity in Conversational Speech Recognition [J]. arXiv, 2017.

[5] SILVER D, HUANG A, MADDISON C J, et al. Mastering the game of Go with deep neural networks and tree search [J]. Nature Publishing Group, 2016, 529 (7587): 484 - 489.

[6] SILVER D, SCHRITTWIESER J, SIMONYAN K, et al. Mastering the game of Go without human knowledge [J]. Nature, Nature Publishing Group, 2017, 550 (7676): 354 - 359.

[7] DARGAN S, KUMAR M, AYYAGARI M R, et al. A Survey of Deep Learning and Its Applications: A New Paradigm to Machine Learning [J]. Archives of Computational Methods in Engineering, 2020, 27 (4): 1071 - 1092.

[8] WU Y, DUBOIS C, ZHENG A X, et al. Collaborative Denoising Auto - Encoders for Top - N Recommender Systems [C]//Proceedings of the Ninth ACM International Conference on Web Search and Data Mining. New York, NY, USA: Association for Computing Machinery, 2016: 153 - 162.

[9] 文成林，吕菲亚. 基于深度学习的故障诊断方法综述 [J]. 电子与信息学报，2020，42 (1): 234 - 248.

[10] ALZUBAIDI L, ZHANG J, HUMAIDI A J, et al. Review of deep learning: concepts, CNN architectures, challenges, applications, future directions [J]. Journal of Big Data, 2021, 8 (1): 53.

[11] KINGMA D P, BA J. Adam: A Method for Stochastic Optimization [J]. arXiv, 2017.

[12] PASCANU R, GULCEHRE C, CHO K, et al. How to Construct Deep Recurrent Neural Networks [J]. arXiv, 2014.

[13] ZHAO Z Q, ZHENG P, XU S T, et al. Object Detection With Deep Learning: A Review [J]. IEEE Transactions on Neural Networks and Learning Systems, 2019, 30 (11): 3212 - 3232.

[14] HOCHREITER S, SCHMIDHUBER J. Long Short - Term Memory [J]. Neural Computation, 1997, 9 (8): 1735 - 1780.

[15] KRIZHEVSKY A, SUTSKEVER I, HINTON G E. ImageNet classification with deep convolutional neural networks [J]. Communications of the ACM, 2017, 60 (6): 84 - 90.

[16] HE K, ZHANG X, REN S, et al. Deep Residual Learning for Image Recognition [C]//2016 IEEE Conference on Computer Vision and Pattern Recognition (CVPR). 2016: 770 - 778.

[17] 李国良，周煊赫. 面向 AI 的数据管理技术综述 [J]. 软件学报，2021，32 (1): 21 - 40.

[18] 许勇，蔡云泽，宋林. 基于数据驱动的核电设备状态评估研究综述 [J]. 上海交通大学学报，2022，56 (3): 267 - 278.

[19] 王仲. 燃气-蒸汽联合循环机组智能诊断与健康维护技术研究 [D]. 北京：华北电力大学，2021.

[20] JIA F, LEI Y, LIN J, et al. Deep neural networks: A promising tool for fault characteristic mining and intelligent diagnosis of rotating machinery with massive data [J]. Mechanical Systems and Signal Processing, 2016, 72 - 73: 303 - 315.

[21] JIA F, LEI Y, GUO L, et al. A neural network constructed by deep learning technique and its application to intelligent fault diagnosis of machines [J]. Neurocomputing, 2018, 272: 619 - 628.

[22] SHAO H, JIANG H, LIN Y, et al. A novel method for intelligent fault diagnosis of rolling bearings using ensemble deep auto - encoders [J]. Mechanical Systems and Signal Processing, 2018, 102: 278 - 297.

[23] MAO W, FENG W, LIANG X. A novel deep output kernel learning method for bearing fault structural diagnosis [J]. Mechanical Systems and Signal Processing, 2019, 117: 293 - 318.

[24] YANG Z - X, WANG X - B, ZHONG J - H. Representational Learning for Fault Diagnosis of Wind Turbine Equipment: A Multi - Layered Extreme Learning Machines Approach [J]. Energies, Multidisciplinary Digital Publishing Institute, 2016, 9 (6): 379.

[25] TAMILSELVAN P, WANG P. Failure diagnosis using deep belief learning based health state classification [J]. Reliability Engineering & System Safety, 2013, 115: 124 - 135.

[26] TRAN V T, ALTHOBIANI F, BALL A. An approach to fault diagnosis of reciprocating compressor valves using Teager - Kaiser energy operator and deep belief networks [J]. Expert Systems with Applications, 2014, 41 (9): 4113 - 4122.

[27] GUO Y, TAN Z, CHEN H, et al. Deep learning - based fault diagnosis of variable refrigerant flow air - conditioning system for building energy saving [J]. Applied Energy, 2018, 225: 732 - 745.

[28] HE J, YANG S, GAN C. Unsupervised Fault Diagnosis of a Gear Transmission Chain Using a Deep Belief Network [J]. Sensors, Multidisciplinary Digital Publishing Institute, 2017, 17 (7): 1564.

[29] YUAN Z, ZHANG L, DUAN L. A novel fusion diagnosis method for rotor system fault based on deep learning and multi - sourced heterogeneous monitoring data [J]. Measurement Science and Technology, IOP Publishing, 2018, 29 (11): 115005.

[30] ISLAM M M M, KIM J - M. Automated bearing fault diagnosis scheme using 2D representation of wavelet packet transform and deep convolutional neural network [J]. Computers in Industry, 2019, 106: 142 - 153.

[31] ZHAO D, LI S, WANG X, et al. Proton irradiation induced defects in T92 steels: An investigation by TEM and positron annihilation spectroscopy [J]. Nuclear Instruments and Methods in Physics Research Section B: Beam Interactions with Materials and Atoms, 2019, 442: 59 - 66.

[32] GUO S, YANG T, GAO W, et al. A Novel Fault Diagnosis Method for Rotating Machinery Based on a Convolutional Neural Network [J]. Sensors, Multidisciplinary Digital Publishing Institute, 2018, 18 (5): 1429.

第9章　车用柴油机模糊故障诊断专家系统

车用柴油机是机-电-液等各种子系统组成的复杂大型机电设备，在维修之前，如果能在车用柴油机不解体的前提下对其利用现代测试技术、信息处理技术、计算机技术和人工智能技术以及故障诊断技术进行测试与诊断，准确确定车用柴油机发生故障的位置与类型，不仅可以减少不必要的人力、物力上损失，而且能使更多的维修人员具有该领域专家的分析判断车用柴油机故障的水平。

9.1　车用柴油机模糊故障诊断专家系统知识库设计

把车用柴油机领域专家诊断车用柴油机故障的经验输入计算机存储，并在其运行过程中模拟专家思维进行诊断分析，只需一般操作人员操作，就可以对车用柴油机作出专家水准的诊断。而车用柴油机模糊故障诊断专家系统以知识获取、知识表示和知识推理[1-2]为基础，因此将该专业领域专家经验表示成知识并建立知识库，则是研究开发车用柴油机模糊故障诊断专家系统中的十分关键因素。

9.1.1　车用柴油机故障诊断知识获取

车用柴油机故障诊断获取知识所需要的该领域专业知识基础可以从专业著作、相关资料中得到，此外，还可以同长期从事该专业领域的专家们对话或从专家们以往处理问题的实例中抽取专家知识；或者根据该领域专业知识整理出专家知识；此外还要选择合适的形式把整理好的专家知识存入知识库中。

1. 故障诊断知识特点

车用柴油机模糊故障诊断专家系统的功能包括诊断故障类型，分析故障原因，确定消除故障的措施；相应地，车用柴油机模糊故障诊断专家系统需要的知识也分为：用于故障诊断的知识；用于故障原因分析的知识和用于消除故障的知识。

在故障诊断专家系统中，应该依据具体领域专门知识的特点来选择知识表示方式，而知识推理技术同知识表示方法有密切关系。对于车用柴油机模糊故障诊断专家系统来说，其知识具有鲜明的领域色彩，而且系统对知识的运用实时性要求很高，即知识的表达方式和组织方式必须有利于实现快速推理。此外，运行状态的动态特性要求运行状态故障诊断专家系统的知识库要具有自学习的功能。

2. 运行状态参数模糊化处理

一个系统中所有可能发生的各种故障原因可以用具有一个欧氏向量 $\boldsymbol{S}$ 表示的集合，

将车用柴油机的典型故障类型写成集合形式，称为车用柴油机故障类型集（简称故障集），即

$$\boldsymbol{S}=\{\boldsymbol{S}_1,\boldsymbol{S}_2,\cdots,\boldsymbol{S}_n\} \tag{9.1}$$

式中：$\boldsymbol{S}_i$ 为一种故障类型；n 为系统故障种类的总数。

同样，由于这些故障原因所引起的各种征兆，如温度的变化、压力的波动、角度的变化等也能被定义为一个集合，并用一个欧氏向量 $\boldsymbol{X}$ 表示，即

$$\boldsymbol{X}=\{\boldsymbol{X}_1,\boldsymbol{X}_2,\cdots,\boldsymbol{X}_m\} \tag{9.2}$$

式中：$\boldsymbol{X}_i$ 为一种征兆；m 为系统征兆种类的总数。

在车用柴油机运行过程中，可能出现“难以启动”“负荷转速不足”“燃油消耗大”“有害废气排量大和工作异常（怠速、过热）”等典型故障。作为诊断车用柴油机的前提，车用柴油机运行状态参数的取值是连续的，这些参数对规则结论（故障状态）的影响程度没有一个明显的界限。这些知识的模糊性就其本质而言，来源于参数变化的动态特性及其测量的不确定性。为保证车用柴油机参数监测与诊断的合理性和指导的可靠性，必须对这种动态特性及其测量的不确定性进行合理地考察和描述。在广泛地搜索和听取车用柴油机领域专家以及熟练维修人员的经验基础上，结合车用柴油机的理论知识与运行环境的实际情况，得到了如图 9.1 所示车用柴油机的典型故障与相应征兆的联系。

3. 运行状态参数模糊化处理

所谓对车用柴油机运行状态知识的模糊处理，即对车用柴油机所提供的不确定性知识进行量化。针对车用柴油机工艺参数对故障状态的影响方式，本书采用隶属函数和相关分析的方法来进行不确定性知识的处理。目前，确定隶属函数的各种方法尚处于依靠经验，从实践效果中进行反馈，不断校正自己认识，以达到预定的目标这样一种阶段。在很多情况下，用一些常见的分布函数作为隶属函数来近似表达一些模糊变量是最简便的方法。

现定义了如下两种隶属函数：

（1）升型，即当参数取值越大时，参数对故障状态的影响程度越大。

$$\mu(x)=\begin{cases}0 & x\leqslant a_1\\ r(x)=\dfrac{x-a_1}{a_2-a_1} & a_1<x\leqslant a_2\\ 1 & x>a_2\end{cases} \tag{9.3}$$

（2）降型，即当参数取值越大时，参数对故障状态的影响程度越小。

$$\mu(x)=\begin{cases}1 & x\leqslant a_1\\ r(x)=\dfrac{a_2-x}{a_2-a_1} & a_1<x\leqslant a_2\\ 0 & x>a_2\end{cases} \tag{9.4}$$

式中：x 为参数值；a_1、a_2 为车用柴油机专家提供的该参数的阈值。

此外，还可根据需要扩充实用隶属函数，并在车用柴油机模糊故障诊断专家系统中各运行参数应不断修正。同一种参数对车用柴油机不同故障类型的影响方式不同，应采取不同的隶属函数。

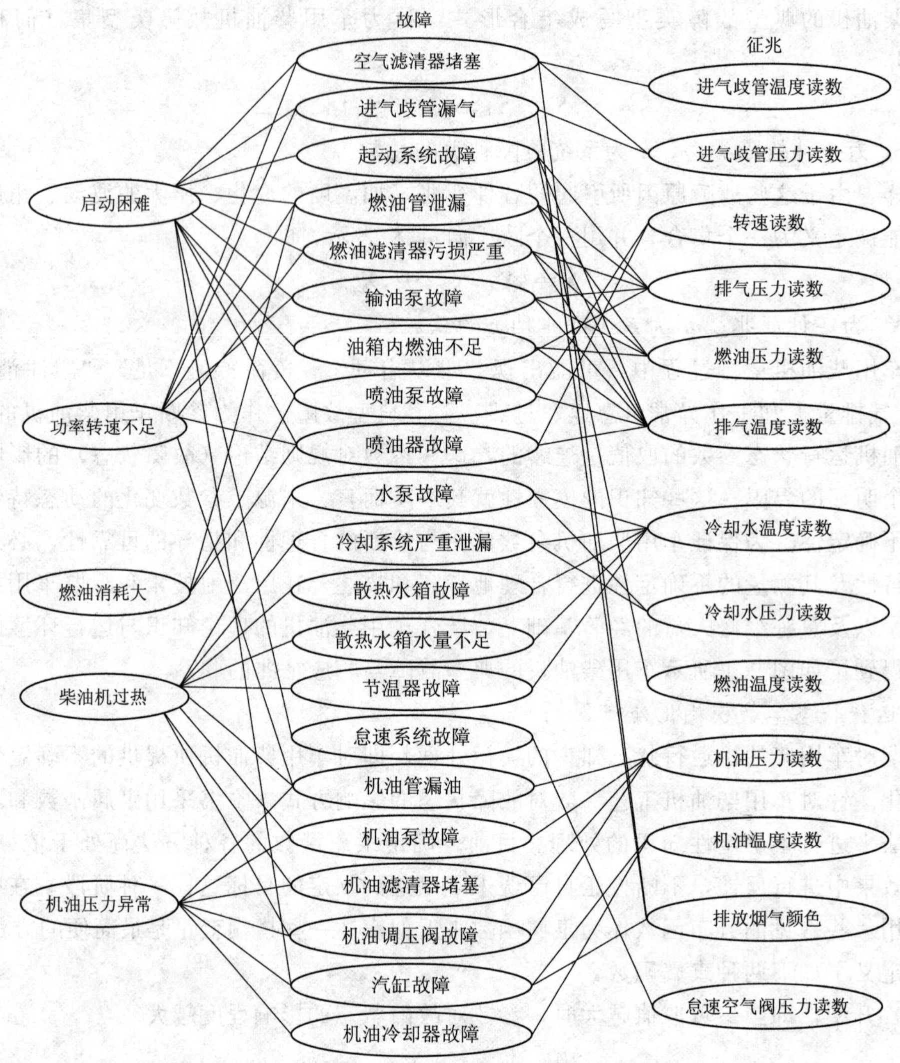

图 9.1　车用柴油机的典型故障与相应征兆的联系

9.1.2　故障诊断专家系统综合型知识表示

目前，还没有一种知识表示方法可以作为知识系统的通用知识表示方法，不同特点的知识宜采用不同的表示方法。本故障诊断专家系统的知识分为运行状态参数数据、事实、诊断型知识和元知识四类。

1. 运行状态参数数据

在车用柴油机故障诊断中，有些推理过程要用到运行状态参数数据，如车用柴油机的油温、油压、转速等。运行状态参数数据可以用谓词逻辑表示，即

谓词名(对象,<时间,>数值)

其中，<…>为可选项，有时间因素的数据可选此项。如，“10min 前车用柴油机的转速 1500r/min”表示为

data before（“车用柴油机的转速”，10，1500）

2. 事实

用于车用柴油机故障诊断的信息，往往以模糊命题的形式出现，如“车用柴油机油温太高”“油压太高”等。这种对各种属性值的描述也称为事实，本系统用模糊谓词描述含有模糊信息的事实，模糊谓词逻辑用四元组表示为

谓词名（对象，属性，模糊值，隶属度）

例如事实：“车用柴油机油温‘太高’，隶属度 0.95”，表示为

Fact（“车用柴油机油温”，“温度”，“太高”，0.95）

3. 诊断型知识

基于规则的产生式系统是一种很适合于表达因果关系的表示模式，为目前专家系统中最为普遍的一种表达方法，比较成功的专家系统大都采用了这种表示模式，因此，本故障诊断专家系统的诊断型知识也采用产生式规则表示。产生式规则是一个以“如果满足这个条件，就应该得到这个结论”的形式表示的语句，产生式规则的最初形式为

IF 规则条件部分(条件 1,条件 2,…,条件 n)

THEN 结论

运行状态故障诊断的知识的模糊性十分显著，为恰当地描述这种模糊性，必须对产生式规则加以改进。

例如“喷油泵损坏”的故障征兆集：

$F_{油泵损坏}$={(车用柴油机冒黑烟,0.5),(车用柴油机功率过小,0.3),(车用柴油机废气温度低,0.2)}

可以用产生式规则表示为

IF(车用柴油机冒黑烟,0.5)and(车用柴油机功率过小,0.3)and(车用柴油机废气温度低,0.2)

THEN 喷油泵损坏(R_{cf})

其中，R_{cf}为规则强度，$0<R_{cf}\leqslant 1$，描述规则的前提条件对结论的支持程度。

规则的前提条件是模糊命题的合式，每一个条件附带一个权值。为描述规则的模糊性，还需给规则设一个应用阈值，记为τ，$0<\tau\leqslant 1$。在推理中，只有当产生的规则实例的前提条件部分的整体真度不小于应用阈值，此规则才得以激活。R_{cf}和τ的值由经验确定。不失一般性，本系统改进后的模糊产生式规则形式为

$$\text{IF}(Y_1,W_1)\text{and}(Y_2,W_2)\text{and }\cdots\text{and}(Y_j,W_j)\text{and}\cdots\text{and}(Y_n,W_n)$$
$$\text{THEN } T(R_{cf},\tau)$$

其中，$Y_j(j=1,2,\cdots,n)$、T 都是模糊谓词；$W_j(j=1,2,\cdots,n)$ 是权值，描述规则前件中每个因素对规则结论的影响程度，且满足 $\sum_{j=1}^{n}W_j=1$。这样改进后的产生式规则就把知识的模糊性全面表达出来了。

规则前提条件的每一个条件项 (Y_j,W_j) 描述一个事实，在推理过程中，会出现原始事实和非原始事实之分，原始事实即初始参数表征的事实，其真度即参数模糊化的隶属度。推理过程中，一条规则被触发，加入推理链，则此规则的结论部分又成为新的事实，

去匹配其他规则的条件部分，这些推理过程中出现的新事实即非原始事实，非原始事实的真度由不精确推理获得。改进后的规则在系统内部的表示通式为：

$$\text{Rule(RGNO,RNO,CondList,Condweight,ConcNO,}R_{cf}\text{,}\tau\text{,Tag)}$$

式中，RGNO 为规则组号，正整数，要求编号不重叠，按规则的用途不同分组；RNO 为规则编号，正整数，不重叠，按规则强度由大到小排序；这样组织规则可以提高知识搜索效率。CondList 为条件序号表，条件序号为正整数，条件表形如："(CondNO_1，CondNO_2，…，CondNO_n)"；Condweight 为与条件表对应的权值表，项数与条件表相同；ConcNO 为结论号，正整数，编号不重叠。Tag 是为了标志结论为最终结果的规则，如果规则的结论不再作为其他规则的前提条件，则该规则为含有最终结果的规则，Tag 值为 1，系统的正向推理遇到这类规则结束，得出结论。其他的规则的 Tag 值为 0。

车用柴油机运行状态参数是处在连续的动态变化的，且存在大量的随机干扰，这种与时间相关的性质除了变动趋势以外，还有其值延续的时间长短和连续性。为了表达它的延续时间和连续性，将时间因素引入一阶谓词逻辑，产生了时序关系谓词：①Delay($\boldsymbol{n}$) 当且仅当参数延迟 $\boldsymbol{n}$ 个单位时间时为真；②Begin($\boldsymbol{P}$,$\boldsymbol{t}$) 当且仅当参数 $\boldsymbol{P}$ 在 $\boldsymbol{t}$ 时刻发生时为真；③End($\boldsymbol{P}$,$\boldsymbol{t}$) 当且仅当参数 $\boldsymbol{P}$ 在 $\boldsymbol{t}$ 时刻结束时为真；④Last($\boldsymbol{P}$,$\boldsymbol{t}$) 当且仅当参数 $\boldsymbol{P}$ 延续 $\boldsymbol{n}$ 个单位时间时为真；⑤Appear($\boldsymbol{P}_1$,$\boldsymbol{t}$,$\boldsymbol{P}_2$) 当且仅当参数 $\boldsymbol{P}_1$ 发生，经过 $\boldsymbol{n}$ 个单位时间后，$\boldsymbol{P}_2$ 才发生时为真；⑥Intr($\boldsymbol{P}$,$\boldsymbol{t}$) 当且仅当突发事件（如车用柴油机因故障而停止、车用柴油机水箱水温报警、车用柴油机油温报警）在时刻 t 发生时为真。

例如，一个表示规则：

IF 车用柴油机水箱水温测定值超过正常值＋10℃ and 持续 10min

THEN 显示"车用柴油机水箱水温故障"的时序关系表示为

If Last("TICNO03_＞(TICNo03_t＋10)"),10min)

Then Show(Diagnosis face"车用柴油机水箱水温异常")

其中，条件 Last（"TICNO03_＞(TICNO03_t＋10)"），10min）当采样值在 10min 内都大于设定正常值 10℃时，其真度为 1，否则为 0。

4. 元知识

元知识是关于知识的知识，在产生式系统中，它一般采用与目标层次知识相同的表示形式，并作为一个知识实体与目标层次知识共存于知识库中，其主要优点在于：

（1）元级推理与目标层次推理可共享一个推理机。

（2）为了保证元规则优先执行，可以为规则增加一个优先数说明模式，在元规则的优先数说明模式中设定较大的优先数，在目标规则的优先数说明模式中设定较小的优先数。这样，当元规则与目标规则由当前数据库内容确定为可用规则时，将优先执行元规则。

（3）当系统分设目标层次规则库和元级规则库，系统还将增加一个调度程序。

（4）当有多个目标规则可用时，由调度程序根据元级规则与可用目标规则冲突集的匹配情况，从中选择一条可用规则执行。

9.1.3　模糊故障诊断专家系统知识库组成及应用

1. 知识库组织

运行状态故障诊断知识的多样性和表示方法的差异决定了知识库采用多库结构的组织

模式，包括数据库、事实库和规则库。这样可以提高系统工作效率，也便于知识的搜索。各库之间相互独立，一个库的修改不会影响其他库。知识库结构如图 9.2 所示。

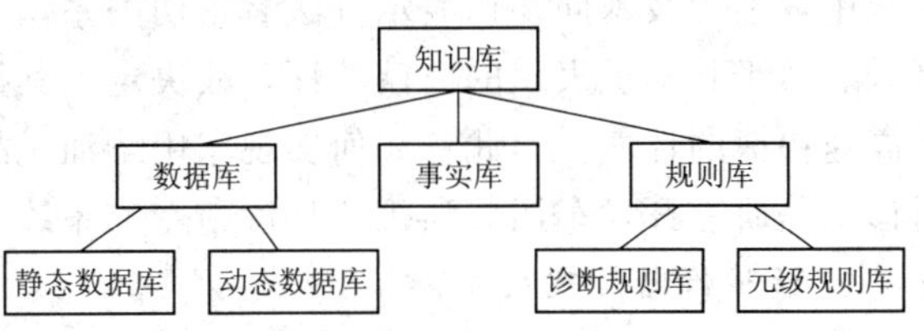

图 9.2 多库多层次知识库结构

为了缩小搜索范围、提高推理速度，将诊断规则库中的规则分成三组：故障诊断规则组、故障原因分析规则组和故障消除措施规则组，表达形式为：

(1) 故障诊断规则组：[数据，事实]——→故障类型。

(2) 故障原因分析规则组：[事实，故障类型]——→故障原因。

(3) 故障消除措施规则组：[事实，故障类型，故障原因]——→故障消除指导。

同一组的规则为一层，故障诊断规则组层次最高，故障原因分析规则组层次次之，故障消除措施规则组层次最低。在推理过程中，只需从与待求解问题相应的规则组中选择知识，大大加快知识搜索效率。对同一组中的规则按优先级排序编号，排列的原则是：规则前提条件部分包含元素多的优先排列；元素数量相同，规则强度大的优先排列；规则强度相同，但问题出现概率大的优先排列。

2. 知识修改与扩充

车用柴油机故障诊断知识库的管理与维护除了包括知识的查询、显示外，还必须对车用柴油机专家系统知识库进行修改和检查与扩充。

车用柴油机领域专家对于车用柴油机运行过程中出现的状况，产生这些状况的原因，需采取的措施等问题，并没有很系统的认识；而且领域专家对知识的描述很难做到全面和准确无误。同时，由于车用柴油机运行过程诊断中涉及的参数很多，根据这些生产参数进行故障诊断、原因分析和故障消除措施的知识很可能是不全面的。因此，车用柴油机专家系统知识库的建造是一个长时间的反复测试、修改和扩充的过程。当系统出现以下两种情况时，启动系统的知识修改与扩充功能：

(1) 当从现有知识出发无法诊断故障、给出原因分析和故障消除措施时，系统应主动向专家求助来补充缺少的知识。

(2) 当诊断、原因分析和故障消除措施有误时，系统应允许专家修改现有知识库，来更正存在缺陷的知识。

由此可见，车用柴油机模糊故障诊断专家系统的知识修改和扩充过程必须有领域专家的参与，即通过车用柴油机领域专家的指导进行的，是一个指导学习的方式。

9.2 车用柴油机模糊故障诊断专家系统推理机设计

推理是专家系统中问题求解的过程，是使问题从初始状态转移到目标状态的方法和途径，按推理所得结果的可靠性，可将推理方法分为确定性推理和不精确推理[3]。由于在专家系统中的事实和求解问题的知识往往是不确定或不精确的，因此，不精确推理在人工智能中引起越来越多的重视。近些年来发动机故障诊断研究结果表明[4-6]，在故障诊断专家系统中，推理技术同知识表示方法有密切关系，故应以知识获取、知识表示和知识推理为基础。由于其知识表示的模糊特性，故决定了其推理机制也必须具有处理模糊知识的能力及高速快捷的性能。因此，如何实现车用柴油机故障诊断的快速推理以及满足系统在线实时诊断是研究开发车用柴油机故障诊断专家系统中的另一个十分关键的因素。

1. 故障诊断推理机制

车用柴油机故障诊断的过程是一个多级目标推理过程。主要包括总目标的推理、级目标的推理。当系统开始进行推理后，先是通过调用相应知识库中的知识和黑板的信息进行总目标推理，当推理过程遇到第 i 级目标时，该级目标推理进行推理。级目标推理过程中根据相应知识库中的知识和黑板的有关信息进行推理，并又将推理结果储存到黑板，然后继续进行总目标推理，直至推出最终目标。

其推理模式为：总目标的推理采用过程化推理，即故障类型诊断、故障原因分析和故障消除措施这三个级目标之间采用过程化推理。故障类型的诊断首先调用模糊诊断模型计算出可能出现的故障假定集 S，再以假定集的元素为目标，进行反向推理；故障原因分析和故障消除措施这两个级目标推理所需的前提条件是已知且充分的，所以采用正向推理。车用柴油机故障诊断专家系统推理机结构如图9.3所示。总目标的推理过程化推理按照元知识控制级目标的执行顺序，级目标推理对规则库进行搜索模糊匹配[7]以及过程化推理与级目标推理的结合通过黑板实现。各个级目标根据需要从作为信息传输的介质黑板中调用信息，以此实现各部分之间的信息交换。

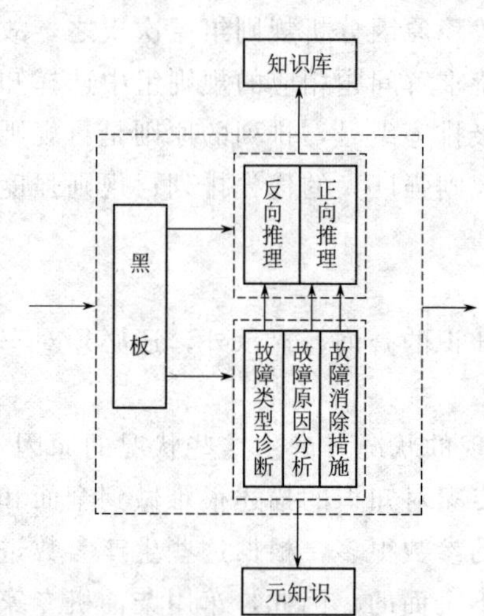

图9.3　车用柴油发动机模糊故障诊断专家系统推理机结构

在规则的搜索中，采用同一层的规则节点引入竞争机制的有限宽度优先搜索策略[8]，只要有一个节点匹配成功，其他的同层节点就默认失败，然后沿成功节点的分支节点搜索下一层节点，依此类推。这种搜索策略缩小了搜索范围，加快了搜索速度，十分适合于实时推理过程。

2. 故障类型诊断推理

（1）故障类型的模糊诊断模型。本故障诊断专家系统采用模糊诊断和反向推理相结合来进行故障类型的判断，这主要是因为模糊诊断的结果作为反向推理的目标，从目标出发，使用相应规则证明事实命题成立。其优点是搜索目的性强，推理效率高。

模糊关系矩阵 R 表示故障原因和各种征兆之间的因果关系，矩阵中每个元素值的大小表明了它们之间的相互关系的密切程度。模糊关系矩阵中的行表示各种征兆，其列表示故障的种类。模糊关系矩阵可表示为

$$R=\begin{bmatrix} R_{11} & R_{12} & \cdots & R_{1n} \\ R_{21} & R_{22} & \cdots & R_{2n} \\ \cdots & \cdots & \cdots & \cdots \\ R_{m1} & R_{m2} & \cdots & R_{mn} \end{bmatrix} \tag{9.5}$$

它表示故障原因和特征之间的因果关系，有 $0 \leqslant R_{ij} \leqslant 1(i=1,2,\cdots,m;j=1,2,\cdots,n)$。矩阵元素 R_{ij} 表示第 i 种征兆 x_i 对第 j 种原因 y_j 的隶属度。

模糊关系矩阵的确定是模糊诊断中十分重要的一个环节，需要参考大量故障诊断经验的总结和实验测试的结果。由于隶属函数公式本身的限制，有时不能反映出各参数对故障类型影响的重要程度，且精度高低，因此，模糊关系矩阵的建立包含两个阶段：即由专家经验设定初始值和在诊断过程中，根据经验积累对权矩阵进行修改。模糊关系矩阵的建立过程如图 9.4 所示。

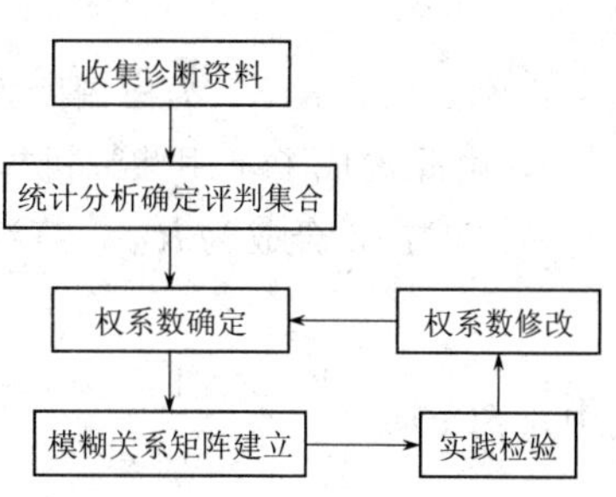

图 9.4　模糊关系矩阵的建立过程

采用权值矩阵 W 的方法来表达参数对各种故障类型影响的重要程度，即

$$W=\begin{bmatrix} w_{11} & w_{12} & \cdots & w_{1n} \\ w_{21} & w_{22} & \cdots & w_{2n} \\ \vdots & \vdots & \vdots & \vdots \\ w_{m1} & w_{m2} & \cdots & w_{mn} \end{bmatrix} \tag{9.6}$$

为了更精确地反映参数的可信度，避免因某个局部数据的不准确而导致可信度的不准确，采用最近一组数据进行相关分析，从而得到参数的可信度矩阵 R_c。根据相关分析和柴油机专家的经验，建立如下可信度矩阵，即

$$R_c=\begin{bmatrix} r_{c11} & r_{c12} & \cdots & r_{c1n} \\ r_{c21} & r_{c22} & \cdots & r_{c2n} \\ \vdots & \vdots & \vdots & \vdots \\ r_{cm1} & r_{cm2} & \cdots & r_{cmn} \end{bmatrix} \tag{9.7}$$

式中：R_c 为可信度矩阵；r_{cij} 为车用柴油机故障诊断的第 i 个征兆数、车用柴油机故障诊断的第 j 个故障类型所对应的可信度。

由于各种类型故障对车用柴油机造成的后果不同，车用柴油机操作人员首先应针对造成后果最严重的车用柴油机进行处理，因此应对每种车用柴油机附一个优先级，由此构成优先级权矩阵，即

$$M=\begin{bmatrix} M_1 \\ M_2 \\ \vdots \\ M_n \end{bmatrix} \tag{9.8}$$

根据车用柴油机专家知识可知，难以起动造成的后果最严重，其优先权值最大，废气排量大和工作故障（怠速、过热）造成的后果最小，其优先权值也最小。

在车用柴油机模糊故障诊断专家系统的模糊推理中，利用模糊关系合成及模糊变换，采用模糊假言推理的方法来进行。

建立如下车用柴油机模糊故障诊断专家系统的模糊关系式，即

$$\mu_Y=\{\mu_X \cdot [(R \cdot W) \cdot R_c]\} \cdot M \tag{9.9}$$

式中：μ_Y 为车用柴油机故障向量；·为逻辑运算符。

求解方程式（9.9），即可得到车用柴油机模糊故障诊断推理模式为

$$\mu_X \to R_r \to \mu_Y \tag{9.10}$$

式中：模糊关系式 R_r 为模糊变换器，输入参数向量 μ_X，便可得到车用柴油机故障诊断结果 μ_Y，由此构成了车用柴油机模糊故障诊断专家系统的推理机，具体的推理过程如下：

1）R 与 W 合成为 R_W，算法为

$$r_{wij} = f(r_{ij} \times w_{ij}) \tag{9.11}$$

其中，$f(x)=\begin{cases}1 & x>1\\ x & 0\leqslant x\leqslant 1\end{cases}$

2）R_W 与 R_c 合成为 R_r。根据车用柴油机模糊故障诊断专家系统宁肯误报也不漏报的原则，采用以下方法合成矩阵 R_r：

$$r_{ij} = r_{wij} \vee r_{cij} \tag{9.12}$$

其方法是取 R_W 的第 i 行、第 j 列元素与 R_c 的第 i 行、第 j 列对应元素相比较，取最大值，以此作为 R_r 的第 i 行、第 j 列元素。

3）μ_X 与 R_r 合成为 Q。当输入参数向量有 m 个，车用柴油机故障类型有 n 种，则可定义为

$$Q = \mu_X \cdot R_r = [q_{1j}]_{1\times n} \tag{9.13}$$

式中：$q_{1j} = \bigvee_{k=1}^{l}(\mu_{1k} \wedge R_{rkj})$，其中符号 ∧、∨ 的含义分别为：$a \wedge b = \min\{a,b\}$，$a \vee b = \max\{a,b\}$。

4）Q 与 M 合成为 μ_Y。

$$\mu_{Y1j} = f(q_{1j} \times M_{1j}) \tag{9.14}$$

（2）不精确推理方法。由模糊故障诊断得到的故障假定集往往含有多个元素，因此需要反向推理验证的目标有多个。系统会按照由模糊诊断计算出来的假定故障的隶属度大小顺序，决定验证的次序。系统确定的故障种类有可能是多个，即车用柴油机运行过程的多故障并发现象，此时应进一步分析故障的原因，并按照故障的轻重缓急确定操作措施。因此，在运用模糊规则进行推理的过程中，结论的确定性和非原始事实的确定性要通过不精确推理获得。

下面介绍本研究所用的不精确推理算法。

对于规则：IF S THEN $T(R_{cf}, \tau)$

规则的前提条件分以下几种情况：

1）事实 S 肯定存在的情况。在事实 S 肯定存在时，有事实的可信度 $\mathrm{CF}(S)=1$，必然有 $\mathrm{CF}(S)\geqslant\tau$，此规则被激活，那么结论 T 的确定度有

$$\mathrm{CF}(T) = \mathrm{CF}(S) \cdot R_{cf} = R_{cf} \tag{9.15}$$

此时，结论的确定度等于规则强度。

2）事实 S 不是肯定存在的情况。S 不是肯定存在的情况在大多数情况下，对事实的判定往往是不确定的。除此之外，事实 S 可能还是另一条规则的结论，这时也往往是不确定的。此时的结论 T 的确定性因子 $\mathrm{CF}(T)$ 不仅取决于规则的确定性因子 R_{cf}，而且取决

于事实的确定性因子 CF(S)。当 CF(S)$\geqslant\tau$ 时，规则被激活，结论的确定度计算公式为

$$CF(T)=R_{cf}\cdot CF(S) \tag{9.16}$$

此时的结论确定度 $0<CF(T)\leqslant R_{cf}$。

3）事实是多个条件的逻辑组合的情况。当事实是合取连接，规则如下所示：

IF$(S_1,W_1)$and$(S_2,W_2)$and …and$(S_j,W_j)$and…and(S_n,W_n)

THEN $T(R_{cf},\tau)$

整个前提条件部分的可信度为

$$CF(S)=CF((S_1,W_1)\text{and}(S_2,W_2)\text{and}\cdots\text{and}(S_n,W_n))=\sum_{j=1}^{n}W_jCF(S_j) \tag{9.17}$$

当事实是析取连接，这时，$S=S_1$ OR S_2 OR …OR S_n，那么前提条件部分的可信度有：

$$CF(S)=CF(S_1\ \text{OR}\ S_2\ \text{OR}\cdots\text{OR}\ S_n)=\max\{CF(S_1),CF(S_2),\cdots,CF(S_n)\} \tag{9.18}$$

4）两条规则具有相同的结论的情况。如果存在如下所示的具有相同的结论的两条规则：

$$\text{IF } S_1 \text{ THEN } T(R_{cf1},\tau)\text{或 IF } S_2 \text{ THEN } T(R_{cf2},\tau)$$

则两条规则中结论的确定性因子 $CF_1(T)$ 和 $CF_2(T)$ 分别为

$$CF_1(T)=R_{cf1}\cdot CF(S_1) \tag{9.19}$$

$$CF_2(T)=R_{cf2}\cdot CF(S_2) \tag{9.20}$$

由 S_1 和 S_2 组合而导出的确定性因子 $CF_{12}(T)$ 可由式（9.21）表示：

$$CF_{12}(T)=CF_1(T)+CF_2(T)-CF_1(T)\cdot CF_2(T) \tag{9.21}$$

下面以“车用柴油机冒黑烟”这一状态故障诊断的推理过程为例，说明该方法的推理过程。

结论描述：T=车用柴油机冒黑烟。事实描述：S_1=进气系统不通畅；S_2=机械故障；S_3=可燃混合气太浓；S_4=燃油不能完全燃烧；S_5=尾气中炭粒多；S_6=气门积炭；S_7=气门磨损；S_8=活塞环发粘；S_9=气缸磨损。

有如下规则：

Rule 1：IF S_1 THEN $T(0.8,0.5)$

Rule 2：IF S_2 THEN $T(0.6,0.5)$

Rule 3：IF$(S_3,0.5)$and$(S_4,0.5)$OR$(S_5,0.5)$THEN $S_1(0.7,0.5)$

Rule 4：IF$(S_6,0.7)$OR$(S_7,0.4)$OR$(S_8,0.3)$OR$(S_9,0.3)$THEN $S_2(0.9,0.6)$

模糊产生式规则形成的不精确推理网络如图 9.5 所示。S_1、S_2、S_3、S_4、S_5、S_6、S_7、S_8、S_9 为原始事实，其可信度为

$CF(S_3)=0.5$，$CF(S_4)=0.6$，$CF(S_5)=0.4$，$CF(S_6)=0.7$，$CF(S_7)=0.3$，$CF(S_8)=0.8$，$CF(S_9)=0.3$

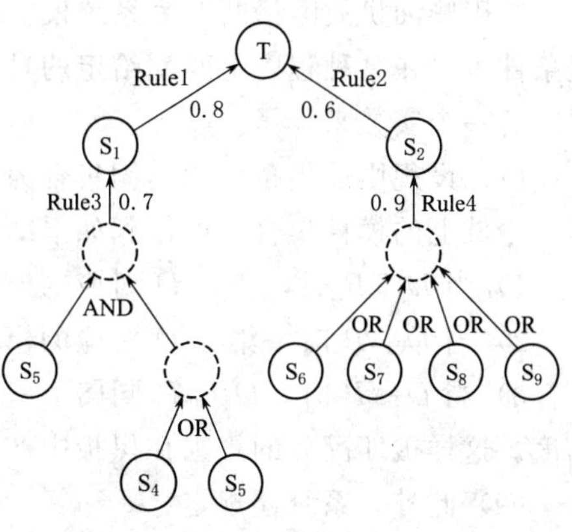

图 9.5 模糊产生式规则形成的不精确推理网络

要想求结论的确定度，必须先求得 $CF(S_1)$

和 $CF(S_2)$，按式（9.15）～式（9.18）分别计算得 $CF(S_1)=0.385$、$CF(S_2)=0.72$。由式（9.19）、式（9.20）计算得 $CF_1(T)=0.308$，$CF_2(T)=0.432$。由式（9.21）有：$CF_{12}(T)=0.607$，所以由此推出结论 T 的确定性因子 $CF(T)=0.607$。

3. 故障原因分析和故障消除措施的正向推理

故障原因分析和故障消除措施的推理过程是从故障类型和事实出发，求得结论的过程，所以采用事实驱动的正向推理，用 Visual Basic6.0 实现正向推理的程序流程如图 9.6 所示。

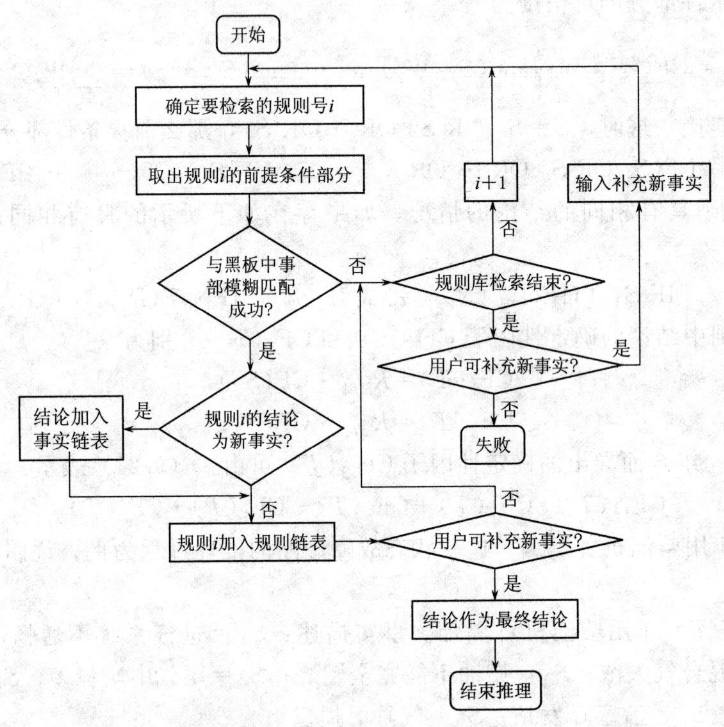

图 9.6　故障原因分析和故障消除措施的正向推理流程

4. 模糊匹配策略

车用柴油机故障诊断专家系统模糊规则的匹配为一种不完全匹配的方式，其规则的前提条件可以在某种程度上匹配给定的具有相同论域的模糊事实，匹配的程度 β 可用 [0,1] 区间的一个实数来表示。

（1）设规则前提条件的模糊集合为 P，与其匹配的事实的模糊集合为 D；P、D 均为同一论域上的模糊集合，可得到如下结论：

1）当 $D\subseteq P$ 时，集合 D 对应的模糊事实完全满足集合 P 对应的规则条件。

2）当 $D\subseteq\overline{P}$ 时，集合 D 对应的模糊事实完全不能满足集合 P 对应的规则条件。

3）当 $D=P$ 时，D 与 P 同属于一个模糊集合，此时 α 为集合 D 对应的模糊事实的可信度。这样被匹配后的规则在黑板中产生一个相应的规则实例，其条件部分的可信度为 β。

（2）此外，系统还规定：

1）当且仅当集合 P 对应的规则条件与集合 D 对应的模糊事实之间的匹配度超过给定阈值（本系统为 0.5），集合 P 与 D 模糊匹配方才有效。

2）当且仅当产生式规则 P' 中的每一个条件均与黑板中的有关事实间的模糊匹配的可信度都大于一个给定的阈值 τ 后，该规则 P' 才称得上与当前黑板中的事实匹配成功，并由此产生它的一个规则实例。

5. 模糊故障诊断专家系统推理机的实现

经过以上工作以后，可采用阈值原则的方式对车用柴油机故障进行模式识别，其过程步骤如下：

（1）给定阈值 λ_1、λ_2，其中规定 $\lambda_1=0.55$ 为假定故障阈值，$\lambda_2=0.75$ 为故障阈值。

（2）当 $\mu_{Yi}>\lambda_2$，则认为故障 Y_i 发生。

（3）当 $\lambda_2>\mu_{Yi}>\lambda_1$，在故障假设集 S 中选出最大的假定故障可信度 μ_{Yj}，采用不确定推理算法进行反向推理，当与黑板中的事实全部模糊匹配成功时，进入下一道推理，否则，应该将未匹配的事实作为推理目标进行补充新事实，再重新进行反向推理。

（4）与黑板中的事实全部模糊匹配成功的故障在下一道推理后，如果得到 $\mu_{Yj}>\lambda_2$，则认为故障 Y_j 发生，否则，判断故障假设集 S 是否为空集，如果不是的话，返回到步骤(3)，重新开始反向推理；相反，则此次模糊故障诊断失败。

6. 模糊故障诊断专家系统推理机应用实例

根据车用柴油机的经验资料和机理分析，车用柴油机“负荷转速不足”有 5 个主要原因，表现出来的征兆有 6 个，见表 9.1。以车用柴油机“负荷转速不足”判断为例，根据模糊关系方程，可以由特征向量和模糊关系矩阵来确定车用柴油机“负荷转速不足”发生的程度，即可信度。

表 9.1　　车用柴油机“负荷转速不足”故障诊断模糊知识

隶属度 故障 / 征兆	气门弹簧断 y_1	喷油头积碳堵孔 y_2	机油管破裂 y_3	喷油过迟 y_4	喷油泵驱动键滚键 y_5
排气过热 x_1	0.6	0.40	0	0.98	0
振动 x_2	0.80	0.98	0.30	0	0
扭转急转 x_3	0.95	0	0.80	0.30	0.98
机油压过低 x_4	0	0	0.98	0	0
机油耗量大 x_5	0	0	0.90	0	0
转速上不去 x_6	0.30	0.60	0.90	0.98	0.95

设用于判断车用柴油机“负荷转速不足”故障程度的参数经模糊量化后的向量为

$$\mu_X=\{0.5,0.3,0,0.25,0.2,0.4\}$$

由表 9.1 可以得到模糊关系矩阵 R，即

$$R=\begin{bmatrix}0.6 & 0.4 & 0 & 0.98 & 0\\ 0.8 & 0.98 & 0.3 & 0 & 0\\ 0.95 & 0 & 0.8 & 0.3 & 0.98\\ 0 & 0 & 0.98 & 0 & 0\\ 0 & 0 & 0.9 & 0 & 0\\ 0.3 & 0.6 & 0.9 & 0.98 & 0.95\end{bmatrix}$$

同时定义权值矩阵 W 为

$$W=\begin{bmatrix}1.05 & 1.0 & 0 & 1.05 & 0\\ 1.0 & 1.0 & 1.0 & 0 & 0\\ 0.95 & 0 & 1.0 & 0.9 & 1.0\\ 0 & 0 & 0.95 & 0 & 0\\ 0 & 0 & 0.95 & 0 & 0\\ 1.1 & 1.0 & 1.0 & 1.0 & 0.95\end{bmatrix}$$

可信度矩阵 R_c 可取为

$$R_c=\begin{bmatrix}0.65 & 0.38 & 0 & 0.95 & 0\\ 0.75 & 0.95 & 0.3 & 0 & 0\\ 0.94 & 0 & 0.8 & 0.3 & 0.95\\ 0 & 0 & 0.95 & 0 & 0\\ 0 & 0 & 0.86 & 0 & 0\\ 0.35 & 0.65 & 0.93 & 0.95 & 0.95\end{bmatrix}$$

令 $M=\{0.70,0.65,0.65,0.85,0.80\}$，由式（9.11）~式（9.14），根据模糊关系方程得结论 μ_Y 为

$$\mu_Y=\{0.52,0.49,0.57,0.76,0.30\}$$

柴油机“负荷转速不足”故障的模式识别中给定阈值 λ_1、λ_2，其中规定 $\lambda_1=0.55$ 为假定故障阈值，$\lambda_2=0.75$ 为故障阈值，显然有 $\mu_{Y3}=0.76>\lambda_2=0.75$，由此可见，车用柴油机“喷油过迟”故障发生的可能性最大，应该对车用柴油机“喷油过迟”故障进行处理。

如出现 $\lambda_2>\mu_{Yi}>\lambda_1$（$i=1,2,3,4,5$），则进行车用柴油机故障的模式识别过程步骤（3）以下推理过程。

9.3 车用柴油机模糊故障诊断专家系统实现问题

9.3.1 车用柴油机故障诊断知识获取

由于车用柴油机的工作过程是一个非常复杂的物理、化学变化过程，而且总是工作在一个不断变化的环境中。不存在一种可以反映发动机整个工作过程的通用模型，同样也不存在一种能准确反映车用柴油机工作状态的特征参数。因此，在故障诊断专家系统中只能采用车用柴油机不同的特征参数来进行不同类型的故障诊断。把车用柴油机分成不同的部分进行局部诊断，虽然可以节省诊断时间，但只适合那些特征参数“超限”型的故障，对于那些特征参数“未超限”且“一因多果”和“一果多因”式故障，效果则不明显。

尽管车用柴油机在试验台上作开发及性能试验时，检测的参数多达 70 余项[9]，然而在实际应用及诊断过程中，不可能将在试验台上测试的参数进行全面测量。为此，就有必要进行优化选择，选择那些能确切反映发动机运行工况及关键性的检测诊断参数。即选“反映确切、管理简便、使用可靠”的检测诊断参数和测试诊断设备。当把诊断过程中缸内的压力作为主要的特征参数进行分析时，虽然它能有效地反映发动机的工作状态，但由于其测量的困难性和对发动机的破坏性（需要在气缸盖上打孔来安装传感器），决定了其

只适用于单机试验，不适合实际的应用。因此这里不选用气缸压力作为特征参数，而是选用其他的发动机检测参数，经试验验证，同样可达到所需的诊断效果。

综合考虑各方面因素，选用八个参数作为诊断的特征参数。

（1）机油压力和温度。车用柴油机运行时，具有相对运动的零件之间以很小的间隙作高速相对运动，如曲轴主轴颈与主轴承，曲柄销与连杆轴承，凸轮轴与凸轮轴轴承，活塞、活塞环与气缸壁，配气机构的各运动副以及正时齿轮副等。而车用柴油机正是在转速高、受力大的情况下工作，充分的润滑对其安全和良好的性能极其重要。因此，机油泵必须能把经滤清的机油经油道供给各零件，并在机油回到油底壳以前也迫使它流经机油冷却器。要为良好的性能提供充足的机油流量，机油泵就必须在供油侧提供充足的压力，稳态供油压力足以诊断机油泵的故障。可以用流经机油滤清器的压差来诊断滤清器故障，用机油温度来诊断机油冷却器故障。

（2）冷却水温度和压力。车用柴油机工作时，高温燃气及摩擦生成的热会使活塞、气缸套、气缸盖、气门、喷油器及火花塞等零件的温度升高，从而引起零件的热变形，降低其机械强度和刚度，破坏润滑油膜；进入气缸的空气（或可燃混合气）由于强烈受热，比容增大，使得实际进入气缸中的气体质量减少。因此，冷却系统的功用是保证车用柴油机在最适宜的温度状态下工作。在车用柴油机以某一特定转速运行时测量冷却水的稳态温度和压力，就可诊断冷却系统的故障。

（3）排气温度和压力。当车用柴油机排气温度异常，表明柴油机的燃油系统有故障。如各缸供油“过多”或“过少”，会使特定气缸的排气温度变化，油品低劣、喷油定时不当、排气受阻等其他一些问题，会使整个排气温度发生变化。如果用快速响应温度传感器测量从每个气缸排出的排气流经排气歧管时的排气温度，就可诊断特定气缸的问题。通过使用压力传感器采集的瞬时排气压力，也就可以诊断气缸的特定问题。

（4）进气歧管压力。进气歧管的压力通常是车用柴油机进气效率的指示，可用来诊断进气系统的故障。涡轮增压发动机一般是在进气歧管内为正压时运转的，通过监测进气歧管压力，就可诊断诸如进气歧管漏气、空气滤清器阻塞及涡轮增压器故障等有关的问题。

（5）供油压力。车用柴油机的主供油系统的喷油泵必须在其运转时以规定的压力向喷油器供油，喷油泵的故障会造成供油不足，继而造成功率损失、缺火或运转粗暴。监测主供油系统压力能很快地找到供油系统故障。

为此，在广泛地搜索和听取车用柴油机领域专家以及熟练维修人员的经验基础上，结合车用柴油机的理论知识与运行环境的实际情况，整理了用于车用柴油机故障诊断所必须的知识，其形式见表 9.2。

表 9.2　车用柴油机故障诊断与维修决策知识

故障	征兆	故障原因	维修措施
……	……	……	……
柴油机过热	使用时突然过热	冷却系统严重泄漏	更换破损器件
		水泵发生故障	水泵进行检修或者更换水泵
		水泵皮带折断	更换水泵皮带
		节温器主阀门脱落并卡在进水管内	更换节温器

续表

故　障	征　兆	故　障　原　因	维　修　措　施
柴油机过热	冷却水不足而过热	排气管出现排水现象	更换气缸垫
		水垢过多	选用水垢清洗剂清洗
		水箱被杂物堵塞	对水箱芯管进行清除修复
柴油机功率不足故障	最大功率不足	喷油泵供油量不足	检修喷油泵
	排气管冒黑烟	进气量不足；燃油系统出现故障	检修进气系统与燃油系统
	柴油机达不到最高转速，最大功率下降	调速器故障或调整不当	检修调速器
……	……	……	……

9.3.2 车用柴油机模糊故障诊断专家系统结构

车用柴油机故障诊断专家系统采用结构化程序设计方法，面向操作人员，在组态软件的基础上，使用 Visual Basic6.0 进行编程，图形界面优美、友好。车用柴油机故障诊断专家系统的结构框图如图 9.7 所示。

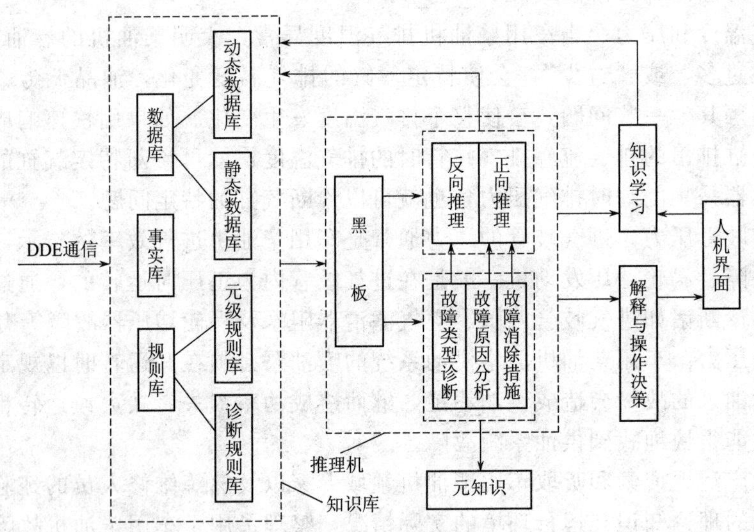

图 9.7 车用柴油机故障诊断专家系统的结构框图

1. DDE 通信实现

DDE 链接可以在设计程序时建立，也可以在运行程序时建立。链接方式有 4 个值可以选择：

[0][对象].LinkMode=0 ‘解除链接。

[1][对象].LinkMode=1 ‘自动链接。

[2][对象].LinkMode=2 ‘手工链接。

[3][对象].LinkMode=3 ‘通告链接。

Visual Basic6.0 是开发 Windows 应用程序的一种面向对象程序设计语言，它支持

Windows 环境下的 DDE 通信机制，并提供了 DDE 的编程接口。在应用程序编制时，TextBox、Label 等控件均可作为客户或服务器进行 DDE 会话，这里简要介绍控件 TextBox 的 DDE 编程接口。TextBox 控件提供了动态数据交换的 LinkMode（连接模式）、LinkTopic（连接主题）、LinkItem（连接项）和 LinkTimeout（连接等待时间）四种属性。

（1）LinkMode。设置 DDE 链接方式，并允许服务器、客户窗体启动 DDE 会话，语法：Object. LinkMode＝number。

（2）LinkTopic。设置 DDE 链接主题，对于服务器只需写出主题，不用写服务器名和项目，对于客户控件用来设置服务器名和主题，语法：Service name|topic。

（3）LinkItem。设置 DDE 链接项目，指示通过 DDE 链接传输的实际数据，只对客户设置 LinkItem 属性。

（4）LinkTimeout。设置 DDE 链接超时，设置等待 DDE 响应消息的时间，若该时间内不能建立 DDE 链接，将产生一个运行错误。

程序如下：

```
text1. LinkMode＝0
text1. Linktimeout＝－1
text1. Topic＝"QYJDDE|Data!"
text1. Item＝"FIC1001_Y1. F_PV"
text1. linkMode＝1
```

2. 故障诊断知识库

运行状态故障诊断知识的多样性和表示方法的差异决定了知识库采用多库结构的组织模式，包括数据库、事实库和规则库。这样可以提高系统工作效率，也便于知识的搜索。各库之间相互独立，一个库的修改不会影响其他的库。

3. 故障诊断推理机

车用柴油机故障诊断的过程主要包括对车用柴油机运行状态参数数据预处理，参数模糊化以及根据状态参数判断故障类型，分析引起故障的原因，最后根据故障类型和原因，并给出故障消除措施。车用柴油机故障诊断的过程化推理按照元知识控制级目标的执行顺序，级目标推理对规则库进行搜索模糊匹配以及过程化推理与级目标推理的结合通过黑板实现。各个级目标根据需要从黑板中调用信息。系统以黑板作为信息传输的介质，以此实现各部分之间的信息交换。在规则的搜索中，采用同一层的规则节点引入竞争机制的有限宽度优先搜索策略，只要有一个节点匹配成功，其他的同层节点就默认失败，然后沿成功节点的分支节点搜索下一层节点，依此类推。这种搜索策略缩小了搜索范围，加快了搜索速度，十分适合于实时推理过程。

4. 软件结构

运行状态监测子系统将各检测点的数据每 5s 为一周期向组态软件数据库传送一次，车用柴油机故障诊断专家系统通过 DDE 服务器与组态软件数据库接受这些动态数据，然后实现对车用柴油机进行故障诊断。

车用柴油机模糊故障诊断专家系统通过利用 Visual Basic6. 0 和 ACCESS 数据库等开发工具进行开发。它由模糊诊断模块、知识库维护以及系统帮助三个模块组成。在给定阈值的情况下，利用不确定性推理理论对车用柴油机典型故障进行诊断分析，并给出操作策略。Visual Basic6.0是支持面向对象的高级程序设计语言，比传统的专用专家系统生成工具更具有通用性和可移植性，而且设计出的人机界面功能强大、界面友好，同时支持多种数据库的应用。诊断界面由对话框组成，利用DAO（Data Access Object）访问数据库技术设计了该系统，并通过人机对话实现诊断。

5. 专家系统的解释功能

解释与操作决策功能是故障诊断专家系统推断结论对使用者的说明，包括故障报警、对故障的处理办法。用各种符号及逻辑语对使用者解释说明则过于公式化。因此，解释是将由符号及逻辑语组成的结论翻译成简练的专业术语的语言形式的文字描述。解释后的语句通过操作决策的形式发布给使用者。若系统发生故障，软件自动切换到故障诊断界面将故障诊断报告显示给专家系统的使用者。

6. 车用柴油机模糊故障诊断专家系统应用

为了验证车用柴油机模糊故障诊断专家系统的有效性，在尽量不破坏车用柴油机的前提下，在14个部件上人为地制造“难以启动”“负荷转速不足”“燃油消耗大”“柴油发动机过热”等典型故障，系统实验的部分诊断结论见表9.3。

表9.3　故障诊断专家系统部分诊断结果

故障类型	典型故障部位		诊断结论
	系统级故障	部件故障	
难以启动	进气系统	空气滤清器堵塞	一致
机油压力异常	机油油路系统	机油管破裂	一致
负荷转速不足	燃油油路系统	喷油器故障	一致
燃油消耗大	燃油油路系统	喷油泵故障	一致
柴油发动机过热	冷却系统	水泵皮带折断故障	不一致
……	……	……	……

运行该诊断系统，实验结果表明，车用柴油机模糊故障诊断专家诊断结果与实际情况相一致，故障诊断的准确率仍然高达86%，但在某些故障原因诊断时却出现了一定的误诊，其原因来自以下两个方面：

（1）该两种典型故障与特征参数之间的模糊关系矩阵确定时，专家经验的误差。

（2）修正该模糊关系矩阵的权系数矩阵确定时存在不合理的因素。

因此，建议采纳和吸收更多的车用柴油机领域专家以及经验丰富的维修人员的知识与经验，在以后对模糊关系矩阵以及权系数矩阵确定时，尽量做到真实反映它们之间的关系。

车用柴油机模糊故障诊断专家系统应用结果表明，该模糊故障诊断专家系统的知识库是基本合理的，推理机制是快速高效的，车用柴油机故障诊断专家系统已具备了较高地诊断能力。通过对知识库的进一步完善修改，可进一步提高车用柴油机故障诊断的准确率，这将不仅可以减少不必要的人力、物力上损失，而且能使更多的维修人员具有该领域专家的分析判断车用柴油机故障的水平。

本 章 参 考 文 献

[1] 王永庆. 人工智能原理与方法（修订版）[M]. 西安：西安交通大学出版社，2018.

[2] 钟义信. 高等人工智能原理——观念·方法·模型·理论 [M]. 北京：科学出版社，2014.

[3] 刘白林. 人工智能与专家系统 [M]. 西安：西安交通大学出版社，2012.

[4] 许驹雄，李敏波，刘孟珂，等. 发动机故障领域知识图谱构建与应用 [J]. 计算机系统应用，2022，31（7）：66-76.

[5] 张俊红，孙诗跃，朱小龙，等. 基于改进卷积神经网络的柴油机故障诊断方法研究 [J]. 振动与冲击，2022，41（6）：139-146.

[6] 王欣伟，程德新，张军，等. 柴油机 DPF 系统失效故障特征分析 [J]. 兵器装备工程学报. 2022，43（2）：229-234，273.

[7] 刘有才，刘增良. 模糊专家系统原理与设计 [M]. 北京：北京航空航天大学出版社，1995.

[8] 李士勇，李研. 智能控制 [M]. 北京：清华大学出版社，2021.

[9] 戴宗圣. 车用柴油机测试技术 [M]. 济南：山东工业大学出版社，1985.

第 10 章　铜精炼炉神经网络故障诊断专家系统

铜火法精炼过程是一个涉及化学反应、传热、传质、流体流动的复杂过程，其生产具有多变量、非线性、强耦合和大惯性[1-2]，故偏离正常工况的炉况故障时常发生[3]。而良好的炉况故障诊断专家系统能通过大量的铜精炼炉运行状态信息对其进行实时炉况故障诊断及报警，这将有利于操作人员及时做出相应的调整措施来提高铜精炼炉运行状态的可靠性和安全性，从而提高铜冶炼产品的国际竞争力。因此，如何实现对铜精炼炉智能故障诊断，已成为铜精炼炉中亟待解决的问题之一。

10.1　铜精炼炉神经网络故障诊断专家系统知识库

铜精炼炉神经网络故障诊断专家系统知识库设计包括知识的获取和知识的存储两个过程。知识的获取表现为训练样本的获得与选择，训练样本来源于铜精炼炉在正常运转时和带故障运行时的各种特征参数；训练样本的选择应遵循两条原则：①相容性，即样本之间不能有冲突；②遍历性，即样本具有代表性。

与将故障诊断知识以规则等形式显式地存储在知识库中的传统专家系统不同，铜精炼炉神经网络故障诊断专家系统采取完全不同的知识存储方法：即将诊断知识隐式地分散存储在神经网络的各项连接权值和阈值中。从下面的三条定理可以看出，这种隐式地分散存储知识方法可以有效地解决传统专家系统在运行过程中出现的知识容量与运行速度的矛盾[4-5]。

定理 1：由 N 个神经元组成的神经网络的信息表达能力上限为　$C\leqslant(N-1)^2N$。

定理 2：由 N 个神经元组成的神经网络的信息表达能力下限为　$C\geqslant N^3/24$。

定理 3：任意由 N 个输入向量构成的任何布尔函数的前向神经网络实现所需权系数数目为　$W\geqslant N/(1+\log_2 N)$。

如果采用传统故障诊断专家系统进行诊断时有 10000 条规则，如用神经网络来构造该专家系统，由定理 1 知道要完全表达这些规则至少需 23 个神经元；由定理 2 可知，用 63 个神经元就能确保储存这些规则；由定理 3 可知，如采用 BP 神经网络则至少需要 700 个连接权系数，即采用的 BP 网络输入神经元数目为 25 个，输出神经元数目为 10 个，隐含神经元数目取为 20 个时，就完全可以实现这种 10000 条规则的储存。

10.1.1　铜精炼工艺过程

铜精矿经闪速炉熔炼，除去精矿中的脉石和部分硫、铁，产出铜锍（Cu+Fe+S 约占

80%～95%），铜锍由包子吊车装入转炉，进行送风吹炼，吹炼完毕所得到的转炉产物为粗铜（其品位大概为98.5%），熔融态粗铜再装入铜精炼炉，进行精炼，所得到的产物为阳极铜，金、银等贵金属熔于阳极铜中[6]。

从转炉生产出来的粗铜中除了含有硫以及较高的氧外，还往往含有的多种伴生金属杂质，如As、Sb、Bi、Pb、Zn、Ni、Co、Se、Te、Ge以及Au、Ag，铂族金属等。一般吹炼的粗铜含铜量在98.0%～99.3%范围内波动，杂质总量仍高达0.7%～2.0%。而电解精炼一般要求阳极铜含铜品位在99.0%～99.5%或者以上，杂质总量限制在0.5%～1.0%，并且对于某些特别像As、Sb、Bi等有害的杂质的限制更严。

火法精炼的目的是除去粗铜中的部分杂质，为电解精炼提供优质的阳极板。火法精炼为周期性作业，按作业过程所发生的物理化学变化的特点来说，大致可分为加料、保温、氧化、还原和浇铸五个过程，其中氧化过程与还原过程为主要过程[7]。

1. 保温过程

转炉吹炼过程是一个只需鼓入大量空气、不要其他燃料燃烧供热的自热过程，到了吹炼终点附近时，由于欠吹或者过吹，往往导致加入铜精炼炉的粗铜熔液温度范围为1110～1120℃，达不到氧化要求（或者转炉吹炼出来的粗铜量不够，必须待料），必须在铜精炼炉内靠重油燃烧供热升温，这不但加重了铜精炼炉的能耗，也不利于铜冶炼工艺过程的强化，但这往往不可能避免。

2. 氧化过程

氧化过程是在保温过程结束后进行的：将2个包有耐火材料的氧化风管插入粗铜熔液中并鼓入氧化空气造成较强的氧化气氛，使入炉粗铜中的各种杂质转化为氧化态，进而以挥发或造渣的形式除去，同时向炉膛内喷入重油及助燃空气，在炉膛内燃烧供热，使之升温。

粗铜中有害杂质的除去主要取决于氧化过程。氧化精炼的基本原理在于粗铜中多数杂质对氧的亲和力都大于铜对氧的亲和力，且杂质氧化物在铜中的溶解度很小。当氧化空气鼓入粗铜熔液中时，杂质便优先被氧化除去。但铜是粗铜熔液的主体，杂质浓度较低，根据质量作用定律，首先氧化的是铜：

$$4Cu+O_2=2Cu_2O$$

生成的Cu_2O立即溶于铜液中，在与杂质金属Me接触的情况下氧化杂质：

$$[Cu_2O]+[Me]=2[Cu]+[MeO]$$

由于粗铜熔液中铜的浓度很大，故可以认为铜的活度$\alpha_{(Cu)}=1$，则上式平衡常数K为

$$K=\frac{\alpha_{(MeO)}}{\alpha_{(Cu_2O)}\alpha_{(Me)}}$$

考虑到杂质金属Me的活度$\alpha_{(Me)}$、活度系数$\gamma_{(Me)}$以及在铜液中的极限浓度$N_{(Me)}$满足以下关系：

$$\alpha_{(Me)}=\gamma_{(Me)}\cdot N_{(Me)}$$

因此，可以得到杂质金属Me在铜液中的极限浓度$N_{(Me)}$的表达式为

$$N_{(Me)}=\frac{\alpha_{(MeO)}}{K\cdot\alpha_{(Cu_2O)}\cdot\gamma_{(Me)}}$$

由此可见，铜液中杂质金属 Me 的极限浓度 $N_{(Me)}$ 与铜液中 Cu_2O 的活度、该杂质的活度系数以及平衡常数成反比，这就要求 Cu_2O 在铜液中始终保持饱和状态和大的 K 值。考虑到杂质氧化为放热反应，温度升高时 K 值变小，所以氧化精炼时温度不宜太高，一般保持在 1150～1170℃，此时饱和 Cu_2O 含量在 8%～10%，以求保证杂质的氧化。此外，铜液中杂质金属 Me 的极限浓度 $N_{(Me)}$ 与渣中该杂质氧化物活度成正比，故必须对铜精炼炉及时扒渣，以降低渣相中杂质氧化物的活度。

氧化过程还与炉气分压，杂质及其氧化物的挥发性、比重、造渣性能及熔池搅动情况等因素有关。Cu_2O 在氧化精炼过程中起着氧化剂或氧的传递者的作用。

3. 还原过程

还原过程是在氧化过程结束并排完渣后进行的：铜精炼炉的还原操作是在还原性气氛中进行的，当氧化过程结束后，氧化过程中所使用的氧化风管由吹入氧化空气切换为吹入液化石油气（以下简称液化气），此时燃烧器停止向炉内供应重油，逸出铜液表面的液化气以及裂解可燃气体在铜精炼炉炉膛内与继续供给的助燃空气发生燃烧反应，同时向还原过程的铜液供热，使之升温。此过程中粗铜熔液温度保持在 1170～1210℃，以求保证杂质的还原。

在铜中含有 0.6%～1.0%的氧，约相当于 6%～9% Cu_2O。此 Cu_2O 在温度降低时将析出。因此，在浇注阳极板以前必须进行还原作业，以消除过多的氧，使之符合规范。液化石油气的主要成分为各种碳氢化合物，高温下分解为 H_2 与 CO。因此，液化石油气还原实际上是 H_2 与 CO 对 Cu_2O 还原。

$$Cu_2O+H_2 = 2Cu+H_2O \qquad Cu_2O+CO=2Cu+CO_2$$

氢还原始于 248℃，在精炼温度下进行得极剧烈。在 Cu_2O 饱和的铜液中可视为 Cu_2O 的活度 $\alpha_{(Cu_2O)}=1$，铜的活度 $\alpha_{(Cu)}=1$，氢还原的平衡常数 K_{P1} 为

$$K_{P1}=p_{H_2}/p_{H_2O}=10^{-4.1} \quad (1050℃)$$

式中：p_{H_2} 为混合气体中 H_2 所占的分压；p_{H_2O} 为混合气体中水蒸气所占的分压。

可见，混合气体中只要少量的氢，还原就可以进行。

一氧化碳还原反应的平衡常数 K_{P2} 为

$$K_{P2}=\frac{p_{CO}[Cu_2O]}{p_{CO_2}[Cu]^2}$$

式中：p_{CO} 为混合气体中 CO 所占的分压；p_{CO_2} 为混合气体中 CO_2 所占的分压。

10.1.2　常见铜精炼炉热工参数异常状况

铜精炼炉在运行过程中的携带丰富信息的动态信号为其智能故障诊断提供了有利的先决条件。而目前炉况的好坏均由人工确定，由于操作人员个人素质的差异，这将在较大程度上不可避免地产生误判的现象。为了真正实现铜精炼炉智能故障诊断，在广泛地搜索和听取铜精炼领域专家以及熟练操作人员的经验基础上，结合铜精炼过程的理论知识与实际情况，得到了如图 10.1 所示的铜精炼炉故障与相应征兆的联系。

10.1.3　基于神经网络的知识获取

铜精炼炉神经网络故障诊断专家系统的知识获取，就是使得在同样输入条件下，神经

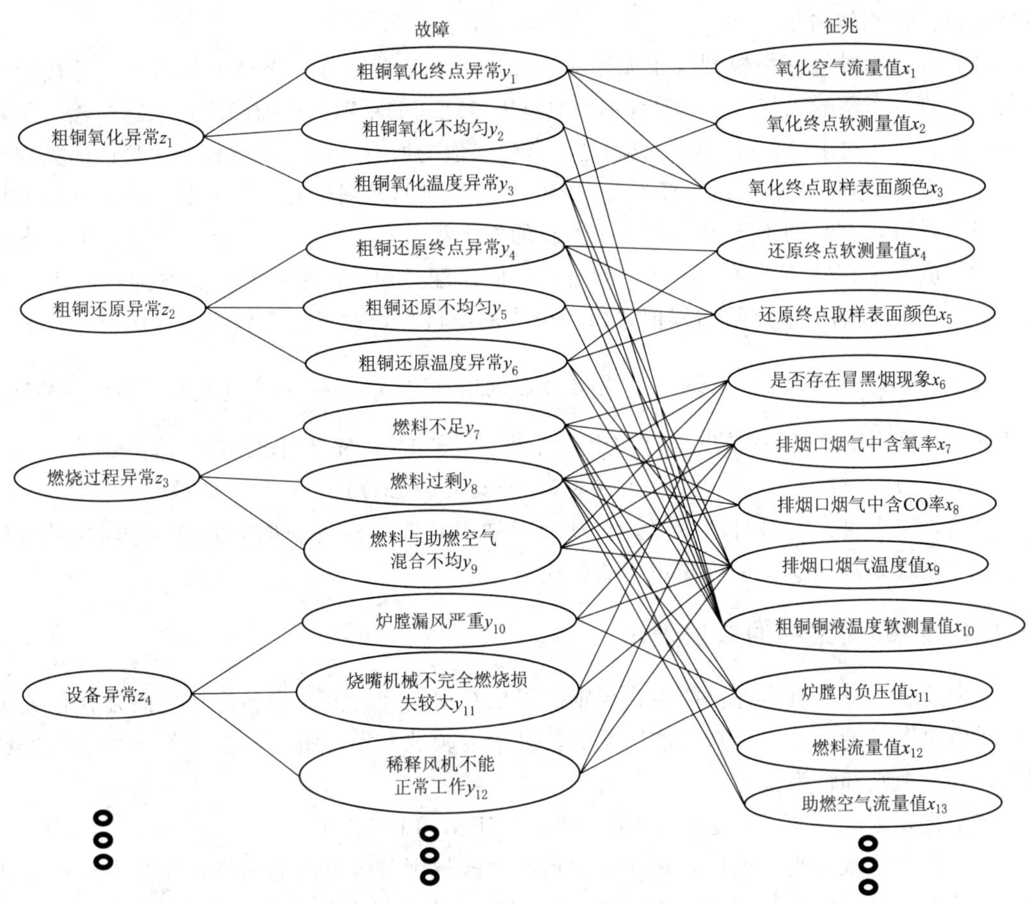

图 10.1 铜精炼炉故障与相应征兆的联系

网络能够获得与专家给出的解答尽可能相同的输出。从而使该网络具有与专家解决此类领域问题相似的能力，即神经网络具有了专家知识，其智能行为在生物学上表现为神经元之间连接权重的变化，其知识获取的步骤是：①初始化领域知识，收集有关领域知识的形式化和测试样本集，或者将领域知识形式化；②初始化神经网络，按转译规则，将形式化知识转化为神经网络所用的编码形式，确定网络结构，即网络的输入和输出；③神经网络学习；④神经网络测试。

知识可以形式化具体的实例，神经网络对这类知识容易获取。首先确定神经网络的模型及拓扑结构，按照选定的学习算法，对样本进行学习，从而调整神经网络的连接权值，完成知识的自动获取。常用的网络模型是多层前馈神经网络模型和自组织神经网络模型。

（1）多层前馈神经网络模型是有导师学习的典型网络，样本经过归一化处理后，组成数值化的样本集。在学习过程中，对整个训练样本集，根据神经网络的实际输出值和期望输出值之间的误差调整网络的权值，知道误差的均方值小于某一预定的极小值，网络达到稳定。此时，神经网络就从这些数值化的偶对所表示出来的经验中获得了知识，并将知识分布存储在网络中。网络的基本算法是：①将全部权值与结点的阈值预置为一个小的随机值；②加载输入矢量 $\boldsymbol{X}$ 和输出矢量 $\boldsymbol{T}$；③计算实际输出矢量 $\boldsymbol{T}$；④达到误差精度或循环次数后退出，否则转向步骤②。

（2）自组织神经网络模型属于无导师学习，网络接受来自外界环境的输入，并按照预设的门限值，考察输入与所有存储样本类典型矢量之间的距离，从而确定这个新的输入是否属于网络已存储的样本类别，对距离超过参考门限值的所有样本类，选择最为相似的类别作为该样本的代表类，然后把这个样本按一定的学习规则归并到该类别样本里。若距离都不超过参考门限值，则在网络输出端设立一个新的样本类节点，并建立一个与该样本类节点相连接的权值，来存储该类样本，便于参与以后的匹配过程。网络的基本算法为：①将 n 个输入节点到 m 个输出节点间的权值置以一个小的随机数，设置一个较大的邻居范围；②加输入矢量；③计算输入 x_i 到每一个输出节点间的距离 d_j：$d_j=\sum_{i=0}^{n-1}[x_i(t)-w_{ij}(t)]^2$；④选择具有最小距离 d_j 的节点 j^* 作为输出节点；⑤修改 j^* 邻结点之间的权值：$w_{ij}(t+1)=w_{ij}(t)+\eta(t)[x_i(t)-w_{ij}(t)]$，其中 $0\leqslant i\leqslant n-1$，$0<\eta(t)<1$；⑥转步骤②。

显然，二者都是通过自动学习，自动完成知识获取。前者获取的是已知样本的知识，后者可以获取新的知识，进行知识库的扩充。

10.1.4 神经网络中的知识表示

知识的表示形式有多种，产生式规则的提出是根据客观世界中各客体之间存在依赖关系的实质而形成的。它表示知识准确灵活，易于被领域专家理解，有充分的能力表达领域相关的推理规则和行为。

产生式规则的基本形式是：$A\rightarrow B$，或者：IF A THEN B

其中，A 是产生式规则的前提，用于指出该产生式规则是否可用的条件；B 是一组结论或操作，用于指出当前提 A 所指示的条件被满足时，应该得出的结论或应该执行的操作。

例如，R2：IF 稀释后的排放烟气温度过高 and 烟气中含氧率较高 and 烟气中冒黑烟 THEN 稀释风机损坏。其中，R2 是该产生式规则的编号，“稀释后的排放烟气温度过高 and 烟气中含氧率较高 and 烟气中冒黑烟”是前提 A；“稀释风机损坏”是结论 B；“稀释后的排放烟气温度过高”“烟气中含氧率较高”“烟气中冒黑烟”“稀释风机损坏”都可称为事实。

巴科斯范式（backus normal form，BNF）给出了产生式的形式描述及语义：

<产生式>::=<前提>→<结论>

<前提>::=<简单条件>|<复合条件>

<结论>::=<事实>|<操作>

<复合条件>::=<简单条件>AND<简单条件>[(AND<简单条件>…)]|<简单条件>OR<简单条件>[(OR<简单条件>…)]

<操作>::=<操作名>[(<变元>…)]

本故障诊断专家系统在采用产生式规则表示知识的基础上，提出二元化产生式规则的知识表示方法。

一个一般的产生式规则可表述为

IF {<条件 1><条件 2>…<条件 n>} THEN {<结论 1><结论 2>…<结论 n>}

一个具有“或”的条件关系的产生式规则是可分解的，如产生式：

IF{＜条件 1＞OR＜条件 2＞}THEN{＜结论＞}

可分解为　IF{＜条件 1＞}THEN{＜结论＞}或 IF{＜条件 2＞}THEN{＜结论＞}

因此，将产生式中的条件关系规定为“与”关系。

一个具有多个结论的产生式规则也是可分解的，如产生式：IF{＜条件＞}THEN{＜结论 1＞＜结论 2＞}

可分解为　IF{＜条件＞}THEN{＜结论 1＞}或 IF{＜条件＞}THEN{＜结论 2＞}

因此，规定产生式中的结论部分只有一个结论。

标准的产生式规则形式如下所示（∧表示关系“与”）：

$$\text{If}\quad a_1 \wedge a_2 \wedge \cdots \wedge a_n \text{ then } d$$

通过增加中间节点，一个复杂的规则前提中总能保持只含两个事实节点。标准的产生式规则形式二元化流程如图 10.2 所示，其表示形式如下：

$$\text{If}\quad a_1 \wedge a_2 \text{ then } d_1$$

$$\cdots\cdots$$

$$\text{If}\quad d_{n-2} \wedge a_n \text{ then } d$$

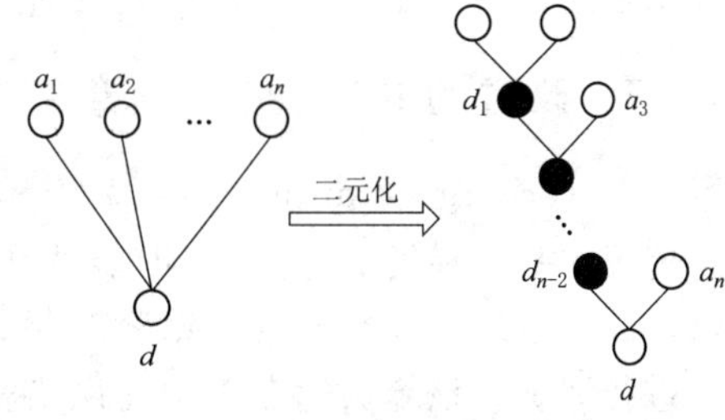

图 10.2　知识二元化流程

10.1.5　量化模块设计

对于神经网络而言，将逻辑化的自然语言转换成数值的形式，存储在神经网络中，这就是编码。反之，将数值的形式再转换成用户熟悉的自然语言，就是解码。基于上述二元产生式规则的知识表达方式，本书提出了一种二进制编码方案。

设问题空间中知识的论域为 U，$U=\{f_i \mid i=1,2,\cdots,m\}$，对产生式规则而言，$f_i$ 表示第 i 个事实，m 为事实的个数。在二元化产生式规则后，集合 U 中的事实发生了变化，$U=\{f_j \mid j=1,2,\cdots,m,m+1,\cdots,n\}$，$m+1,\cdots,n$ 为增加的事实个数。

设事实的码长为 k，则 $k=\mathrm{I}[\log_2 n]$，$\mathrm{I}[\log_2 n]$ 的含义是取大于或等于 $\log_2 n$ 的最小整数。这样，规则经过量化后，前提和结论都变为二进制码串形式。

前提：$\underbrace{0\,0\cdots 1\,0\,1\cdots 1}_{2^{k+1}\text{个}}$　　结论：$\underbrace{0\,0\cdots 0\,0\,1}_{2^k\text{个}}$

量化后，知识经过学习训练可以存储在神经网络中。

要完善一个系统，因此要考虑知识扩充的问题。而知识的扩充会给系统带来一些新的问题，如知识的重新编码及训练，神经网络的具体结构发生变化。针对这些问题，对编码方案提出改进：确定编码空间，留出一定的码空间来给新增加的知识进行编码。如系统知识的数量不多于 2^{10}，则单个事实的编码为 10 位二进制数，不足 10 位的码前面补零，这样，有新增知识时，按照顺序编码的方式将码位往前移即可。

10.1.6　知识库模块设计

BP 神经网络是一单向传播的多层前向网络，网络除输入输出节点外，有一层或多层的隐含节点，同层节点之间没有耦合。输入信号从输入节点，依次传过各隐含节点，然后再传到输出节点，每一层节点的输出只影响到下一层节点的输出。节点的激活函数必须是可微的、非减的，通常取为 S 型函数。BP 神经网络通过误差反向传播算法自动学习内部表达（即各节点之间的连接权值及隐节点与输出节点的阈值），整个训练过程为：首先神经网络当前的内部表达，对样本输入模式做前向计算，然后比较神经网络的实际输出与期望输出之间的误差，若误差小于某规定值，则训练结束；否则将误差信号按原有的通路反向传播，逐层调节权值和阈值。如此前向和反向传播反复循环，直到误差达到精度要求。

神经网络一旦训练结束，连接权值和阈值便不再变化，此时若给神经网络一新的输入，神经网络则按照前向计算得到相应输出。

BP 网络可看成是一个输入到输出的高度非线性映射，即 $F: R^n \rightarrow R^m$，$f(X)=Y$。对于样本集合：输入 $x_i(\in R^m)$，可以认为存在一个映射 g 使 $g_i(x_i)=y_i$ $(i=1,2,\cdots,n)$。现要求一映射 f，使得在最小二乘意义下，f 是 g 的最佳逼近。神经网络通过对简单的非线性函数进行多次复合，可近似复杂函数。

10.1.7　改进的 BP 网络学习算法

1. Leverberg _ Marquardt 算法

传统的基于梯度下降法的 BP 算法在求解实际问题时，常因收敛速度太慢而影响求解质量，故铜精炼炉神经网络故障诊断专家系统采用基于数值优化的 Leverberg _ Marquardt 算法进行训练。该算法优点在于在网络权值数目较少时收敛非常迅速。Leverberg _ Marquardt 算法可描述为

$$f(p^{(k+1)})=\min_{\alpha} f[p^{(k)}+\alpha^{(k)}p(x^{(k)})] \tag{10.1}$$

$$p^{(k+1)}=p^{(k)}+\alpha^{(k)}s(p^{(k)}) \tag{10.2}$$

式中：$p^{(k)}$ 为模型中的所有权值和阈值组成的向量；$s(p^{(k)})$ 为由 p 各分量组成的向量空间的搜索方向；$\alpha^{(k)}$ 为在 $s(p^{(k)})$ 方向上使 $f(p^{(k+1)})$ 达到极小的步长。

网络权值寻优可分两步：①确定当前迭代的最佳搜索方向；②在最佳搜索方向上寻求最优迭代步长。

2. Variable Learning Rate 算法

学习率 η 也称为步长，在标准 BP 算法中定为常数。但在实际应用中，很难确定一个自始至终都适合的最佳学习率。从误差曲面看，在平坦区域内 η 太小会使训练次数增加，希望增大 η 值；在误差变化剧烈的区域，η 太大会因调整量过大使训练出现震荡，使迭代次数增加。为了加速收敛过程，一个较好的思路是自适应改变学习率，使其该大时增大，该小时减小。如：设一初始学习率，若经过一批次权值调整后使总误差 $E_{总}\uparrow$，则本次调整无效，且 $\eta=\beta\eta$ $(\beta<0)$；若经过一批次权值调整后使总误差 $E_{总}\downarrow$，则本次调整有效，且 $\eta=\theta\eta$ $(\theta>0)$。

在铜精炼炉神经网络故障诊断专家系统中，分别采用了以上两种改进的 BP 算法进行网络训练，取得了较好的结果。

10.1.8　知识库的组建

对于一个问题领域而言，当其知识库比较小时，用一个神经网络就可能记忆知识；但

对于铜精炼炉炉况故障诊断来说，由于知识是复杂多样的，因此可以考虑用多个神经网络来记忆知识，这样，既考虑了神经网络的存储容量，又能很好地记忆知识。由此可见，有必要对简单的神经网络结构进行改进，建立一种含有多个子神经网络的铜精炼炉神经网络故障诊断专家系统，具体步骤为：①分析铜精炼炉故障知识结构以确定神经网络结构模型；②依次确定各个子网络的训练样本，并分别进行训练，获得各自的连接权值和阈值；③存储连接权，形成知识库。

通过神经网络学习模块得到并存储在铜精炼炉神经网络故障诊断专家系统知识库中有关网络结构、权值构成等知识属于系统获取的元知识，为推理判断提供信息。

由图 10.1 可知，铜精炼炉神经网络故障诊断专家系统至少包括粗铜氧化终点异常在内的 16 个子系统，以及包含粗铜氧化异常、粗铜还原异常、燃烧过程异常以及设备异常等四个故障模块，根据这种知识结构，可以依照如下步骤设计铜精炼炉神经网络故障诊断专家系统的结构：

(1) 建立故障子网络。以粗铜氧化异常故障模块中粗铜氧化终点异常、粗铜氧化不均匀、粗铜氧化温度异常 3 个子网络建立为例进行说明。粗铜氧化终点异常子网络包括 4 个输入神经元，1 个输出神经元，隐含神经元可以取为 3 个；粗铜氧化不均匀子网络包括 2 个输入神经元，1 个输出神经元，隐含神经元可以取为 1 个；粗铜氧化温度异常子网络包括 4 个输入神经元，1 个输出神经元，隐含神经元可以取为 3 个。以上 3 个子网络图分别如图 10.3～图 10.5 所示。

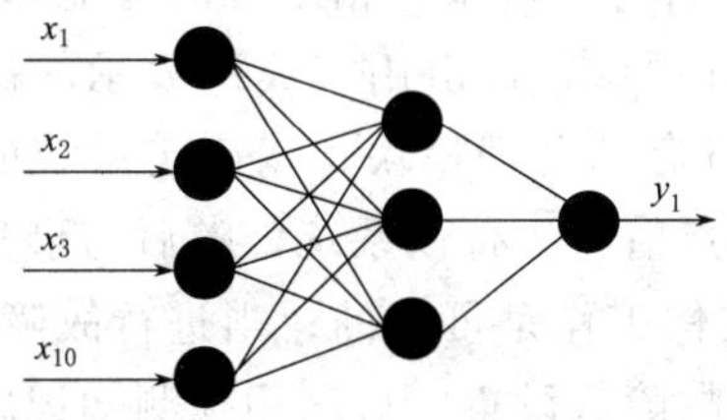

图 10.3 粗铜氧化终点异常子网络

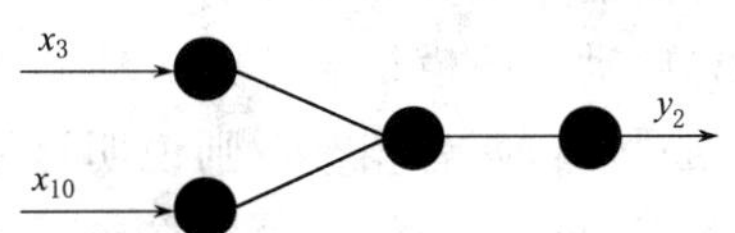

图 10.4 粗铜氧化不均匀子网络

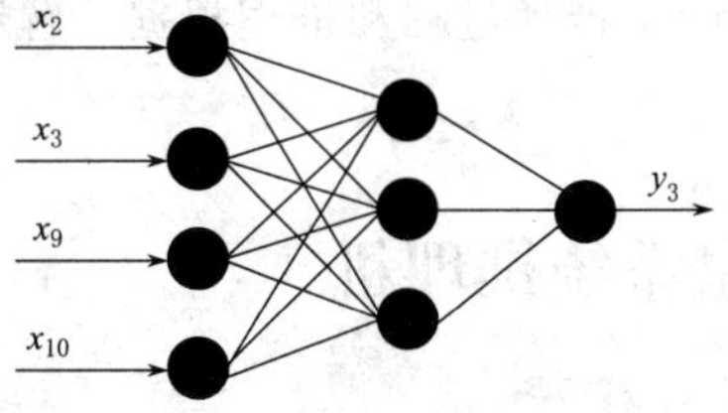

图 10.5 粗铜氧化温度异常子网络

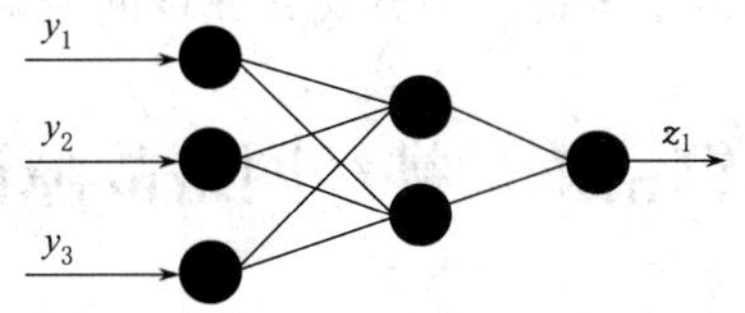

图 10.6 粗铜氧化异常故障块

(2) 建立故障模块子网络。同样以粗铜氧化异常故障模块子网络建立为例进行说明。粗铜氧化异常故障模块子网络有 3 个输入神经元，1 个输出神经元，隐含神经元可以取为 2 个，其结构如图 10.6 所示。

同理可以建立铜精炼炉神经网络故障诊断专家系统中其他子网络。

至此，基于二元化产生式规则的知识表示方法，铜精炼炉神经网络故障诊断专家系统知识库可以按照以上方法进行构造，神经网络的拓扑结构与多层前向传播网络结构一致，学习算法采用基于数值优化的 Leverberg _ Marquardt 算法，经训练后的连接权值和阈值矩阵即为神经网络专家系统的知识库。神经网络专家系统将知识隐式地分散存储在神经网络的各项连接权值和阈值中。

10.1.9 浅知识与深知识相结合

在本节前面介绍的知识库内容主要是针对浅知识（Shallow Knowledge，即领域专家的经验知识），该知识是神经网络故障诊断专家系统发展初期所广泛采用的模式，随着神经网络故障诊断专家系统的发展，深知识（Deep Knowledge，即诊断对象的结构、性能和功能性知识）也逐渐得到应用。在铜精炼炉故障诊断中，通常采用浅知识与深知识相结合的混合知识模型，利用混合知识模型进行诊断，其思路一般都是先利用浅知识推理形成诊断焦点，再用深知识进行确认，然后产生精确的解释。

由于深知识是针对某一种具体的诊断对象的，不同的诊断对象建立的深知识模型会截然不同，因而很难讨论一般的模式。铜精炼炉是一个庞大、复杂的系统，它的故障是铜冶炼企业产生事故的极大隐患，若不能及时修复处理，会给铜精炼炉正常运行的安全直接造成威胁。但是由于铜精炼炉的复杂性，导致故障识别困难，这时需要较多的启发性知识，并以逻辑判断为主，而是设备故障往往还与非常规的机电元件有关，这就需要涉及电磁阀控制原理较深层的知识，可见，该系统适合采用混合知识模型建立的专家系统来进行诊断。

铜精炼炉神经网络故障诊断专家系统是神经网络与专家系统相结合的智能诊断系统，其诊断方法是通过由神经网络（利用浅知识）进行预诊，再由用字典法表示的深知识确诊。系统的功能原理大致如下：用户通过人机接口启动管理模块，以确定系统的工作状态，当首先启动自检模块后，则自动输入典型检测点值并运行该系统，随后与事先设定的诊断结果相对照，两者相符，则说明该系统软、硬件工作是可靠的；当进行故障诊断时，从所有检测点获得检测信息，建立非正常检测点的故障假设集，再利用检测知识库判断检测点值是否正常，如有故障，送至动态数据库或相应的人工神经网络（ANN）进行浅层推理，如不成功，就转入深层知识库进行规则逻辑推理，这样，最终得到故障部位、可能原因和维修策略，送至人机接口和解释器，解释器给出推理过程和推理根据，解释用户的提问，并以系统询问的方式补充诊断所缺少的信息。

10.2 铜精炼炉神经网络故障诊断专家系统推理机

推理机是铜精炼炉神经网络故障诊断专家系统的组织控制结构，它根据当前的输入数据，运用知识库中的各种知识，按一定的策略进行推理，以达到要求的目标。在推理机的作用下，一般用户能够如同领域专家一样解决某一领域的困难问题。

10.2.1 推理机制及控制策略研究

在设计铜精炼炉神经网络故障诊断专家系统推理机时应考虑推理方法、推理方向和控制策略等方面。

1. 推理方法

铜精炼炉神经网络故障诊断专家系统推理方法分为精确推理和不精确推理两种：

（1）精确推理。所谓精确推理就是把领域知识表示为必然的因果关系，推理的前提和推理的结论或者是肯定的，或者是否定的，不存在第三种可能。在这种推理中，一条规则被激活的条件是它的前提全都为真。

（2）不精确推理。由于在铜精炼炉运行过程中，热工状态参数的特征并不总是表现出明显的是与非，同时还可能存在着其他的原因，如概念模糊、知识本身存在着可信度问题等，因而使得铜精炼炉神经网络故障诊断专家系统中往往要使用不精确推理方法。常用的不精确推理模型有：确定性理论、主观 Bayes 方法、可能性理论、证据理论和模糊逻辑。这些方法的基本思想是给各个不确定的知识某种确定性因子。在推理过程中，以某种算法计算各中间结果的确定因子，并沿着推理链传播这种不确定性，直到到达结论。当结论的确定性因子超过某个阈值后，结论便成立。这些处理方法把人类不确定的“预感性”推理定量化，变成数字计算机可解决的问题，这将使得铜精炼炉神经网络故障诊断专家系统具有相当于人类专家水平的问题求解能力。

2. 推理方向

在铜精炼炉神经网络故障诊断专家系统中，其推理方向有三种：正向（或前向）推理、反向（或后向）推理及正反向混合推理。

（1）正向推理。正向推理是指从已知的事实出发向结论方向进行推导，直到推出正确的结论。这种方式又称为事实驱动方式。大体过程是：系统根据用户提供的原始信息与规则库中的前提条件进行匹配，若匹配成功，则将该知识部分的结论作为中间结果，利用这个中间结果继续与知识库中的规则进行匹配，直至得出最后结论。

与其他推理方式相比，正向推理简单，容易实现。但在推理过程中常用到回溯，从而推理速率较慢，且目的性不强，不能反推。

（2）反向推理。所谓反向推理是指先从知识库中选择一条知识作为假设，然后寻找支持该假设的证据或事实来验证这种假设的真假性，当用户提供的数据与系统所需要的证据完全匹配成功时，则推理成功，所做的假设也得到了证实。这种推理方式也称为目标驱动方式，与正向推理相比，反向推理具有很强的目的性。

反向推理一般用于验证某一特定规则是否成立。比如，在动物识别专家系统中，就可采用反向推理，先假设是某种动物，然后一一验证是该动物的证据。

（3）正反向混合推理。所谓正反向混合推理是指根据给定的原始数据或证据（这些数据或证据往往是不充分的）向前推理，得出可能成立的结论，然后，以这些假设为结论，进行反向推理，寻找支持这些假设的事实或证据。

正反向推理一般用于以下情形：已知条件不足，用正向推理不能激发任何一条规则；正向推理所得的结论可信度不高，用反向推理来求解更确切的答案；由已知条件查看是否还有其他结论存在。

正反向推理集中了正向和反向推理的优点，更类似于人们日常进行决策时的思维模式，求解过程也更为人们所理解，但控制策略较前面两种更为复杂，这种方法经常用来实现复杂问题的求解。

3. 控制策略

铜精炼炉神经网络故障诊断专家系统推理机在进行匹配操作时，会出现三种可能的结果：

(1) 只有一条规则匹配成功，这是最为理想的情形，余下的事实只需验证这条规则的前提是否成立，若都成立，这条规则被激活。

(2) 没有一条规则匹配成功，造成这种情形的原因有多种，可能是在前面执行问题求解过程选择的路径不对，因而需要重新回溯，也有可能因为知识库中的知识不全没有包含目前这一种情形等原因。

(3) 有两条以上的规则匹配成功，成为竞选规则，这时需要一种原则，对这些规则进行排序，以选取其中一条来执行，这一过程被称为问题求解过程（或冲突消解过程），所建立的原则称为问题求解策略（或冲突消解策略）。

铜精炼炉神经网络故障诊断专家系统中的问题求解的目标是寻找最好的搜索技术，在问题求解过程中，其搜索策略分为盲目搜索和启发式搜索两大类。

(1) 盲目搜索。盲目搜索又称为弱搜索，这类搜索方法不使用智能决策，在搜索的过程中不需要前后相关的或有关问题域的专门信息。如果盲目搜索是在一个大的状态空间进行，机器的开销将很大。盲目搜索的方法有穷尽式搜索、宽度优先搜索和深度优先搜索三种。穷尽式搜索方法是沿着决策网络的每一条可能的途径进行搜索。由于它的时间开销很大，该方法只适应于那些将精确性放在最重要的位置而不考虑时间的问题。

宽度优先搜索法（Breadth - first search）如图 10.7 所示。其中搜索图中 A 为搜索的起点，G 为搜索的目标点，虚线为搜索路径。宽度优先搜索方法按照一层一层的步骤来搜索，即首先搜索与起始节点直接相连的下一层节点，再搜索所有与下层节点直接相连的更下层节点，依次类推。在宽度优先搜索法中，由于每一步要搜索一层，因此需要保存好已搜索的这一层各节点的状态，议程（Agenda）就是用来保存这些状态的。议程中的每一个节点的下续节点还没有找到，每一个都表示下步要做的工作。宽度优先搜索法实际上也考虑了搜索中可能出现的各种情形，因此只要问题有解，采取该方法就一定能以最短路径搜索到此解。但宽度优先搜索法的缺点是随着搜索深度的增加，下一步搜索节点可能会指数增长，耗费的时间也长。

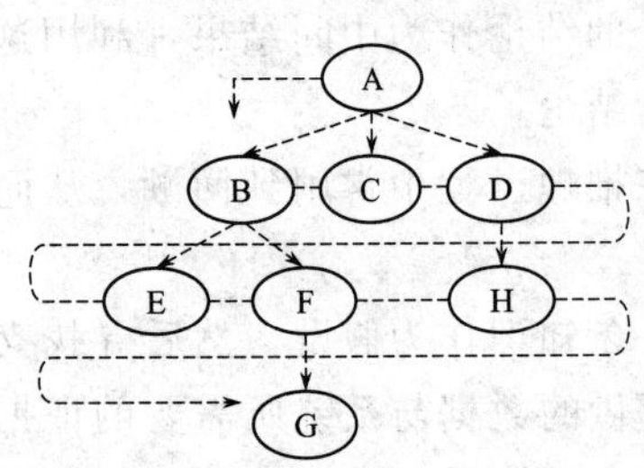

图 10.7　宽度优先搜索法

为了克服宽度优先搜索法的缺点，深度优先搜索法（Depth - first search）采用如图 10.8 所示的搜索方向。它每次都沿着搜索深度大的节点，即沿着一个节点的分支纵向搜索，直到找到目标节点，如没找到，再搜索另一个节点的分支，依次类推；但深度优先搜索方法主要存在两个缺点：有可能出现无穷递归的情况，从而搜索不到需要的解；即使搜索到也可能不是最短路径。

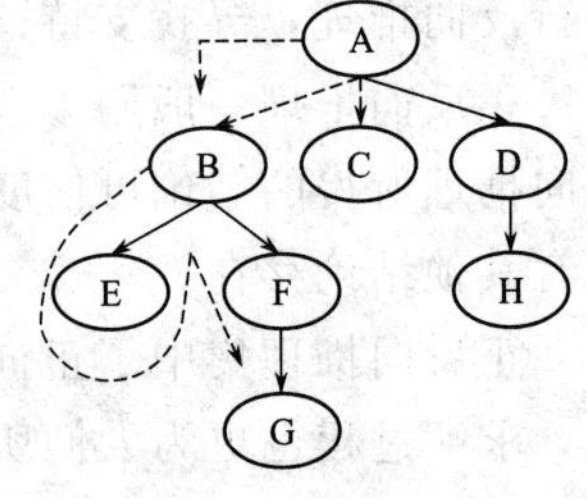

图 10.8　深度优先搜索法

(2) 启发式搜索。启发式搜索需要分析问题域的专门信息（即启发式知识），并因此而缩小了搜索空间，这些前后相关的信息或有关问题域的信息用于：①确定下一步搜索哪一条路径；②确定后续搜索路径（节点）；③将全部搜索空间中的部分节点标上无须搜索的记号。

启发式搜索规则能有效地缩小状态空间，在不能缩小状态空间的情况下，它也就变为盲目搜索。启发式搜索的函数有：代价函数和估价函数。代价函数（cost function）是指从搜索起点到当前点所耗费的代价；估价函数（evaluation function）是指从当前点到搜索终点需要耗费的代价的预测函数。从本质来说，启发式搜索就是要寻找一种搜索方法，使得代价函数或估价函数为最小或者它们的和为最小。

10.2.2 系统推理算法

推理机是知识处理的核心，协调控制整个铜精炼炉神经网络故障诊断专家系统，决定如何选用知识库中的知识，对用户提供的证据进行推理。因此，铜精炼炉神经网络故障诊断专家系统采用了两种推理机制来实现推理：一种是正向推理算法，从事实出发，利用知识进行推理；另一种是反向推理机制，从目标出发，对所求问题进行推理。

1. 正向推理算法

铜精炼炉神经网络故障诊断专家系统设计了一种如下正向推理算法：

(1) 将铜精炼炉运行状况下热工参数读数作为初始事实放入表 Fact1 中，铜精炼炉正常运行状况下热工参数读数作为“全真”事实放入表 Fact2 中，并令表 Fact3 为空。

(2) 将表 Fact1 中的事实和表 Fact2 中的事实作为前提，送入 ANN 的输入端（图 10.9），计算输出。

(3) 若输出为新事实，则将新事实添加到表 Fact3 中，否则丢弃此结果。

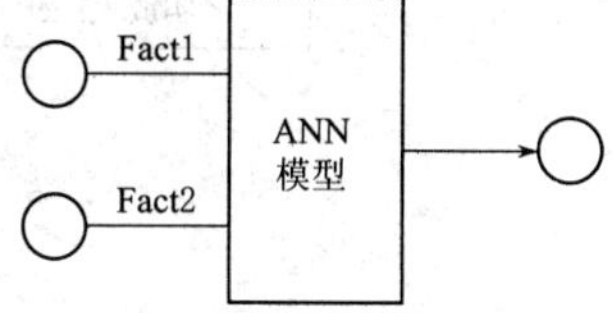

图 10.9 BP 网络推理计算

(4) 取表 Fact1 中的事实送入 ANN 输入端，计算输出，转 (3)；若表 Fact3 表为空，则转 (7)。

(5) 将 Fact1 中的全部事实添加到表 Fact2 中末端，同时清空表 Fact1。

(6) 将表 Fact3 中的事实放入表 Fact1 中，转 (2)。

(7) 输出最终结论，此结论为表 Fact1 的最末端事实。

以上算法可用图 10.10 所示的示意图来表示。

2. 反向推理算法

在铜精炼炉神经网络故障诊断专家系统中，反向推理的指导思想是：假设铜精炼炉存在某一种故障，现在寻找证据（故障征兆）来证实这一假设是否成立。设计一个反向推理算法应该考虑两方面的因素：

(1) 尽可能做到只需要少量的证据就可得出结论，如果一个反向推理算法需要全部的征兆数据才能得出所作假设是否正确，则该算法无疑是失败的。

(2) 尽可能不要去寻找代价昂贵或很难获取的征兆值。

因此，铜精炼炉神经网络故障诊断专家系统的反向推理算法只考虑第一个因素，其具体步骤为：

(1) 调入铜精炼炉神经网络故障诊断专家系统知识库。

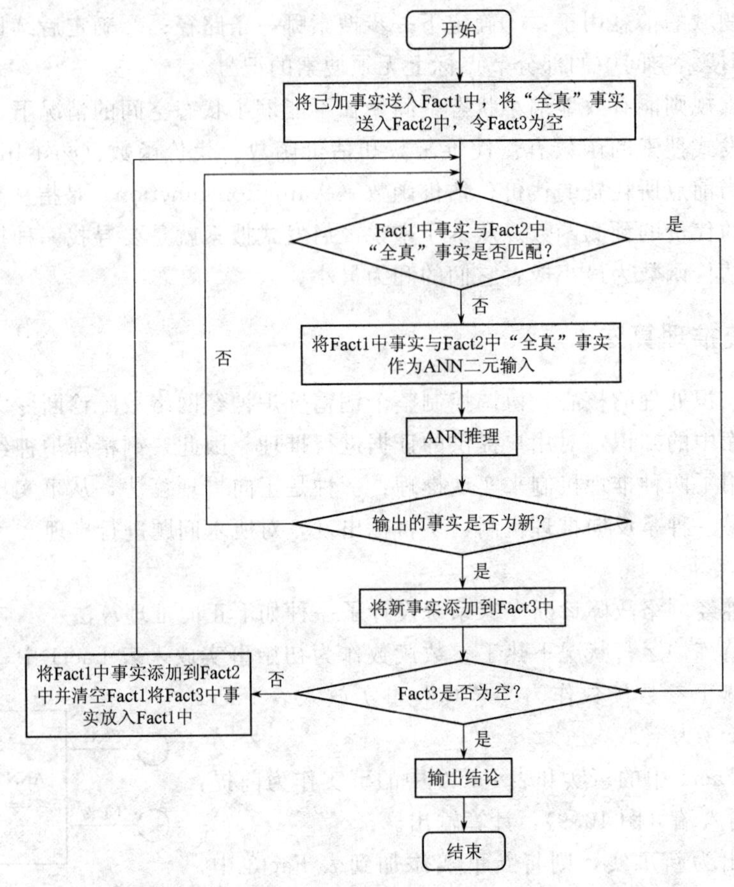

图 10.10　铜精炼炉神经网络故障诊断专家系统正向推理

(2) 输入铜精炼炉怀疑存在的故障原因，将所有输入层神经元的输入值（征兆值）置为未知，所有输入层及隐含层神经元标识为 Unknown。

(3) 在标识为 Unknown 的隐含神经元中找出一个，选择条件是在所有的标识为 Unknown 的隐含层神经元中，它与该故障输出神经元有最大的连接权绝对值，将该隐含神经元的标识改为 Known，求其输出是否有确定值，如有，执行 (4)，否则执行 1)～4)：

1) 在标识为 Unknown 的输入层神经元中找出一个，选择条件是在所有的标识为 Unknown 的输入神经元中，它与该隐含层神经元具有最大的连接权绝对值，同时，将该输入神经元的标识改为 Known。

2) 对该输入神经元进行询问，要求用户响应：输入是否具有该征兆：0 表示没有该征兆，1 代表具有该征兆。

3) 判断在已知的标识为 Known 输入神经元下能否决定该隐含神经元的输出，如能执行 4)，否则执行 1)。

4) 计算在已知的输入情况下是否还有其他标识为 Unknown 的隐含层神经元的输出能被确定。

(4) 判断在已知的标识为 Known 的隐含层神经元下能否决定该输出神经元的输出，不能则执行 (3)，否则执行 (5)。

(5) 判断神经元输出是否为 1，如是，假设正确；如不是，假设错误。

反向推理的难点在于如何在只知道部分输入信息的情况下确定隐含层神经元或输出层神经元的输出，这里采用如下方法：①$\alpha+\beta<\theta$，讨论的神经元肯定输出 0；②$\alpha+\beta>\theta$，讨论的神经元肯定输出 1；③其他，讨论的神经元的输出不定。

α 是标识为 Known 的前层神经元的输入与该前层神经元与讨论神经元的连接间的乘积的代数和，称之为所研究的神经元的确定输入；β 是标识为 Unknown 且与讨论神经元具有正连接权的前层神经元与讨论神经元的连接权的代数和，称之为讨论神经元的最大未知输入；γ 是标识为 Unknown 且与讨论神经元具有负连接权的前层神经元与讨论神经元的连接权的代数和．称之为讨论神经元的最小未知输入；θ 是所研究的神经元的阈值。

以上算法可用图 10.11 所示的示意图来表示。

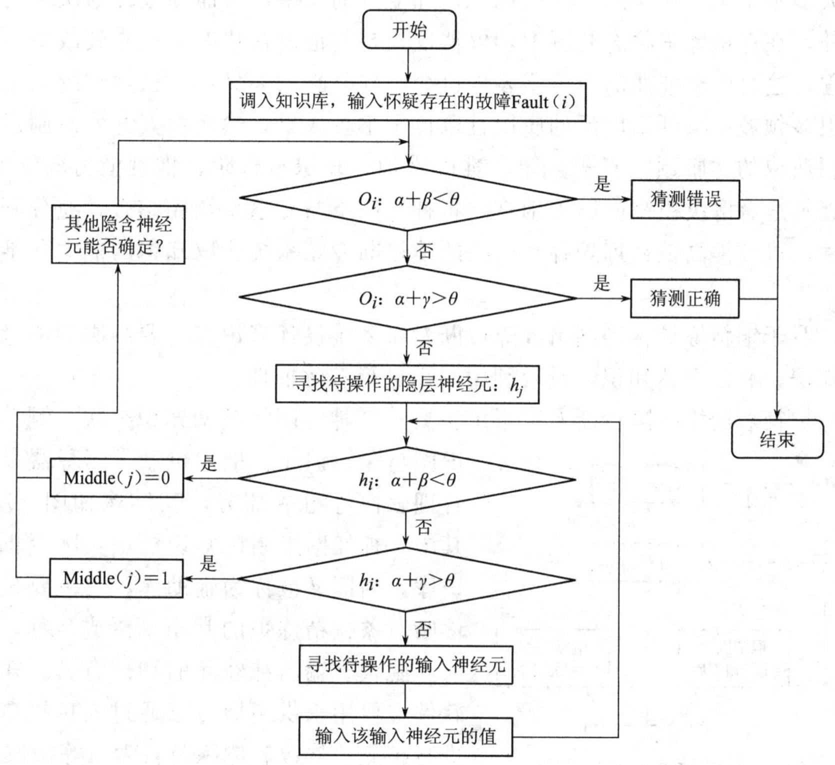

图 10.11 铜精炼炉神经网络故障诊断专家系统反向推理

10.3 铜精炼炉炉况故障智能诊断实现

当铜精炼炉的某一个或几个状态指标出现异常状况时，准确及时地发现并及早排除铜精炼炉的各种异常状况，保证铜精炼炉的安全生产具有很大的现实意义与应用价值。

10.3.1 铜精炼炉神经网络故障诊断专家系统总体结构

铜精炼炉故障诊断工作向来由操作人员凭经验进行，根据状态监测系统传来的信息，利用自己的知识和诊断经验进行故障判断、分析故障发生的原因，并作出排除故障的决策。面对复杂的铜精炼过程，要用人工迅速进行故障诊断，得出准确结论是相当困难的。

由于铜精炼炉在运行过程中的动态信号（如燃料流量、铜液温度、燃料压力、炉膛烟气温度、排烟温度、烟气成分、助燃空气流量、粗铜质量以及品位等）携带了其过程的丰富信息，若采用经典的诊断方法通过信息处理，从时域和频域上得到如均值、方差、自相关函数、幅度、相位等不同物理意义的特征参量来识别和评价铜精炼炉故障时，存在着很大的不确定性。

这种不确定性的主要表现在动态信号的随机性和模糊性这两个方面：一种不确定性由于偶然因素干扰造成的不确定性称为随机性，一般用概率来处理；另一种不确定性的原因是事物内涵的多义性引起的，称为模糊性，在铜精炼过程故障的诊断中，故障原因和征兆表现之间大多不是一一对应的，而呈现了错综复杂的关系，从而导致诊断决策时出现了多义性。此外，在铜精炼炉状态监测中，仪器仪表与其他设备状态从正常到故障一般都有一个渐变过程，这是由于征兆的非典型表现也会出现判断的多义性。虽然传统的故障诊断专家系统在很多领域中得到了广泛的应用且取得了不少成果，然而在其开发研制过程中也往往存在知识获取的“瓶颈”问题、知识难以维护、知识窄台阶、推理能力弱、实用性差、不精确推理不适合解决模糊问题等困难，将神经网络与专家系统相结合，充分利用它们之间的互补性，可以提高铜精炼炉神经网络故障诊断专家系统获取知识的能力和推理问题的能力。

因此，对于铜精炼炉神经网络故障诊断专家系统设计来说，所要解决的关键性问题是如何获取知识、有效表达知识，以及利用知识进行有效推理。

铜精炼炉神经网络故障诊断专家系统主要包括神经网络结构知识模块、铜精炼炉浅知识库与深知识库、推理机制、解释器以及知识库管理软件等组成部分，其结构如图 10.12 所示。其中，神经网络结构知识模块实际上也是一个知识库，因而又被称为辅助库，它主要是用来定义诊断对象铜精炼炉的常用术语或名称，如定义输入、隐含、输出神经元的物理意义。知识库管理软件主要用来供领域专家通过人机接口对知识库进行扩充、修改、删除及自学习等操作。

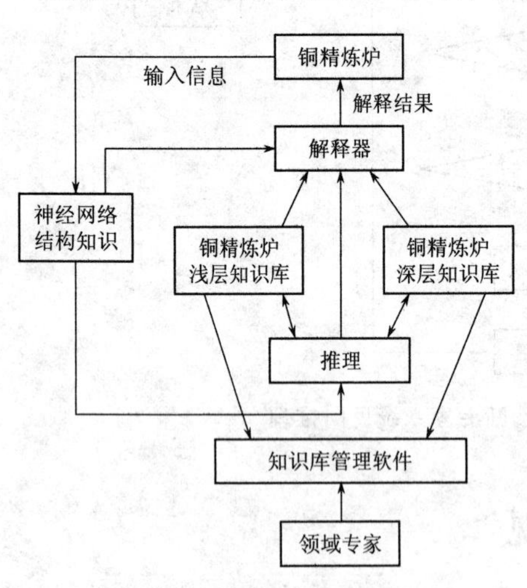

图 10.12　铜精炼炉神经网络故障诊断专家系统结构

铜精炼炉神经网络故障诊断专家系统的工作可以描述为：知识经过二元标准化及量化之后，以数值的形式存储在神经网络结构知识模块中，这是一个离线学习的过程。神经网络经过学习，存储知识，然后按推理算法进行在线推理，推理的初始问题、中间结论及最终结果都存储在一个动态事实库中，推理结果经反量化还原成事实，经由输出解释器输出，能与用户友好交互。

铜精炼炉神经网络故障诊断专家系统是以人工神经网络为核心建造的一种“结合型”

智能诊断系统，不仅可以实现传统专家系统的基本功能，模仿人类专家的逻辑思维方式进行推理决策和问题求解，还具有学习能力，并行推理能力，是构造符号-数值结合型智能控制系统的得力工具。

与传统专家系统相比，基于神经网络的专家系统具有如下几个主要优点：

(1) 具有统一的内部知识表示形式，任何知识规则都可通过对范例的学习存储于同一个经网络的各连接权重中，便于知识库的组织与管理，通用性强；知识容量大，可把大量的知识规则存储于一个相对小很多的神经网络中。

(2) 便于实现知识的自动获取，能够自适应环境的变化。

(3) 推理过程为并行的数值计算过程，避免了以往的“匹配冲突”“组合爆炸”和“无穷递归”等问题；推理速度快。

(4) 具有联想、记忆、类比等形象思维能力，克服了传统专家系统中存在的“知识窄台阶”问题，可以工作于所学习过的知识以外的范围。

(5) 实现了知识表示、存储和推理三者融为一体，即都由一个神经网络来实现。

铜精炼炉神经网络故障诊断专家系统采用结构化程序设计方法，面向铜精炼炉操作人员，在集散控制系统 CENTUM CS1000 的基础上，利用 Visual Basic6.0 和 ACCESS 数据库等开发工具进行开发，图形界面优美、友好。铜精炼炉神经网络故障诊断专家系统的各个模块的具体功能如下：

(1) 诊断推理模块。当铜精炼炉出现故障情况时，铜精炼炉神经网络故障诊断专家系统检测到的各种参数发生异常波动和变化，诊断推理模块的任务就是根据这些异常状态和变化，运用知识库里的专家经验和规则，采用正向推理和反向推理的方法快速而准确地获得诊断结果和采取有关操作，并报警。推理完成后，系统立即给出发生故障所在部位、故障现有的征兆、故障发生的原因，并针对各种原因给出相应的处理意见和操作决策。

(2) 知识库模块。铜精炼炉神经网络故障诊断专家系统的知识库是整个系统的基础，用来存放各种专家经验和知识，这些经验知识采用产生式规则表示。知识库中的知识为推理机进行工作提供依据。这些知识一部分可通过人机接口输入，另一部分可通过神经网络学习得到新知识存入知识库。这样，知识库就能为诊断推理提供丰富的经验知识，即使是以前没有遇见的故障也能通过知识学习诊断出来。

(3) 数据预处理和数据库模块。铜精炼炉神经网络故障诊断专家系统将每次采集的数据通过小波变换进行数据处理，其作用是对数据平滑处理，进行数据除噪、修补工作，然后将处理得到的数据以及根据数据作复合参数计算判断所需参数存入数据库。这些数据是整个系统推理的依据，只有完整的数据才能真实地反映铜精炼过程正常与异常变化。数据库不仅能存入采集处理后的数据，也能存入系统诊断推理过程中的一些数据，方便用户查询。

(4) 历史故障模块。铜精炼炉神经网络故障诊断专家系统每次诊断完后将本次诊断出的故障存入历史故障库中，用户可以按日期时间查询，也可以按已发生的故障种类查询。

(5) 专家系统的解释功能。解释与操作决策功能是铜精炼炉神经网络故障诊断专家系统推断结论对使用者的说明，包括故障报警、对故障的处理办法。用各种符号及逻辑语对使用者解释说明则过于公式化。因此，解释是将由符号及逻辑语组成的结论翻译成简练的专业术语的语言形式的文字描述。解释后的语句通过操作决策的形式发布给使用者。若系统有异常状况出现，软件自动切换到异常状况诊断界面将异常状况诊断报告显示给专家系统的使用者。

（6）人机接口模块。人机接口模块也称任务管理模块，是整个铜精炼炉神经网络故障诊断专家系统管理与控制的中心，由输入、输出、显示三部分组成。输入功能使用户或专家可以实时地输入一些诊断信息，方便的知识库添加新知识或知识库加以管理维护。输出功能是收集各个模块的诊断信息，向显示模块提供诊断过程中用户想知道的各种信息，显示内容分别以文字或图表的方式在终端显示器上显示出来，并可以根据用户要求打印画面和报表。

（7）系统帮助。整个软件的帮助系统可以使用户能够轻松地使用铜精炼炉神经网络故障诊断专家系统软件。

10.3.2　数据接收及处理

Windows 应用程序间的数据通信三种方式中的动态数据交换（OPC）方式是利用一种公共的协议，实现应用程序间通信联系的一种标准方法，采用 OPC 技术，保证了应用程序间数据通信的一致性。在实现工控机与服务器之间的通信过程中，利用 VB 编写通信程序，在工控机与服务器之间建立一条数据通道，使工控机上的 VB 程序既与服务器交换各种数据，又向服务器发送命令，实现程序间快速而有效的通信。具体过程如下所述。

（1）安装 OPC 客户端开发软件。CENTUM CS1000 所提供的标准 ActiveX 控件可用于开发 OPC 客户端应用程序，libbkhCENTUM. ocx 就是 CENTUM CS1000 提供的最为重要的控件。将其安装在 VB 中就会发现在开发环境中多了 CENTUM 控件。当安装了 libbkhOPCAuto. dll 后便可以将［CSHIS OPCAutomation 2. 0］装入到开发环境中，并通过手动进行选取。

（2）通过控件进行数据通信。使用 CS1000 提供的控件与 OPC 服务器通信时不必再考虑他们之间的通信协议大大简化对数据的访问过程 CENTUM 控件的 2 个方法和 2 个属性。

方法：

GetTagData //读取指定工位数据

PutTagData //写入指定工位数据

属性：

StationName OPC //服务器站名

TestMode //是否采用测试模式

程序如下：

CENTUM. StationName＝"HIS0224" //指定 OPC 服务器

CENTUM. TestMode＝False　//非测试模式

A＝CENTUM. GetTagData("FIC101. PV")//获取 FIC101 工位的 PV 值

B＝CENTUM. PutTagData("FIC101. SP",70)//设置 FIC101. SP 值为 70 返回设置是否成功的代码

在上述介绍的实时数据采集方法中只需画出现场的工艺流程图然后加上定时器来实时刷新当前数据就可以达到与现场 DCS 操作站相同的画面效果。

Windows 应用程序间通过 OPC 接口进行数据通信时，除了可以通过 CS1000 提供的链接库 Library（通过控件）外，还可以直接与 OPC 服务器（OPC 标准接口）通信来实现此功能，如图 10.13 所示。集散控制系统 CENTUM CS1000 将各检测点的数据每 5s 为一周期向组态软件数据库传送一次，铜精炼炉神经网络故障诊断专家系统通过 OPC 服务器与组态软件数据库接受这些动态数据，然后实现对铜精炼炉况故障进行智能诊断。

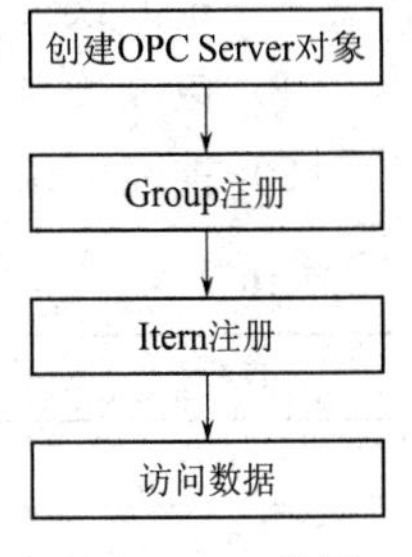

图 10.13　数据访问流程

10.3.3　铜精炼过程异常状况诊断与消除决策知识

在广泛地搜索和听取铜精炼炉领域专家以及熟练操作人员的经验基础上，结合铜精炼过程的理论知识与生产环境的实际情况，整理了用于铜精炼炉炉况故障智能诊断必需的知识，其形式见表 10.1。

表 10.1　铜精炼过程异常状况诊断与消除措施

异　常	征　兆	异 常 原 因	消 除 措 施
……	……	……	……
氧化终点异常	氧化空气流量过大	氧化空气管路阀门开度问题	更换破损阀门
		氧化终点软测量值滞后	修正氧化终点软测量值
		入炉粗铜含氧率软测量值偏小	修正入炉粗铜含氧率软测量值
	氧化空气流量过小	氧化空气管路阀门开度问题	更换破损阀门
		氧化终点软测量值超前	修正氧化终点软测量值
		入炉粗铜含氧率软测量值偏大	修正入炉粗铜含氧率软测量值
燃烧异常	存在冒黑烟现象	燃料过多	关小燃料管路阀门
		助燃空气量不足	增大助燃空气管路阀门
		燃料与助燃空气混合不均	检修蒸汽雾化器
	烟气含氧率高	燃料不足	调大燃料管路阀门
		助燃空气量过大	减小助燃空气管路阀门
		燃料与助燃空气混合不均	检修蒸汽雾化器
	烟气含 CO 率高	燃料过多	关小燃料管路阀门
		助燃空气量不足	增大助燃空气管路阀门
		燃料与助燃空气混合不均	检修蒸汽雾化器
……	……	……	……

10.3.4　铜精炼炉神经网络故障诊断专家系统实验

为了验证铜精炼炉神经网络故障诊断专家系统的有效性，在尽量不破坏铜精炼过程生产的前提下，再人为地制造“氧化终点异常”“还原终点异常”“燃烧过程异常”“设备异常”等一些异常状况，铜精炼炉神经网络故障诊断专家系统实验的部分诊断结论见表 10.2。运行该诊断系统，实验结果表明，铜精炼炉神经网络故障诊断专家系统诊断结果与实际情况相一致，铜精炼炉故障智能诊断的准确率仍然高达 90%，但在某些故障诊断时却出现了一定的误诊，其原因可能包括：

（1）该故障与特征参数之间的知识确定时，专家经验的误差。

（2）神经网络学习存在不合理的因素，故得到新知识也存在一定的不合理性。

表 10.2　人为制造故障与实验结果表

序号	异常类型	人为制造异常状况	诊断结论
1	氧化终点异常	粗铜过氧化	一致
2	还原终点异常	氧化完毕粗铜过还原	不一致
3	燃烧过程异常	燃料过剩	一致
4	设备异常	炉膛漏风严重	一致
……	……	……	……

10.3.5　应用效果

铜精炼炉神经网络故障诊断专家系统在某冶炼厂铜精炼炉上试运行近两年来，能根据生产现场的实际操作情况，实现关键性热工参数的优化以及炉况异常智能诊断，除了有效地提高了铜精炼炉的寿命两个月外，还在较大程度上提高了生产技术经济指标，根据现场生产数据统计资料预测，试运行铜精炼炉神经网络故障诊断专家系统后重油单耗节约 8.3%，液化气单耗节约 6.2%，铜精炼炉液化气燃烧产物中未见可燃物 CO。

本章参考文献

[1]　鄂加强．铜精炼过程优化建模与智能控制［M］．长沙：湖南大学出版社，2006.

[2]　陈一波．铜精炼阳极炉的生产管理优化［J］．铜业工程，2017（2）：74－77.

[3]　曾宪雄．神经网络模糊算法在铜精炼燃气流量实测系统中的应用［J］．冶金与材料，2022，42（3）：161－162，165.

[4]　文常保．人工神经网络理论及应用（英文版）［M］．西安：西安电子科技大学出版社，2021.

[5]　江永红．人工神经网络简明教程［M］．北京：人民邮电出版社，2019.

[6]　翟秀静，谢锋．重金属冶金学［M］．北京：冶金工业出版社，2019.

[7]　邓志谦．铜及铜合金物理冶金基础［M］．长沙：中南大学出版社，2010.

第11章　煤粉锅炉燃烧系统模糊神经网络故障诊断专家系统

煤粉锅炉燃烧系统运行状况的好坏直接影响煤粉锅炉的安全性和经济性，因此，实时准确地监测煤粉锅炉燃烧系统的运行状况，对防止煤粉锅炉故障的扩散以至重大事故的发生、提高煤粉锅炉运行的安全性与经济性是十分重要的[1-2]。对于操作人员而言，由于缺乏对煤粉锅炉运行过程全局性的理解与把握，将不可避免在煤粉锅炉燃烧系统上出现一些误操作，这必然会在较大程度上降低煤粉锅炉的运行可靠性和经济性。因此，开发和研制煤粉锅炉燃烧系统故障智能诊断系统，以帮助操作人员从不同层次对其进行实时监测、故障诊断和操作指导具有十分重要的意义。

11.1　锅炉炉况故障诊断研究现状

由于锅炉构造和运行过程的复杂性，锅炉炉况故障诊断专家系统的研究主要是解决实际生产过程中锅炉运行时面临的主要问题，如四管爆漏诊断、火焰图像诊断、受热面积灰监测与诊断、燃烧污染物诊断以及煤粉锅炉风粉监测与故障诊断等问题。

11.1.1　四管爆漏诊断

锅炉的四管爆炸问题就是现行锅炉运行中存在的一个主要问题。据统计，全国大容量发电机组由于锅炉事故而引起的非计划停机时间占全年总停机时间的一半以上。一个成功的专家系统将能够实时监测锅炉的运行状况，在事故发生前予以报警，防止事故发生。针对炉管爆漏的诊断专家系统，不仅可解决现场专家不足问题，而且可以快速有效地分析爆管原因及其需要采取的对策，缩短检修时间，较快发现四管爆漏潜在的规律和原因，有效地减少爆管重复发生的可能性，降低四管爆漏次数，提高机组可用率。同时也是一种很好的示教工具，可用来培训爆管分析人员。

11.1.2　火焰图像诊断

锅炉燃烧状况的优劣，直接影响到整个工厂运行的经济性及安全性。在燃用劣质或低品位煤种时，燃烧的稳定性问题尤为突出。同时，由于某些锅炉燃用煤种的多样性，使燃烧工况的调节更为复杂，加剧了熄火及火焰冲墙等事故的发生。许多电厂现有的火焰检测装置具有很大的局限性，仅能起到灭火保护和点火时肉眼观察的作用。所以，开发出一套具有智能化的火焰燃烧工况诊断系统，以实时监测炉内燃烧状况，为锅炉的优化控制提供有力保证。

现代光测技术、计算机数字图像处理技术、人工智能等理论方法和技术的飞速发展，推动了真正意义上的燃烧诊断技术的实现。20 世纪 90 年代初，图像处理技术被应用到了电站锅炉的燃烧诊断上，在火焰图像采集和处理、温度场测量和重构等方面取得了初步进展，多探头火焰图像及人工神经网络燃烧诊断和控制系统在实验室中也得到了开发。

11.1.3　受热面积灰监测与诊断

锅炉各部分受热面不可避免地存在着灰污现象。受热面的灰污是影响主蒸汽温度、锅炉出力、排烟温度、锅炉效率等关键运行参数的重要因素，同时也会影响锅炉的停炉频率和维修周期，从而影响到锅炉的可利用率的重要因素。为了防止严重积灰，目前大容量锅炉中，各部分受热面均装备有各种形式的吹灰器。通常，吹灰系统采用的是定期吹扫的运行方式。由于这种运行方式是在不了解受热面的实际灰污程度的情况下盲目进行的，因此不可避免地产生吹灰不足和过度吹灰的问题，这两种情况均会影响锅炉运行的经济性。吹灰系统的最优运行方式应当是根据受热面的实际灰污程度，而且只在必要的时候，才将吹灰器投入运行。这样的一种运行方式，只能建立在对锅炉受热面的灰污状况进行实时监测的基础上。

因此，对锅炉受热面灰污状态和部位进行实时监测和诊断的研究，是锅炉炉况故障诊断的一个重要领域。

11.1.4　燃烧污染物诊断

煤粉锅炉运行的总体经济性主要依据锅炉的热效率、污染物（氮氧化物、氧化硫等）的排放量等指标来判定。燃煤锅炉 NO_X 的排放特性非常复杂，受到如煤种、锅炉负荷、配风方式、炉型、燃烧器型式、炉温、过剩空气系数、煤粉细度、风粉分配均匀性等多种因素的影响，很难采用简单的公式进行估算，往往需采用实验测试方法加以确定，并据此摸索降低 NO_X 的方法，但现场测试工作量大，测试工况有限，各参数对锅炉 NO_X 排放特性的影响又互相叠加，导致数据分析困难。通过人工神经网络建立煤粉锅炉的炉况诊断专家系统后，即可根据输入参数预报 NO_X 排放特性，如果结合全局寻优算法，可以寻找出最优的操作参数，以获得低的 NO_X 排放浓度。

11.1.5　煤粉锅炉风粉监测与故障诊断

国内火电厂运用微电脑技术，采用直观量化的方法，实时监测一次、二次风管中的风速、风温、粉仓温度及煤粉浓度，使锅炉燃烧运行中的重要参数得到有效监测，并对一次风管内风粉分配的不均匀程度、可能产生的堵管和管内煤粉自燃现象进行预报，使运行调整和故障诊断有据可依；无论煤种如何变化，都能较迅速地跟踪调整炉内燃烧，建立良好的炉内空气动力场，随时掌握锅炉燃烧状况。并据此研究开发了煤粉锅炉风粉在线监测与故障专家系统，通过该系统，不仅可有效地提高锅炉运行的安全性、稳定性和经济性，实现炉膛燃烧管理下的优化运行，提高了锅炉机组运行的自动化水平，而且可有效地通过优化运行降低污染物的排放，同时也是达到低成本高效益目的的较好方法。

综上所述，由于锅炉系统的复杂性，要开发一套全面的运行监测与诊断专家系统还存在许多实际困难。目前的研究主要集中在不同对象的不同侧面，还处在方兴未艾时期。研究者各有各的做法，还难以形成统一模式。

11.2 煤粉锅炉燃烧系统模糊神经网络故障诊断模型

11.2.1 模糊逻辑和神经网络信息融合概述

模糊逻辑和神经网络的融合技术的发展归功于近 40 多年来模糊逻辑与神经网络技术本身的高速发展。符号（物理符号机制）和非符号（联结机制）处理的联系、不精确处理和精确处理之间的互补成为智能技术领域的热门话题。从互补的观点看，模糊逻辑与神经网络的融合[3]有助于模糊逻辑系统的自适应能力的提高，有利于神经网络系统的全局性能改善和可观测性的加强。

模糊逻辑与神经网络方法是一种集成的融合，是一个应用很广的典型的互补系统，可分为串联和并联两种结构。并联结构有：模糊逻辑与神经网络分别独立控制不同的对象或同一对象不同参数的模型与神经网络的输出作为模糊推理系统输出的修正模型。目前，这两种模型在家用电器（如空调、洗衣机）中应用较多。用神经网络作为模糊逻辑的前端，以改善模糊逻辑系统的输入样本，或者在神经网络的输入或输出端接模糊逻辑模块，以增强神经网络的样本特征的提取或者改善神经网络的结果更为合理，如对神经网络的样本进行可能性和必要性分类。

模糊逻辑⟶神经网络方法的研究较少，但神经网络⟶模糊逻辑方法研究得很多，主要包括用神经网络学习模糊逻辑的隶属度函数，模糊逻辑系统的神经网络实现，神经网络驱动的模糊逻辑系统，最速下降法学习的模糊逻辑系统（如模糊关系系统的神经网络学习、BP 型模糊逻辑系统，神经模糊协作系统，解模糊神经网络等）。

模糊神经网络模型是模糊逻辑⟶神经网络方法的扩展，其基本思想是采用模糊神经元、模糊聚合算子的神经网络。模糊神经网络又可分为表 11.1 所示的四种（FNN_1、FNN_2、FNN_3 和 HFNN）。早先的模糊神经元是 FNN_1 型的，它们的每个神经元的任意输入边上都有一组权重和模糊集，学习算法对两者都进行调整。FNN 学习算法的研究主要针对 FNN_3 模型开展的，具体情况见表 11.2。

表 11.1　混合式神经网络和各种模糊神经网络的含义

网络名称	特性	算子
混合式神经网络（HNN）	实数值输入，实数值权重	用 T 范或 T 同范代替乘加算子
模糊神经网络Ⅰ型（FNN_1）	实数值输入，模糊权重	模糊乘加算子
模糊神经网络Ⅱ型（FNN_2）	模糊输入，实数值权重	
模糊神经网络Ⅲ型（FNN_3）	模糊输入，模糊权重	
混合式模糊神经网络（HFNN）	模糊输入或模糊权重	非（模糊）乘加算子

表 11.2　　　　模糊神经网络各种学习算法和评价

算　法	特　点	优　缺　点
α-截集上的BP算法	用BP算法更新权重的α-截集	不能保证输出模糊集与教师输出接近，算法停止迭代的规则有待改进
模糊BP算法	直接对BP算法的标准δ规则模糊化，直接更新模糊权重	不能保证新的权重是模糊集，学习可能失败
基于α-截集的BP算法	对权重和门限的支撑集进行BP网络学习	适用于对称三角形模糊数，对其他类型模糊学习的步骤变得很复杂
随机搜索	采用一些学习算法的误差测度，随机给定参数初值	很费时
遗传算法	一种直接随机搜索方法，采用的遗传算法取决于模糊集和误差测度的类型	是处理更一般模糊集的有力工具
模糊混沌	应用模糊混沌映射大致搜索使误差函数具有最小的模糊权重	有利于开展人工生命科学的研究

表 11.3　　模糊逻辑与神经网络的对比

名　称	模糊逻辑	神经网络
组成	模糊逻辑模糊规则	神经元互连
映射关系	块与块之间的对应	点与点之间的对应
知识表达能力	强	弱
知识存储方式	规则的方式	连接权重
容错能力	较强	强
学习能力	不能学习	能学习
计算量	少	多
精度比较	较高	高
应用领域	可用于凭经验处理的系统	用于建模、模式识别、估计

在诊断领域中，模糊逻辑和神经网络在知识表示、知识存储、推理速度及克服知识窄台阶效应等方面起到了很大的作用。但模糊逻辑和神经网络分别是模仿人脑的部分功能，因此，它们各有偏重：模糊逻辑主要模仿人脑的逻辑思维，具有较强的结构性知识表达能力，神经元网络模仿人脑神经元的功能，具有强大的自学习能力和数据的直接处理能力，具体见表11.3。从表11.3中可以看出模糊逻辑和神经网络各有优缺点，因此，有必要将模糊逻辑与神经网络融合起来构成模糊神经网络[4]，使之能同时具有模糊逻辑和神经网络的优点，主要表现在既能表示定性知识又能具有强大的自学习能力和数据处理能力。

11.2.2　模糊神经元

要讨论模糊神经网络，首先必须研究模糊神经元。对于神经元模型，其信息处理能力为

$$net=\sum_{i=0}^{n-1}w_i x_i-\theta,\quad x_i\in(-\infty,+\infty)\qquad y=f(net)$$

式中：x_i 为该神经元的输入；w_i 为对应于输入 x_i 的连接权值；θ 为该神经元的阈值；y 为输出；$f(\cdot)$ 为一转换函数，通常采用的是Sigmoid函数。

将这种神经元模型进行推广，使之具有一般表达式，即

$$net = \hat{\sum}_{i=0}^{n-1} (w_i \hat{\cdot} x_i) - \theta \tag{11.1}$$

$$y = f(net) \tag{11.2}$$

即以算子（$\hat{+}$，$\hat{\cdot}$）代替算子（+，·）。算子（$\hat{+}$，$\hat{\cdot}$）称为模糊神经元算子，对任意 a、$b\in[0,1]$ 满足：

(1) 交换率：$a\hat{+}b=b\hat{+}a$；$a\hat{\cdot}b=b\hat{\cdot}a$。

(2) 结合率：$(a\hat{+}b)\hat{+}c=a\hat{+}(b\hat{+}c)$；$a\hat{\cdot}b\hat{\cdot}c=a\hat{\cdot}(b\hat{\cdot}c)$。

(3) $0\hat{\cdot}b=0$。

当 $x_i\in[0,1]$ $(i=0,\cdots,n-1)$ 时，采用模糊神经元算子，且满足式（11.1）和式（11.2）的神经元模型即为模糊神经元模型，其示意图如图 11.1 所示。

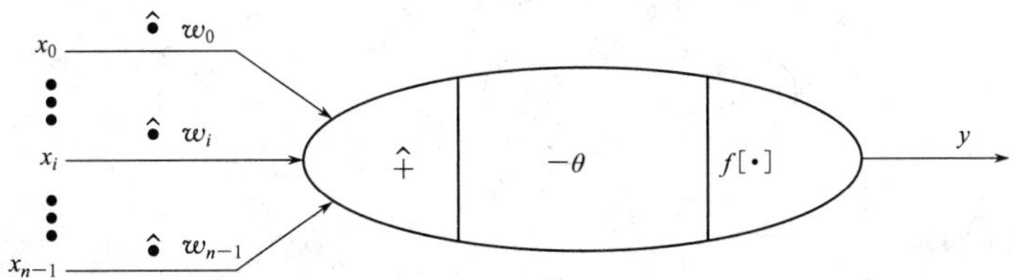

图 11.1 模糊神经元模型示意图

常用的模糊神经元算子有 6 种，见表 11.4。由两个或两个以上模糊神经元相互连接而形成的网络就是模糊神经网络（FNN），它是模糊逻辑与神经网络相融合的产物，构成模糊神经网络的方式有两种：

表 11.4 常用的模糊神经元算子

编号	算子名称	$\hat{+}$	$\hat{+}$
1	和与取小	+	∧
2	和与积	+	·
3	取大与取小	∨	∧
4	取大与积	∨	·
5	取小与取小	∧	∧
6	取小与积	∧	·

(1) 传统神经网络模糊化，这种 FNN 保留原来的神经网络结构，而将神经元进行模糊化处理，使之具有处理模糊信息的能力。

(2) 关于模糊模型的 FNN，这种 FNN 的结构与一个模糊系统相对应。

就具体形式而言，FNN 可以分为表 11.1 所示的五大类。

11.2.3 模糊 BP 神经网络诊断模型

煤粉锅炉燃烧系统模糊 BP 神经网络诊断模型为具有两个输入、两个输出的 FNN1 型前馈结构，如图 11.2 所示。该模糊神经网络诊断模型共有五层：第一层为输入层，它的每一个节点代表一个输入变量；第二层是量化输入层，作用是将输入变量模糊化，它是一个可将前提条件中模糊变量的状态转化为其基本状态的网层，这种转化的依据是定义在前提模糊变量定义域上的模糊子空间，即隶属度函数，而这些模糊子空间则与模糊推理前提条件中的基本模糊状态相对应；第三层为 BP 网络的隐含层，实现输入变量模糊值到输出变量模糊值的映射，它联系着模糊推理的前提与结论，确切地说是模糊推理的前提变量和结论变量的基本模糊状态转化成确定状态的网络层，其目的是给出确定的输出以便系统执行，这样通过网络学习，就可实现模糊推理模型中的隶属函数的自动调整、确定；第四层为量化输出层，其输出是模糊化数值；第五层是输出层，实现输出的反模糊化。

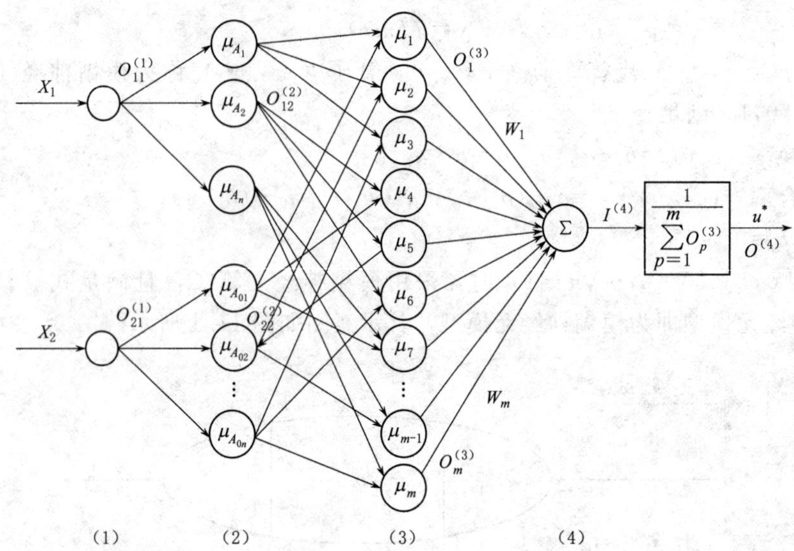

图 11.2　模糊 BP 神经网络诊断模型结构

设对于模糊部分每个输入量均含有 n 个隶属度函数，层与层之间的输入输出关系分别为：

(1) 第一层：输入层。对于输入量 X_1 和 X_2，输出节点将输入值不加作用地传送到下层，输入层关系式表示为

输入单元：$I_i^{(1)}=X_i\quad(i=1,2)$

输出单元：$O_{ij}^{(1)}=I_i^{(1)}\quad(i=1,2,j=1,2,\cdots,n)$

(2) 第二层：语言项层。采用高斯函数作为隶属度函数决定从输入层接收的信号对观测信号的贡献程度，本层的输入-输出关系定义为

输入单元：$I_{ij}^{(2)}=-\dfrac{(O_{ij}^{(1)}-a_{ij})^2}{b_{ij}^2}\quad(i=1,2,j=1,2,\cdots,n)$

输出单元：$O_{ij}^{(2)}=\mu_{\chi_{A_{ij}}}=\exp(I_i^{(2)})\quad(i=1,2,j=1,2,\cdots,n)$

其中，a_{ij} 和 b_{ij} 分别表示高斯函数的中心和宽度。

(3) 第三层：规则层。该层完成先决条件与后续推论的关系连接。连接准则为每一个规则节点只有唯一的一个与语言变量的前向连接，据此得出：

输入单元：$I_{j(n+l)}^{(3)}=O_{1j}^{(2)}O_{1l}^{(2)}\quad(j=1,2,\cdots,n,l=1,2,\cdots,n)$

输出单元：$O_i^{(3)}=\mu_i=I_i^{(3)}\quad(i=1,2,\cdots,m)$

其中，$m=n^2$。

(4) 第四层：输出层。所有的推论连接到输出节点并直接解释为输出动作的强度。该层通过质心反模糊化获得结论输出：

输入单元：$I^{(4)}=\sum_{p=1}^{m}O_P^{(3)}w_p$

输出单元：$O^{(4)}=u^{*}=I^{(4)}/\sum_{p=1}^{m}O_{p}^{(3)}$

当煤粉锅炉燃烧系统模糊 BP 神经网络诊断模型建立后，还必须考虑网络参数更新问题。该模糊神经网络诊断模型网络参数更新的目的是确定高斯型隶属度函数中的参数 a_{ij} 和 b_{ij}，以及连接权值 w_{ij} 的合适值。这些参数的调整与模糊逻辑规则相对应分为两个部分：IF（先决条件）部分和 THEN（结论）部分。在先决条件部分，需要将高斯函数的中心和宽度初始化，由于网络的最终性能主要取决于学习算法，并且其论域范围通常在[−1,1]之间，因此需选择正规的模糊集；在结论部分，参数是连接权值（输出的单一值），通常依照从过程提取的操作数据或有效的专家规则来设定初始的单一值，考虑到模糊 BP 神经网络也和 BP 神经网络一样，本质上也是实现从输入到输出的非线性映射，结构上也是多层前馈网络，在对权值没有约束的情况下，与普通的 BP 网络没有区别，因此也可以采用前面介绍的 BP 算法进行学习。

煤粉锅炉燃烧系统模糊神经网络结构确定是故障诊断实现的前提，下面以“炉膛结焦”故障诊断为例进行说明其步骤：

(1) 确定量化输入层的神经元个数。对每一个输入量的模糊化需最先进行，并假设每一个输入量都对应着 3 个量化输入，采用隶属度函数确定其隶属度。例如炉膛负压，使之对应炉膛负压小 x_3 和炉膛负压大 x_4 两个量化输入。

(2) 确定 BP 网络隐含层的神经元个数和神经网络的整体结构。选取隐含层的神经元数目为 4 个，对于量化输出层，这里因为只要输出锅炉炉膛表面运行状态，即与理想运行状态的欧几里德贴近度，因此该层只需要 1 个神经元即可，模糊输出层可以将运行状况分为 3 个级别：良好、正常和不正常，整个网络的结构如图 11.3 所示。

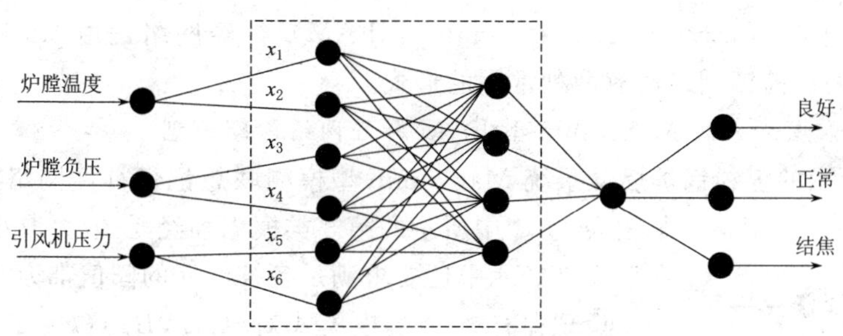

图 11.3 炉膛结焦模糊 BP 神经网络诊断模型结构

(3) 对图 11.3 所示虚线框内部分进行训练。训练样本为表 11.5 中的数据，训练算法同 BP 网络算法，所得权值数据的集合即为炉膛结焦故障诊断知识库。

(4) 利用知识库中的知识和模糊化和反模糊化函数进行诊断。可以将这一步分解为下面几个步骤：①输入各个征兆的实际数据；②利用表 11.5 中的隶属函数对各个输入进行模糊化为量化输入；③进行 BP 网络计算，得出量化输出；④依照一定的反模糊化原则，得到模糊输出。

表 11.5　各状态的隶属函数值

模糊子集		样本						隶属函数值
		1	2	3	4	5	6	
输入	炉膛温度小	0.90	0.34	0.25	0.36	0.58	0.78	$\exp[-(u-1010)^2/50)$
	炉膛温度大	0.12	0.25	0.34	0.54	0.34	0.82	$1-\exp[-(u-1010)^2/50]$
	炉膛负压小	0.65	0.43	0.35	0.26	0.67	0.73	$(130-\|u\|)/100$
	炉膛负压大	0.23	0.39	0.77	0.94	0.53	0.91	$\|u\|-30/100$
	引风机压力小	0.75	0.28	0.36	0.83	0.38	0.84	$(800-\|u\|)/600$
	引风机压力大	0.31	0.65	0.39	0.59	0.57	0.91	$\|u\|-200/600$
输出	贴近度	0.534	0.484	0.525	0.536	0.558	0.578	——

例如，设用 out _ d 表示量化输出，out _ l 表示模糊输出，则可采用下面的反模糊化原则：

$$\text{out\_}l=\begin{cases}\text{较好} & \text{out\_}d>0.70\\ \text{正常} & 0.70\geqslant \text{out\_}d\geqslant 0.4\\ \text{结焦} & \text{out\_}d<0.4\end{cases}$$

例如，现在有待诊断样本｛炉膛温度，炉膛负压，引风机压力｝=｛1020，−40，−320｝，依照表 11.5 对这些实际数值进行模糊化，得到量化输入 $\{x_1,x_2,x_3,x_4,x_5,x_6\}=\{0.135,0.865,0.900,0.100,0.8,0.2\}$，采用炉膛结焦故障诊断知识库，进行模糊神经网络计算，得到量化输出为 0.558，待诊断炉膛结焦故障征兆样本与理想运行状况的欧几里德贴近度为 0.533，与模糊神经网络的输出相差无几。可见炉膛运行状况正常，没有结焦。

11.2.4　煤粉锅炉燃烧系统模糊联想记忆神经网络诊断模型

模糊联想记忆（fuzzy associative memory，FAM）神经网络是由 Kosko1987 年提出来的，是一种两层前馈网络，有两种常用的形式。

1. 煤粉锅炉燃烧系统 Max－min 型 FAM 神经网络诊断模型

图 11.4 所示的煤粉锅炉燃烧系统 Max－min 型模糊联想记忆神经网络中的神经元都采用表 11.4 中所示的第 3 类模糊神经元-取大取小模糊神经元。在该类神经元中还要求满足各神经元的阈值都为 0，$f[x]=x$。

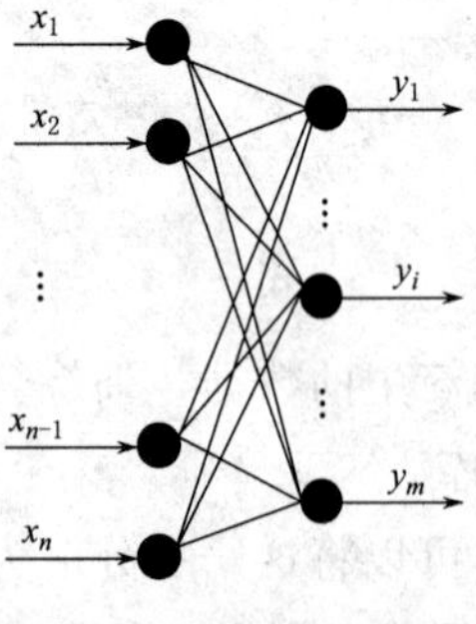

图 11.4　煤粉锅炉燃烧系统 Max－min 型 FAM 神经网络诊断模型

设现在有 p 个模糊模式对 $(A_k,B_k)(k=1,\cdots,p)$，其中 $A_k=(a_k^1,\cdots,a_k^n)$，$B_k=(b_k^1,\cdots,b_k^m)$，$a_k^i\in[0,1]$，$b_k^i\in[0,1]$，对任意 $(i=1,\cdots,n)$；$(j=1,\cdots,m)$；$(k=1,\cdots,p)$。

煤粉锅炉燃烧系统 Max－min 型 FAM 神经网络也包括学习和联想两个过程。在学习过程，寻找权值矩阵 W，使满足：$A_k\circ W=B_k(k=1,\cdots,p)$，其中算子“∘”为“∧或∨”；在联想阶段，就是给神经网络提供输入模式 $A=(a_1,\cdots,a_n)$，网络通过取大取小合成运算，联想出输出模式 $B=(b_1,\cdots,b_m)$，具体的运算公式为

$$b_j = \bigvee_{i=1}^{n} (a_i \wedge w_{ij}) \quad (j=1,\cdots,m) \tag{11.3}$$

煤粉锅炉燃烧系统 Max－min 型 FAM 神经网络的学习算法如下：

（1）赋初值：令 $w_{ij}=1$，对 $\forall i, j, k=1$。

（2）给定输入和输出 (A_k, B_k)：输入各模糊模式对，输入模式 $(a_1,\cdots,a_n)$，输出模式 $(b_1,\cdots,b_m)$。

（3）计算实际输出：$(b_k^j)' = \bigvee_{i=1}^{n}(w_{ij} \wedge a_k^i)$，其中 $(b_k^j)'$ 表示第 k 个模糊模式对在训练时第 j 个分量的实际输出 w_{ij} 为 F_1 中第 i 个节点到 F_2 中第 j 个节点的权；a_k^i 为输入模式的第 i 个分量。

（4）调权：如果 $[w_{ij}(t) \wedge a_k^i] > b_k^j$，令 $w_{ij}(t+1) = w_{ij}(t) - \eta[(b_k^j)' - b_k^j]$，其中 η 为比例因子，满足 $0 < \eta \leqslant 1$；否则，$w_{ij}(t+1) = w_{ij}(t)$。

（5）验证是否对所有 i，j 都存在 $w_{ij}(t+1) = w_{ij}(t)$，如存在转（6），否则返回（3）。

（6）$k=k+1$，重复（2），直到 $k=p+1$ 结束。

下面以“锅炉燃烧器灭火”故障为例说明 Max－min 型 FAM 神经网络在锅炉燃烧系统故障诊断中的应用。

由于锅炉燃烧器灭火故障诊断有 6 个输入和 2 个输出，因此其网络结构如图 11.5 所示。以表 11.6 中的 7 个学习样本对作为训练样本，对之进行训练。

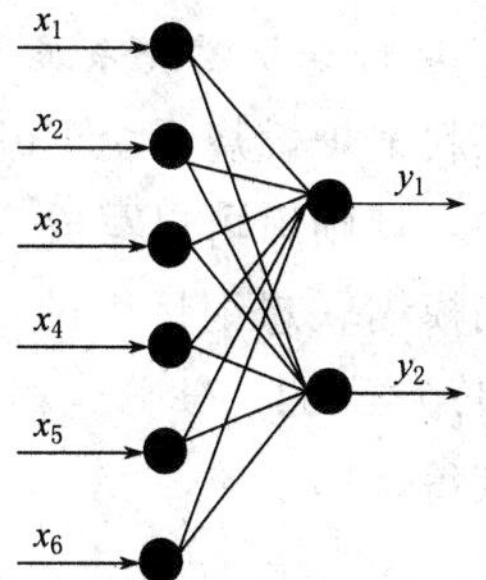

图 11.5 燃烧器灭火故障 Max－min 型 FAM 神经网络诊断模型

依照上面介绍的训练算法，取 $\eta=0.6$，得到的连接权矩阵为

$$W = \begin{bmatrix} 0.6 & 0.5 & 1.0 & 0.9 & 1.0 & 0.48 \\ 0.4 & 0.5 & 0.4 & 0.4 & 0.6 & 0.4 \end{bmatrix}^{\mathrm{T}}$$

表 11.6　锅炉燃烧器灭火故障诊断模糊模式对

样本号	征兆						故障	
	炉膛负压	蒸汽压力	风压	水位	蒸汽流量	蒸汽温度	单个燃烧器灭火	多个燃烧器灭火
1	0.3	0.6	0.4	0.8	0.2	0.4	0.8	0.5
2	0.9	0.4	0.4	1.0	0.7	0	0.9	0.6
3	0.8	0.1	0.6	0.5	0.4	0.3	0.6	0.4
4	0.7	0.9	0.6	0.1	0.7	0.4	0.7	0.6
5	0.3	0.6	0.5	0.5	0.2	0.9	0.5	0.5
6	0.1	0.7	0.4	0.7	0.7	0.7	0.7	0.6
7	0.7	0.2	0.4	0.6	0.3	0.8	0.6	0.4

这样，就实现了把锅炉燃烧器灭火故障诊断模糊模式对全部存储在权矩阵中。

对于 Max－min 型 FAM 诊断阶段也就是回想过程，可以验证，W 权矩阵可以准确地回想上面的 7 个样本中的每一个，如对于第 4 个样本，则有

$$B_4 = A_4 \circ W = (0.7 \quad 0.9 \quad 0.6 \quad 0.1 \quad 0.7 \quad 0.4) \circ \begin{bmatrix} 0.6 & 0.5 & 1.0 & 0.9 & 1.0 & 0.48 \\ 0.4 & 0.5 & 0.4 & 0.4 & 0.6 & 0.4 \end{bmatrix}^{\mathrm{T}}$$
$$= (0.7 \quad 0.6)$$

与训练样本 4 的输出完全一样。对于一组新的样本征兆集，锅炉燃烧器灭火故障诊断系统也能给出一个合理的结果。

从训练算法和上面的分析也可以得出 Max - min 型 FAM 诊断系统的特点：①系统结构简单，且总能收敛；②与 BP 网络不同的是，该算法所赋初值并非随机值，而是都赋 1，因此具体的权值矩阵数值只与比例因子 η 的取值有关，且 η 的取值对 W 关系也不是很大，如 $\eta=0.7$ 时模拟诊断系统中的 W 只改变了一个数 0.48 为 0.46；③系统的知识容量小，容错性能不强；④由于采用最大-最小算子，因此对输入-输出数值有一定的要求：对于每一个训练样本都必须满足最大的征兆隶属度大于最大的故障隶属度。

2. 煤粉锅炉燃烧系统 Rule 型 FAM 神经网络诊断模型

煤粉锅炉燃烧系统 Rule 型 FAM 神经网络诊断模型如图 11.6 所示。在这种联想记忆系统中，规则库可以写成 $(A_1,B_1),(A_2,B_2),\cdots,(A_p,B_p)$，每个输入 A 可以不同程度地作用模糊联想记忆中的每一条规则。最小模糊联想记忆系统 (A_i,B_i) 映射输入 A 到 B'_i，B'_i 为 B 的一部分。相应的输出模糊集合 B 可以通过各部分作用的模糊集合结果的组合来获得，即

$$B = w_1 B'_1 + w_2 B'_2 + \cdots + w_p B'_p \tag{11.4}$$

w_i 反映模糊联想记忆规则 (A_i,B_i) 的可信度（或强度）。在实际中，还将输出模糊向量 B 通过反模糊化（defuzzification）变成输出 y。

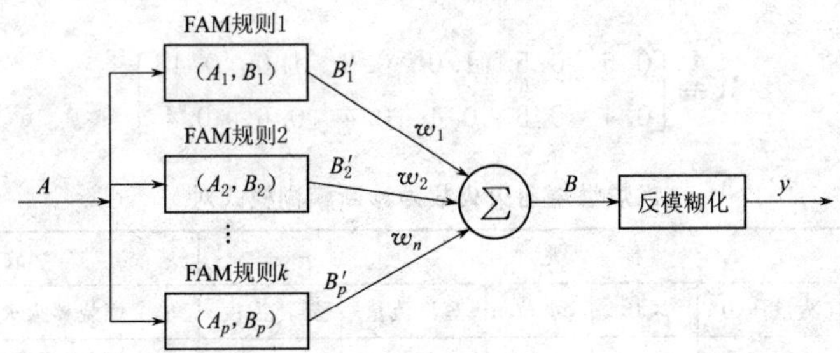

图 11.6　煤粉锅炉燃烧系统 Rule 型 FAM 神经网络诊断模型

对于煤粉锅炉燃烧系统 Rule 型 FAM 神经网络，现在关心的问题有三个：①如何利用规则 (A_i,B_i) 和输入模糊向量 A 产生联想结果 B'_i；②如何构造有 p 条规则的 FAM 神经网络；③如何合成模糊输出 B。

(1) 形成矩阵 $M_i(i=1,\cdots,p)$。

(2) 由于矩阵 M_i 对应 FAM 规则 i，因此该矩阵必须包含信息 (A_i,B_i)，即 M_i 应该满足：$A \circ M = B, M = A^{\mathrm{T}} \circ B$，“$\circ$”为取大取小算子，从而有：$m_{ij} = \min(a_i, b_j)$。

(3) 构造有 p 条规则的 FAM 神经网络。在 M_i 实现了单个规则 $A_i \to B_i$ 的联想基础上，通过对每条规则的联想结果进行累加，即由 $B'_1,B'_2,\cdots,B'_p$ 来组合 B，这样，为实现

对 p 条规则的存储，必须有 p 个权值矩阵 $M_1, M_2, \cdots, M_p$。

假设一个单输入单输出的系统，输入经过模糊化后变为 3 个量值输入，输出在反模糊化前是 2 个量值输出，同时假设该系统只有 2 条规则，则这个 FAM 神经元连接如图 11.7 所示。从图中可以看出，为了实现对多条规则的存储，需要一个很大的网络结构，所用的内存开销将是十分巨大的，但是这种网络的空间结构十分清晰。

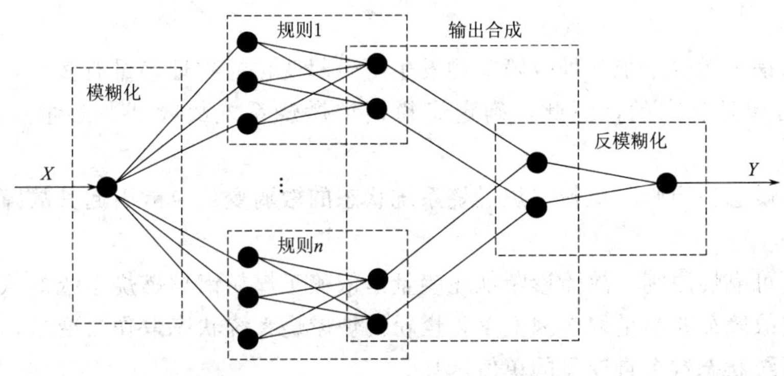

图 11.7 FAM 神经元连接

(4) 输出模式的合成。输出向量 B 是对每条规则所产生的向量 B'_i 的加权和，即式 (11.4) 所示。Rule 型 FAM 在故障诊断中的应用，这里仍以“炉膛结焦”为例来说明其应用，已知“炉膛结焦”表现出来的征兆有 3 种，故障为 2 类，专家经验知识被总结为 3 条规则。

规则 1：IF 征兆 1 (0.4) 征兆 2 (0.9) 征兆 3 (0.4) THEN 故障 1 (0.3) 故障 2 (0.8)

规则 2：IF 征兆 1 (0.9) 征兆 2 (0.6) 征兆 3 (0.2) THEN 故障 1 (0.8) 故障 2 (0.5)

规则 3：IF 征兆 1 (0.8) 征兆 2 (0.3) 征兆 3 (0.7) THEN 故障 1 (0.6) 故障 2 (0.7)

规则中括号里的数字表示征兆表现为症状的严重程度或故障存在的严重程度。

由 $M_i = A_i^T \circ B_i$ 得到 3 个矩阵分别表示 3 条规则：

$$M_1 = \begin{bmatrix} 0.3 & 0.4 \\ 0.3 & 0.8 \\ 0.3 & 0.4 \end{bmatrix}, \quad M_2 = \begin{bmatrix} 0.8 & 0.5 \\ 0.6 & 0.5 \\ 0.2 & 0.2 \end{bmatrix}, \quad M_3 = \begin{bmatrix} 0.6 & 0.7 \\ 0.3 & 0.3 \\ 0.6 & 0.7 \end{bmatrix}$$

设现在有待诊断样本：征兆 1 (0.7)，征兆 2 (0.2)，征兆 3 (0.8)，即 $A = (0.7, 0.2, 0.8)$，那么有

$$B_1 = A \circ M_1 = (0.7,\ 0.5)$$

$$B_2 = A \circ M_2 = (0.3,\ 0.4)$$

$$B_3 = A \circ M_3 = (0.6,\ 0.7)$$

将 $\sum_{i=1}^{p} w_i$ 看为一个算子，并将 $B = \sum_{i=1}^{p} w_i B'_i$ 理解为 $B = \bigcup_{i=1}^{p} B'_i$，由此有

$$B = B_1 \cup B_2 \cup B_3 = (0.7,\ 0.7)$$

11.3 煤粉锅炉燃烧系统故障知识库构建

11.3.1 煤粉锅炉燃烧系统故障征兆参数确定

要对煤粉锅炉燃烧系统进行故障诊断，获取能反映煤粉锅炉燃烧系统状态的有关信号是至关重要的。

虽然煤粉锅炉燃烧系统某种故障类型发生所引起变化的物理参量有多个，但可作为故障特征参量的却是有限的，因此，确定煤粉锅炉燃烧系统故障征兆参量应遵循如下的原则。

(1) 高度敏感性原则。煤粉锅炉燃烧系统状态的微弱变化应能引起其故障特征的较大变化。

(2) 高度可靠性原则。故障诊断征兆参量是依赖于煤粉锅炉燃烧系统的状态变化而变化的，如果把故障征兆参量取作因变量，煤粉锅炉燃烧系统状态取作自变量，则故障征兆参量应是该系统状态这个自变量的单值函数。

(3) 实用性原则。煤粉锅炉燃烧系统故障征兆参量应是便于检测的，如果某个物理量虽对某种故障足够灵敏，但这个参量不易获得（经济、技术方面的考虑），那么，这个物理量也不便作为故障征兆参量。

煤粉锅炉燃烧系统的参数可以划分为以下三类：

(1) 不可调参数。煤粉的工业分析成分参数；空气的水分、温度；给水温度；再热蒸汽温度等。

(2) 可调参数。炉膛 4 个角的一次风量、二次风量、燃烬风量以及给粉量；煤粉粒度；风温、气粉混合物温度；给水流量等。

(3) 输出参数。过热蒸汽温度和压力、烟气温度、流量、含氧量以及炉膛负压、锅筒水位、烟道负压。

在基于以上原则以及考虑到煤粉锅炉燃烧系统故障诊断实际需要的情况下，确定表 11.7 所示的热工参数作为煤粉锅炉燃烧系统故障征兆参量。

表 11.7　锅炉燃烧系统故障征兆热工参数

序号	热工参数测点	序号	热工参数测点	序号	热工参数测点
1	发电机有功功率，kW	9	左一次风总风温，℃	17	左侧排烟温度，℃
2	炉膛负压，Pa	10	右一次风总风温，℃	18	右侧排烟温度，℃
3	送风机入口温度 1，℃	11	左侧热风温度，℃	19	1 号～16 号一次风压，kPa
4	送风机入口温度 2，℃	12	右侧热风温度，℃	20	1 号～16 号一次风温，℃
5	煤粉温度 1，℃	13	左侧主流量，kg/s	21	1 号～16 号给粉机转速，r/min
6	煤粉温度 2，℃	14	右侧主流量，kg/s	22	1 号～16 号火检信号
7	左一次风总风压，kPa	15	左侧排烟含氧率，%	23	炉膛温度 1
8	右一次风总风压，kPa	16	右侧排烟含氧率，%	24	炉膛温度 2

11.3.2 煤粉锅炉燃烧系统知识表示方法

知识是以一定的方式存储在知识库中的，知识只有被表示以后才能对它进行处理。因此，选择适当的知识表示方法不仅是煤粉锅炉燃烧系统故障诊断知识库建立必须考虑的首要问题，而且直接决定了煤粉锅炉燃烧系统故障诊断知识的获取、推理和维护工作的成效。对于不同的煤粉锅炉燃烧系统故障诊断知识应采用不同的形式和方法来表示，以使其具有能够表示事物间结构关系的静态知识与对事物进行处理的各种动态知识、客观存在的事实、规律和规则、确定的和完全的知识以及模糊的和不完全的知识等能力。

从抽象的、整体的观点考虑，知识表示方法通常可分为浅层知识表示与深层知识表示。

1. *浅层知识表示方法*

浅层知识通常以产生式规则的形式给出，但其前提和结论之间并没有强烈的因果关系。煤粉锅炉燃烧系统模糊神经网络故障诊断专家系统中的浅层知识采用产生式规则的获得。

为便于对煤粉锅炉燃烧系统过程变量特性进行分析，将煤粉锅炉燃烧系统中的一些过程分解为几个子系统。关联矩阵 C 为子系统间的相互作用，假设过程分为 n 个子系统 $S_1,\cdots,S_i,S_j,\cdots,S_n$，则 C 为 $n\times n$ 矩阵，其中的每一个元素 C_{ij} 定义为

$$C_{ij}=\begin{cases}1 & S_i\text{影响}S_j\text{时}(i\neq j)\\0 & \text{其他}\end{cases} \tag{11.5}$$

煤粉锅炉燃烧系统状态由可测量表征，那么该过程子系统中若有一个可测量异常时则该子系统异常，这种状态由下面方程式表示为

$$\forall k,k\in(1,m_i),AB(m_{ik})\Rightarrow AB(S_i) \tag{11.6}$$

式中：AB 为谓词意义异常；m_i 为 S_i 全部可测量；m_{ik} 为 S_i 中第 k 个可测量。

可测因果矩阵 CM_{ij} 为子系统间关系的精确描述。若 S_i 中有 n 个可测量，则 S_i 和 S_j 之间的可测因果矩阵 CM_{ij} 为 $n\times m$ 矩阵，对 CM_{ij} 中的每一个元素 cm_{ij}^{ki} 定义为

$$cm_{ij}^{ki}=\begin{cases}1 & S_i\text{中第}k\text{个可测变量直接影响}S_j\text{中第}k\text{个可测变量时}(i\neq j)\\0 & \text{其他}\end{cases} \tag{11.7}$$

自因果矩阵 CS_i 表示子系统内可测变量间的因果关系。若子系统 S_i 中有 n 个可测量，则对应于子系统 S_i 的自因果矩阵 CS_i 为 $n\times n$ 矩阵，其中每一个元素 cs_{ij}^{ki} 定义为

$$cs_{ij}^{ki}=\begin{cases}1 & S_i\text{中第}k\text{个可测变量直接影响}S_j\text{中第}k\text{个可测变量时}(i\neq j)\\0 & \text{其他}\end{cases} \tag{11.8}$$

由以上定义的矩阵可得出煤粉锅炉燃烧系统故障检测的产生式规则。

关于煤粉锅炉燃烧系统单个故障情况，产生式规则可由式（11.6）表述。假设煤粉锅炉燃烧系统第 1 个子系统中第 j 个可测量为异常状态，由式（11.6）表示为 $AB(m_{ik})$，则搜索使子系统 S_i 具有异常特性 m_{ij} 的可测变量。若该变量存在，则生成故障检测产生式规则。根据子系统 S_i 的自因果矩阵进行搜索，可进一步发现 S_i 中的故障变量，从而生成其他的故障检测产生式规则。而且，也可对与 S_i 有关的子系统进行搜索，发现能够直接影响 S_i 的可测变量。根据关联矩阵进行搜索，这类子系统表示为

$$\forall j, S_j \cdot c_{ij} = 1 \quad (i \neq j) \tag{11.9}$$

利用因果关系矩阵对煤粉锅炉燃烧系统的子系统进行搜索以寻找能够直接影响其他子系统的可测变量，若这类变量存在，可生成产生式规则。这样，确定过程的浅层知识可由特定的产生式规则表述。由于包含了操作员的经验，提高了故障诊断系统的可靠性。

该方法的优点是故障检测不仅基于过程变量（输入量、输出量和状态量）的绝对值，而且基于变量变化的产生式测定，故不仅能够检测煤粉锅炉燃烧系统一般不稳定特征，而且能够对其早期故障发展进行预测。

2. 深层知识表示方法

深层知识是指描述诊断对象结构、功能等更深一层次的有关诊断对象内在联系的知识，它表达了诊断对象的内在规律，要求诊断对象的每一个环节具有明确的输入输出表达关系。由于深知识获取方便且维护简单，因此易于保证知识库的一致性和完备性。但是它的缺点是搜索空间过大而造成推理速度变慢。深层知识的表示方法通常可分为因果知识和第一定律知识。

因果知识是反映诊断对象的内部结构和功能的知识。它建立在经验知识的基础之上，能把诊断对象的内部结构与属性显式地表示出来，前提与结论之间具有强烈的因果关系，具有普遍性。与经验知识相比，因果知识包含了诊断对象可见和不可见的全部属性，而经验知识仅包含了诊断对象的外部可见属性。

第一定律知识是指与煤粉锅炉燃烧系统的物理性质、功能和原理有关的知识。它包括理论、定律、公式、规律等。第一定律知识以明确的科学理论为基础，具有普遍性和通用性。常见的有能量守恒定律、质量守恒定律、压力与压强的关系、电压与电流的关系等。

总之，基于浅层知识（人类专家的经验知识）的专家系统具有知识表达直观、形式统一、模块性强、推理速度快等优点，但由于煤粉锅炉燃烧系统的复杂性，很难完整地展示其故障诊断领域的知识；此外，由于许多煤粉锅炉燃烧系统故障的产生和诊断是没有经验可循的，致使诊断难以得出甚至不能得出结论，此时只有使用深层知识（诊断对象的模型、原理知识）才能进行进一步诊断。为此，煤粉锅炉燃烧系统故障智能诊断过程中将使深知识或浅知识两者有机结合并相互补充，以便有效地提高故障诊断的准确性和推理诊断的效率。

11.4　煤粉锅炉燃烧系统故障诊断推理机设计

煤粉锅炉燃烧系统故障诊断推理机作为煤粉锅炉燃烧系统模糊神经网络故障诊断专家系统的组织控制机构，通过接收模糊神经网络诊断模型提供的故障征兆与知识库中选取的相关知识，并按照一定的推理策略进行推理，直到得出相应结论。因此，在设计煤粉锅炉燃烧系统故障诊断推理机时，应从推理方法、推理方向和完成推理任务实现推理方法的推理算法等方面进行考虑。

11.4.1　推理方法

推理方法分为精确推理和不精确推理两类。精确推理是把领域知识表示为必然的因果关系，推理的前提和结论是肯定的或者是否定的，不存在第三种可能，因而在这种推理中，一条规则被激活的条件是它所有的前提必须为真。然而，在煤粉锅炉燃烧系统故障诊断中，故障征兆并不总是表现出绝对的是或非，同时还可能存在着其他原因如：概念模糊、知识本身的可信度问题等，因此，煤粉锅炉燃烧系统模糊神经网络故障诊断专家系统往往需要使用的是不精确的推理方法。由于人工智能方法在表达和处理不确定方面的优越性，使其成为研究不精确推理的首选方法。

根据复杂过程的故障特性分析可知，获得的诊断知识由于存在感观和经验等问题，往往是不确定的，此外考虑检测的数据中混有噪声、检测手段与装置存在误差、外界环境存在干扰等因素，必然采用模糊理论进行知识的描述。考虑到基于模糊产生式规则的专家系统存在规则推理产生的冲突和大型知识库搜索、规则匹配及置信度计算等产生的低效率问题，而具有较强的容错和并行处理能力神经网络可以解决基于模糊规则推理的冲突和低效率问题。为此，可把基于模糊产生式规则的推理网络中的目标节点和中间节点分别转化成神经元来处理，把证据节点当作神经元网络的输入，并把规则前提的置信度融于神经元网络的输入信息中，使规则的置信度融于神经网络的输出信息中。

利用 BP 网络的 Sigmoid 函数及其网络结构，生成用于实现模糊推理的神经网络：

(1) 输入层。这一层中的每一个神经元表示一个输入变量，神经元的个数等于在模糊规则前提中出现的变量个数。在这一层中的神经元直接把输入值传递给下一层中的神经元。

$$F(X_i)=X_i \tag{11.10}$$

式中：F 为神经元的作用函数；X_i 为输入变量。

(2) 前提隶属函数层。这一层中的神经元用于模拟隶属函数。单调隶属函数用一个神经元模拟，钟形隶属函数用两个神经元模拟。每个神经元都具有 Sigmoid 作用函数，即

$$F(S_i)=1/[1+\exp(-S_i+C)] \tag{11.11}$$

式中：$S_i=\sum w_{ij}a_j$，其中 w_{ij} 是前一层中第 j 个元和该层第 i 个元之间的连接权，a_j 是前层中第 j 个元的输出；C 为阈值。

(3) 前提层。这一层中的神经元用于实现规则的前提命题，神经元是线性的，则有

$$F(S_i)=S_i \tag{11.12}$$

式中：$S_i=\sum w_{ij}a_j$，其中 w_{ij} 为 1 或者 −1。

(4) 规则层。神经元的个数等于模糊规则的个数，神经元的作用函数是线性的，连接用于实现规则的匹配，所以，规则神经元完成模糊“与”运算，即

$$S_i=\min(a_1,\cdots,a_n),F(S_i)=S_i \tag{11.13}$$

(5) 结论层。这一层中的神经元模拟结论的隶属函数。规则层中的每个神经元与该层中表示相应结论的元连结，并且有

$$F(S_i)=1/[1+\exp(-S_i+C)] \tag{11.14}$$

式中：$S_i=\sum w_{ij}a_j$。

(6) 反模糊化层。这一层中的神经元及其连结用于模糊清晰化。令 h_i 和 d_i 分别表示隶属函数的中心点（平均值）和宽度（方差），则有

$$F(S)=S/\sum d_i a_i \tag{11.15}$$

式中：$S=\sum w_{ji}a_i=\sum(h_i d_i)a_i$。

一旦将模糊规则和隶属函数导入神经网络，就可以利用该网络解决实际问题，实现模糊推理。然而，由于误差的存在常常使结果不能令人满意，因此，必须通过学习使式(11.16)所示的误差函数最小。

$$E(n)=\frac{1}{2}\sum_{j=1}^{n}e_j^2(n) \tag{11.16}$$

式中：$e_j(n)=y_j(n)-d_j(n)$，其中 $y_j(n)$ 为第 n 次实际输出值，$d_j(n)$ 为第 n 次目标输出值。

根据 BP 算法有

$$w_{ji}(n+1)=w_{ji}(n)-\eta\frac{\partial E(n)\partial F(S)\ \partial S(n)}{\partial F(S)\partial S(n)\partial w_{ji}(n)} \tag{11.17}$$

式中：η 为学习率。

模糊推理的神经网络的学习算法如下：

(1) 根据式(11.12)～式(11.15)，把模糊推理的神经网络的输入转换成输出。

(2) 误差回传，包括：

1) 输出层，根据式(11.15)，结论隶属函数中心点和宽度的更新量分别为：$\Delta h_j=\eta e_j(n)d_j a_j/\sum(a_k d_k)$，$\Delta d_j=\eta e_j(n)[h_j a_j\sum(a_k d_k)-a_j\sum(h_j a_k d_k)]/[\sum(a_k d_k)]^2$。向前传播的误差为 $e_j(n)$，这一步实现结论隶属函数的自动修改。

2) 结论层，误差为 $e_j^{(5)}=e_j(n)[h_j d_j\sum(a_k d_k)-d_j\sum(h_j a_k d_k)]/[\sum(a_k d_k)]^2$；权的更新量为 $\Delta w_{ji}=\eta e_j^{(5)}a_j$；阈值的更新量为 $\Delta c_j=a_j e_j^{(5)}$。

3) 规则层，没有要修改的参数，仅需计算要传播的误差量为 $e_j^{(4)}=\sum e_j^{(5)}$。

4) 前提层，没有要修改的参数，仅需计算要传播的误差量为 $e_j^{(3)}=\sum e_j^{(4)}$。

5) 前提隶属函数层，误差量为 $e_j^{(2)}=\sum[e_j^{(3)}w_{kj}]F(S_i)(1-(S_i))$，$S_i$ 是该层第 i 个元的输入；权的更新量为 $\Delta w_{ji}=\eta e_j^{(2)}a_j$；阈值的更新量为 $\Delta c_j=a_j e_j^{(2)}$，这将使前提隶属函数自动修改得以实现。

(3) 确定学习是否成功。均方根误差为：$\text{RMS}=\sqrt{\sum e_j(n)/d_j(n)}$。当 RMS 小于某个预定义误差值时，学习成功，结束；否则，转步骤(1)。

11.4.2　推理方向

推理机的控制策略常用的有数据驱动的正向推理方式、目标驱动的反向推理方式，以及正反向混合推理方式三种。

(1) 正向推理的基本思想是：从已知的证据信息出发，让知识库中的规则前提条件与证据信息匹配，如果匹配成功，则将该规则的结论部分作为中间结果，然后利用中间结果继续与知识库中的规则进行匹配，直至得出最终的结论或没有可匹配的规则为止。与其他推理方式相比，正向推理的优点是简单，容易实现，允许用户主动提供有用的信息；缺点是规则的激活与执行没有目的，求解许多无用的目标，从而推理速度较慢且效率较低，而且不能反推。

(2) 反向推理的基本思想是：选定一个目标，然后在知识库中寻找能够推导出该目标的规则集，如果这些规则集中的某条规则前提与数据库匹配，则执行该规则前提作为子目标，递归执行上述过程，直到总目标被求解或者没有能够推导出目标（包括子目标）的规则。与正向推理相比，反向推理的优点是目的性强，只考虑能导出某个特定目标的规则，因此推理效率较高，不足之处是选择目标具有盲目性。

（3）正反向混合推理的基本思想是：先根据给定的原始数据或证据（这些数据或证据往往是不充分的）进行正向推理，得出可能成立的诊断结论，然后，再以这些结论作为假设，进行反向推理寻找支持这些假设的事实或证据。

由于正反向混合推理集中了正向推理和反向推理的优点，更类似于人日常进行决策时的思维模式，因而求解过程也更容易被理解。一般应用的情况有：已知条件不足，用正向推理不能激发任何一条规则；正向推理的结果可信度不高，需要用反向推理求解更确切的结论；由已知条件查看是否还有其他结论存在。

根据煤粉锅炉燃烧系统故障特点分析可见，单一的正向推理或反向推理均不能满足系统的推理要求。因此，煤粉锅炉燃烧系统模糊神经网络故障诊断专家系统综合利用正向推理和反向推理的优点，通过数据驱动选择目标，通过目标驱动求解决该目标的双向交替控制策略，可减少选择目标的盲目性和证实目标的盲目性，提高推理效率。

11.4.3 推理算法

基于煤粉锅炉燃烧系统模糊神经网络故障诊断专家系统推理方法，设计了导入、导出算法实现双向交替控制策略，其中导入算法实现正向推理，反向推理由导出算法完成。

导入算法是指把模糊规则和隶属函数转换成神经网络的算法。具体实现步骤如下：

（1）构造用于实现规则前提隶属函数的子神经网络。

（2）根据步骤（1）生成的子网和知识库中的规则，为每一条规则产生相应的子神经网络。

（3）合并步骤（2）中产生的所有子网，生成结果神经网络并得到网络最终输出。

导出算法是指从神经网络中抽取隶属函数和模糊规则的算法，它是导入算法的逆过程，具体步骤如下：

（1）从规则层中选择规则元。

（2）向前搜索与该规则元具有连结关系的各层上的神经元。

（3）向后搜索与该规则元具有连结关系的各层上的神经元，从而从整个网络中抽出实现该条规则的子网。

（4）根据实现隶属函数的子网把步骤（3）得到的子网翻译成一条模糊规则。

（5）用所得到的模糊规则与知识库中该条规则对应的规则的前提比较。

（6）若不同，转步骤（2），否则，结束，并确认网络最终输出。

11.5 煤粉锅炉燃烧系统模糊神经网络故障诊断专家系统应用实现

要实现对煤粉锅炉燃烧系统的故障诊断，还必须对煤粉锅炉燃烧系统各个参数进行深入分析，然后结合操作人员的经验知识和专家的知识，对煤粉锅炉燃烧系统的参数可能出现的各种故障建立一个故障知识库。该知识库应该包含故障特征、故障对策以及提示操作等，见表 11.8。

表 11.8　　煤粉锅炉燃烧系统部分故障诊断与决策知识

故　　障	征　　兆	故　障　原　因	操　作　决　策
风粉系统煤粉自燃	(1) 煤粉温度超过 70℃； (2) 一次风温高于同侧一次总管风温	(1) 制粉系统有自燃； (2) 粉仓煤粉有自燃； (3) 风管内煤粉有自燃	(1) 停磨、制粉系统送冷风； (2) 待粉仓清空后恢复供粉； (3) 停给粉机
一次风管内堵粉	(1) 在风压表后喷燃器前堵塞时，一次风压高； (2) 在风压表前堵塞一次风压低或到零	(1) 调整不当，下粉量过大，一次风压过小； (2) 粉位过低或给粉机螺旋磨损， 引起给粉机自流严重； (3) 炉子长时间正压运行	(1) 打开补助喷燃器的一次风挡板，投入补助喷燃器； (2) 加大其他给粉机转速； (3) 停下堵塞的给粉机进行通风，无效时关闭被堵的一次风挡板，待处理后恢复正常
烟道内可疑物质再燃烧	(1) 烟气温度剧增； (2) 热风温度不正常升高； (3) 烟道内负压变小； (4) 烟囱冒黑烟	(1) 调整燃烧不当，风量不足； (2) 炉膛负压过大； (3) 烟速过低，使烟道内堆积大量可燃物	(1) 调整燃烧，对受热面进行吹灰、打焦； (2) 当排烟温度高于 300℃时，立即停炉； (3) 关闭烟风挡板和炉膛烟道各孔门，确认无火源后可启动引风机逐渐开启挡板
燃烧器灭火	(1) 炉膛负压显著增大； (2) 蒸汽压力下降； (3) 一次、二次风压变小； (4) 水位瞬间下降而后上升； (5) 蒸汽流量急剧减少； (6) 蒸汽温度下降	(1) 炉管爆破或放灰不当使冷空气大量进入； (2) 锅炉负荷过低，调整燃烧不当，致使炉膛温度低不利于新进燃料的预热和着火； (3) 炉膛负压过大，把火焰拉断； (4) 煤质变化，挥发份过低； (5) 风量配备不当，一次风过大； (6) 厂用电中断或给粉机跳闸	(1) 立即停供燃料； (2) 解列各自动调整装置； (3) 保持汽包水位略低于正常水位； (4) 增大炉膛负压，通风 3～5min； (5) 根据气温下降情况，关小减温水门或解列减温器，开启过热器疏水门
炉膛结焦	(1) 炉温升高； (2) 炉膛负压减小； (3) 引风机前负压增大	(1) 燃料的灰熔点低； (2) 运行时温度场偏移； (3) 超负荷运行，风煤配合不当，使炉膛出口温度过高	(1) 调整火焰中心位置； (2) 及时清除焦渣，防止结成大块； (3) 降低炉膛负压； (4) 加强二次风旋转强度，降低一次风率使着火点提前
……	……	……	……

11.5.1　煤粉锅炉燃烧系统模糊神经网络故障诊断专家系统结构

煤粉锅炉燃烧系统模糊神经网络故障诊断专家系统采用结构化程序设计方法，利用面向对象程序设计（object oriented programming，OOP）技术，使用在当今世界范围内广泛流行的操作系统和语言环境进行编程；图形用户界面友好，实时数据全部以动态曲线的方式显示输出，其结构框图如图 11.8 所示。

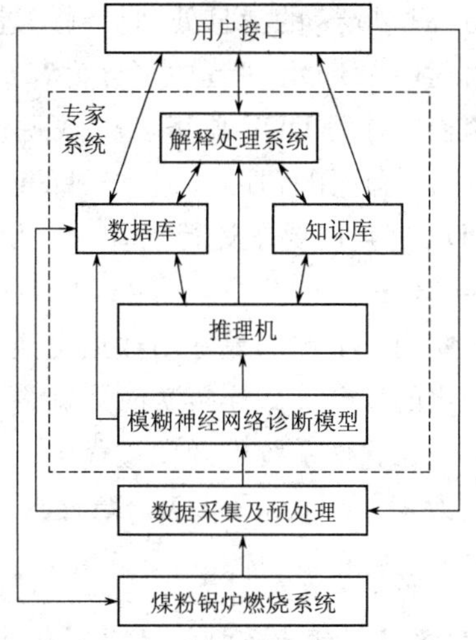

图 11.8　煤粉锅炉燃烧系统故障智能诊断系统框图

1. 数据在线采集

某厂目前的煤粉锅炉集散控制系统的软件、硬件全部采用美国 ABB 公司的产品。该系统用 Rock Well Software 的组件之一 RSLinx Views 制作监控工作站的界面，用专用的 PLC 通信接口模块以及另一组件 RSLinx Works（DDE Server）作为联系上位机和 PLC 的桥梁。它与传统工业控制系统的“上位机-下位机”的控制模式相比，具有如下优点：

（1）采用局域网与实时数据服务器进行通信，大大优于传统模式的 RS-485 串行通信。

（2）采用 ControlNet，使得控制网中所有处理器的地位均等，每台工作站均可利用界面友好、操作方便的软件对网络中所有硬件进行控制，大大降低系统的开销。

煤粉锅炉燃烧系统模糊神经网络故障诊断专家系统数据采集原理如图 11.9 所示。虚线所示为客户机内部数据流向。其中部件一为 ABB 公司 RS Works 专用的 DDE Server；部件二是采用 DDE、ODBC 等技术由本研究自行开发的数据通道，选择需要的在线数据，将数据整理、存储，并将数据提供给 IDSS 模型和在线显示模块。

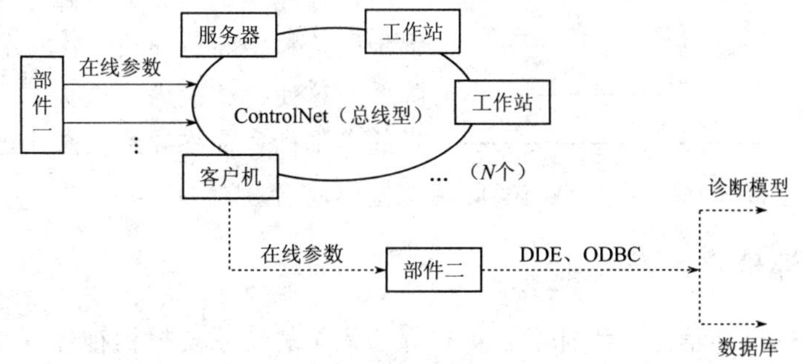

图 11.9　在线数据采集原理

2. 数据库访问技术

使用 ODBC（开放数据库连接）可以避免应用程序随数据库的改变而改变，针对不同类型数据库使用不同的 API。使用 ODBC，更改数据库只需要在应用程序中调整相应的驱动程序，ODBC 通过使用驱动程序来提高数据库的独立性，从而可以大大缩短开发应用程序的时间。

3. 数据通信技术

DDE 作为 Windows 所支持的三种内部通信方式之一，是一种开放式的、与语言无关的、基于消息的数据交换协议，是应用程序之间的协作标准。该协议允许应用程序之间利用 Windows 的消息处理机制来进行数据交换和远程命令的执行。DDE 交换信息的两个应用程序在 DDE 过程中可分为客户端应用程序和服务器端应用程序。提供信息或服务的应用程序称为 DDE 服务器（或源应用程序）；接受信息或服务的应用程序称为 DDE 客户（或目标应用程序）。通常，DDE 客户向 DDE 服务器提出请求，DDE 服务器响应请求并按 DDE 客户的要求进行动作——信息从服务器流向客户（客户也可将信息发回给服务器）。换句话说，DDE 是 C/S（Client/Server，客户/服务器）计算模式的一种实现。DDE 是不需要用户干预的最好的数据交换方法，它的应用范围广泛，特别适用于需要实时跟踪数据变化的场合，如连接实时数据、建立复合文档和执行应用程序之间的数据查询等。

在软件系统的开发过程中，主要以 Visual Basic 作为开发工具；由于所用数据库大多数为 MSAccess 及 SQL Server 数据库，故综合了运用 DAO 及 ODBC 技术访问数据库，对数据进行存取。

11.5.2　煤粉锅炉燃烧系统故障智能诊断结果分析

表 11.9 为某一时刻煤粉锅炉燃烧系统故障诊断的总体结果。通过历史追忆查看该时刻的锅炉运行数据，发现此时有一燃烧器的火焰检测信号微弱，仅为 11，与该燃烧器相连的一次风管道内的煤粉浓度和相应的给粉机转速均为 0，炉膛负压由原来的－80Pa 显著增大为－150Pa，且蒸汽流量急剧减少。经煤粉锅炉燃烧系统模糊神经网络故障诊断专家系统推理诊断，存在燃烧器灭火故障，可能是由于煤粉锅炉因给粉中断，导致一次风管煤粉浓度急剧降低，这使得相应火嘴灭火，引起四角风粉动量的不平衡，最终导致火焰中心偏斜。煤粉锅炉燃烧系统故障诊断系统诊断结果与实际情况基本吻合。

表 11.9　煤粉锅炉燃烧系统故障诊断结果

故　障　类　型	是否存在故障
风粉系统煤粉自燃	否
一次风管内堵粉	否
烟道内可疑物质再燃烧	否
燃烧器灭火	是
炉膛结焦	否
燃烧器回火	否

11.5.3　系统评价

以实际运行的反馈信息作为标准，进行煤粉锅炉燃烧系统模糊神经网络故障诊断专家系统的评价，主要包括以下几个方面：

（1）实时性。由于服务器数据库刷新的频率为 1min/次，系统的运行周期要求在 1min 内完成，系统的基于模糊神经网络的推理能满足这个实时要求。

（2）可靠性。系统的硬件采用能经受较大的温度和湿度变化，适应较强的震动、粉尘和电器干扰的工控机，系统的知识库结构合理，基于模糊神经网络的推理是无模式的快速匹配，符合现场要求。

（3）灵活性。系统软件的知识获取是基于模糊神经网络的，对于锅炉燃烧系统工况的动态变化，可以进行自学习，具有灵活性。

（4）可用性。系统的人机界面的友好、易于操作。

（5）效益。系统投入使用，对锅炉燃烧系统异常参数与异常工况进行智能诊断，给出操作指导，避免锅炉燃烧系统工况操作的盲目性，可以提高系统的经济效益。

（6）意义。由煤粉锅炉工艺分析可知，燃烧系统是工业煤粉锅炉的重要环节，它不仅直接影响锅炉供气工况的稳定，而且对节能降耗，提高锅炉的热效率有着重要意义。此外，煤粉锅炉燃烧系统模糊神经网络故障诊断专家系统的研究对于锅炉其他系统以及其他的流程工业过程故障诊断系统的研究有示范与推动作用。

本章参考文献

［1］ 周乃君．基于风粉监测的煤粉锅炉燃烧工况动态仿真与操作优化专家系统研究［D］．长沙：中南大学，2003.

［2］ 葛闯，钟文琪，周冠文，等．电站煤粉锅炉分隔屏过热器磨损特性数值试验研究及运行优化［J］．中国电机工程学报，2021，41（23）：8057－8067.

［3］ 鄂加强，左红艳，罗周全．神经网络模糊推理智能信息融合及其工程应用［M］．北京：中国水利水电出版社，2012.

［4］ 颜军，龚永红，吴昊．模糊神经网络理论与实践［M］．哈尔滨：哈尔滨工业大学出版社，2021.

第 12 章　船舶柴油机冷却系统模糊逻辑推理故障诊断系统

船舶柴油机工作时，气缸内燃烧气体的高温可达 2000℃，与高温燃气相接触的零部件，如气缸套、活塞、气缸盖和排气阀等，强烈受热。若不对其适当冷却，这些受热的零部件会造成严重后果：材料强度大大降低，配合机件之间产生拉毛甚至咬死现象；润滑油黏度降低，氧化变质。

综上所述，任何船舶柴油机都需要进行冷却散热，并须有一整套相应的冷却系统；但船舶柴油机并非越冷越好，过分冷却也会带来不良后果，会使柴油机的功率和经济性降低[1]。因此，船舶柴油机冷却系统的主要任务是保证船舶柴油机在最适宜的温度状态下，达到既能免除零部件损坏又减小其磨损，又能充分发挥它的有效功率的目的。

由于船舶柴油机冷却系统工作条件恶劣，工作过程复杂，故偏离正常工况的异常状况时常发生，提高船舶柴油机冷却系统可靠性、安全性，防止和杜绝影响正常任务完成的故障的发生和发展，一直是人们非常关心的课题[2]，其理论意义和实践都是十分巨大的。

12.1　船舶柴油机冷却系统模糊逻辑推理故障诊断系统总体规划

船舶柴油机采用淡水作为柴油机的冷却介质，以海水作为淡水的冷却介质，通过冷凝器去冷却高温淡水，经过冷却后的船舶机舱高温淡水再去冷却柴油机，高温淡水以闭式循环方式进行循环使用，其冷却系统图如图 12.1 所示。

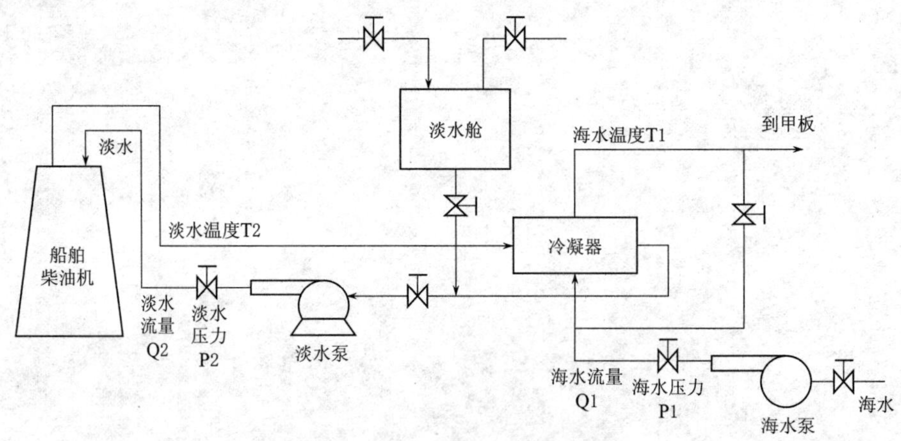

图 12.1　船舶柴油机冷却系统图

根据船舶柴油机冷却系统实际情况，选取海水温度 T1、淡水温度 T2、海水压力 P1、淡水压力 P2、海水流量 Q1 与淡水流量 Q2 等 6 个可测的工艺参数作为船舶柴油机冷却系统模糊逻辑推理故障诊断系统的输入变量，以系统正常 F0、气缸超载 F1、气缸后燃 F2、淡水阀关闭或坏 F3、淡水泵压力低 F4、淡水管系泄漏 F5、水泵压力高 F6、淡水旁通阀开度小 F7、淡水管系堵塞 F8、冷凝器管系堵塞 F9、海域气候 F10、海水泵压力低 F11、海水管系堵塞 F12、海水泵压力高 F13、海水旁通阀开度大 F14、海水泵堵塞 F15 等 16 个参数作为船舶柴油机冷却系统模糊逻辑推理故障诊断系统的输出变量。

对于船舶柴油机冷却系统来说，模糊逻辑推理系统是建立船舶柴油机冷却系统模糊逻辑推理故障诊断系统的基本前提。船舶柴油机冷却系统模糊逻辑推理系统是基于模糊概念和模糊逻辑而建立，能够处理模糊信息的系统，其一般结构如图 12.2 所示。它通常由模糊器、冷却系统模糊规则库、冷却系统模糊推理机、解模糊器四部分组成。

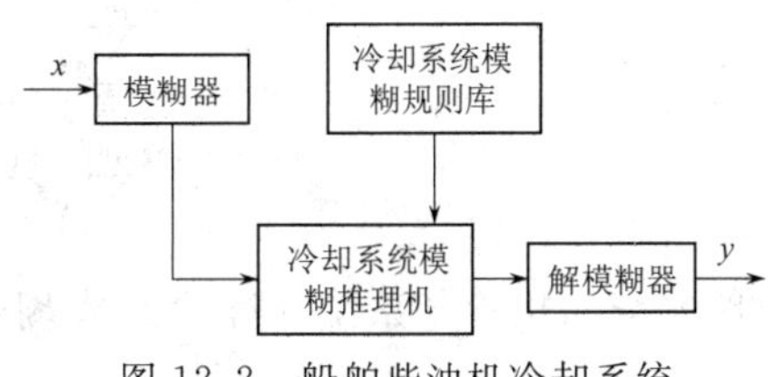

图 12.2 船舶柴油机冷却系统模糊逻辑推理系统结构

设船舶柴油机冷却系统模糊逻辑推理系统的输入信号 x 为论域 U 上的点，输出信号 y 为论域 V 上的点，x，y 均为确定的非模糊信息。船舶柴油机冷却系统模糊逻辑推理系统的处理对象是模糊信息，所以信号 x 需要通过模糊器变换成 U 上的模糊集合；船舶柴油机冷却系统模糊逻辑推理系统最终的输出应是明确的信息，所以需要有解模糊器将论域 V 上的模糊集合转化成 V 上的确定信号 y。

船舶柴油机冷却系统模糊逻辑推理系统具有许多优点。其输入、输出均为实型变量，适用于工程应用，可以用测量变量作为该模糊推理逻辑系统的输入，并将其输出变换为相应的工程量；船舶柴油机冷却系统模糊规则库的基本格式为“IF…THEN”型规则，适合于描述专家经验知识；模糊化单元、船舶柴油机冷却系统模糊推理机和反模糊化单元的设计有较强的自由度，对于特定的问题，可以通过比较、学习过程确定一个最佳的模糊逻辑系统，使之能有效地利用数据和语言两类信息。

船舶柴油机冷却系统模糊逻辑推理系统实质上是一个从论域 U 到论域 V 的非线性映射。只要适当选择隶属函数式、模糊化和反模糊化算法以及模糊推理算法，船舶柴油机冷却系统模糊逻辑推理系统可以在任意精度上逼近某个给定的非线性函数，其独特之处是能够充分有效地利用语言和知识信息。

船舶柴油机冷却系统模糊规则库是船舶柴油机冷却系统模糊逻辑推理系统的核心部分，一般是由一组模糊推理规则组成，其一般形式为

$$R^{(k)}:\text{IF } x_1 \text{ is } A_1^k \text{ and } \cdots \text{ and } x_n \text{ is } A_n^k \text{ THEN } y \text{ is } B^k \quad k=1,\cdots,M \tag{12.1}$$

式中：$R^{(k)}$ 为第 k 条规则；$x=(x_1,\cdots,x_n)\in \prod U_i$ 为系统的输入模糊向量；$A_i{}^{(k)}$、$B^{(k)}$ 分别为 $U_i \subset R$ 和 $V \subset R$ 的模糊集合；$y\in V$ 为系统的输出模糊变量；M 为规则库总规则数。

船舶柴油机冷却系统模糊推理机的作用是根据模糊逻辑的运算规则，把船舶柴油机冷却系统模糊规则库中的“IF…THEN”型模糊规则转化成从 $\prod U_i (i=1,\cdots,n)$ 上的模糊集到 V 的模糊集的映射关系，即它根据接受到的模糊输入信息 $x=(x_1,\cdots,x_n)$ 和模糊规则库中现有的规则，产生相应的模糊输出变量，其核心机制是模糊条件推理的方法。

在船舶柴油机冷却系统模糊逻辑推理故障智能诊断系统中，其模糊规则库中的模糊规则形式如式（12.1）所示，也可化为如下形式：

$$R^{(k)}: \text{IF } x_1(w_{k1}), \cdots, x_n(w_{kn}) \text{ THEN } F_1(C_{1k}), F_2(C_{2k}), \cdots, F_m(C_{mk}) \quad k=1,\cdots,M \tag{12.2}$$

式中：$x_1,\cdots,x_n$ 代表 n 个故障征兆；$F_1,\cdots,F_m$ 代表 m 个相互独立的故障，它们均已通过模糊处理转化为模糊量；$w_{ki}(i=1,\cdots,n)$ 为权系数，代表各个故障征兆 x_i 对本条规则 $R^{(k)}$ 的重要性；$C_{jk}(j=1,\cdots,m)$ 也是权系数，反映了本条规则 $R^{(k)}$ 对各个故障 F_j 的重要性。权系数 w_{ki}，C_{jk} 分别满足：

$$\sum_{i=1}^{n} w_{ki} = 1 \quad (w_{ki} \geqslant 0) \tag{12.3}$$

$$\sum_{j=1}^{m} C_{jk} = 1 \quad (C_{jk} \geqslant 0) \tag{12.4}$$

船舶柴油机冷却系统故障诊断模糊规则网络形式如图 12.3 所示。对于模糊诊断规则库的所有 M 条规则，按照图 12.3 的连接方式，可进一步构成完整的故障诊断模糊规则网络。在模糊诊断规则库中，一个故障 F_j 可能同时与多条规则相关联，而某一故障征兆 x_i 也可能同时作为多条规则的模糊条件。征兆与故障之间的复杂关系体现在由多条规则组成的完整规则网络之中。

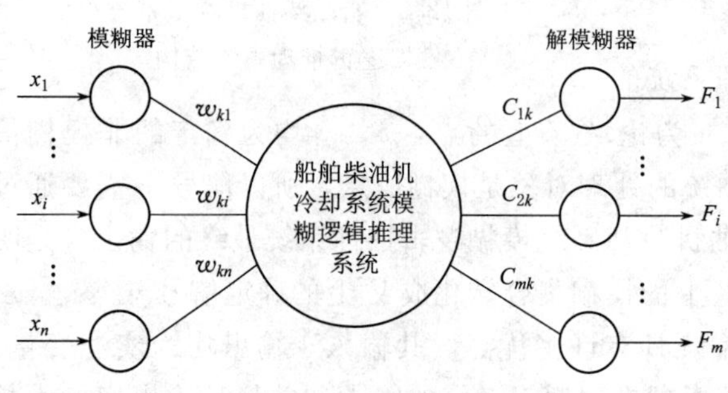

图 12.3　船舶柴油机冷却系统故障诊断模糊规则网络形式

在建立了船舶柴油机冷却系统故障诊断模糊规则库后，可采用适当的模糊推理方法建立起模糊逻辑推理故障诊断系统。故障诊断中的模糊推理是根据船舶柴油机冷却系统当前的故障征兆、对模糊规则库中的相关规则进行匹配处理，并给出相应的故障诊断结果。船舶柴油机冷却系统模糊逻辑推理故障诊断系统的输出结果一般以各个故障的可信度来表示。因此，船舶柴油机冷却系统故障诊断模糊推理通常可以分为两个步骤：首先，根据当前的征兆 $x_i(i=1,\cdots,n)$ 计算出各条规则的 $R^{(k)}$ 的激活度 $A_k(k=1,\cdots,M)$，其计算依据是规则 $R^{(k)}$ 中的权系数 $w_{ki}(i=1,\cdots,n)$；然后，计算各个故障 F_j 在当前征兆下的可信度 $T_j(j=1,\cdots,m)$，T_j 取决于相关规则的激活度 A_k 和规则 $R^{(k)}$ 中的权系数 $C_{jk}(j=1,\cdots,m)$。如果某一故障 F_j 只有一条规则 $R^{(k)}$ 支持，则该故障的可信度为 $T_j=C_{jk}A_k$；而如有多条规则支持该故障，则其可信度将是各条规则对其支持的可信度的合成。这种合成可以通过一定的模糊算子来实现。其中具体有“模糊平均算子”和“混合联结算子”等。

12.2　船舶柴油机冷却系统模糊逻辑推理故障诊断系统设计

12.2.1　模糊器设计

模糊器作用是将信号输入量模糊化，使实数论域上的精确量转化成船舶柴油机冷却系统模糊逻辑推理故障诊断系统所能处理的模糊量，亦即隶属度[3-5]。如以 $\widetilde{A}$ 表示论域 U 上所考虑的各个模糊集合，以 x 表示精确量，则模糊化过程可以表示为

$$x \rightarrow \mu_{\widetilde{A}}(x) \tag{12.5}$$

将第 6 章中所提到的单值隶属函数、高斯隶属函数或三角隶属函数等作为船舶柴油机冷却系统模糊逻辑推理故障诊断系统模糊器的一部分，分别建立单值模糊器、高斯模糊器和三角模糊器；对于任意可能采用的模糊 IF…THEN 规则的隶属函数类型，单值隶属函数可以大大简化模糊推理机的计算。如模糊 IF…THEN 规则的隶属函数为高斯隶属函数或三角隶属函数，则高斯模糊器或三角模糊器也能简化模糊推理机的计算。高斯模糊器或三角模糊器能克服输入变量中的噪声，而单值模糊器却不能。

船舶柴油机冷却系统故障诊断系统信号输入量模糊化方法有离散法和连续法两种基本类型，相对来说，离散法计算量较小，而连续法对模糊信息的利用更为充分。在离散法中，首先对精确量进行离散化处理，然后针对所考虑的模糊集合通过相应的隶属函数确定每一个离散值所对应的隶属度，其模糊化的结果很适合用表格来表示；当给定一个精确量时，首先将它归入与之最为接近的离散值，然后从表格中即可得到相应的隶属度。连续法则致力于确定隶属函数的具体函数表达式，一旦确定了 $\mu_{\widetilde{A}}(x)$，则对于连续变化的精确量 x，相应的隶属度也将呈现连续变化的特性。

根据船舶柴油机冷却系统的工艺和其维护管理实际情况，输入模糊化采用连续类型，输入模糊化集合：H：过大（或过高）；N：正常；L：过小（或过低）。具体定义如下：

（1）海水温度 T1，H：>45℃；N：20～45℃；L：<20℃。

（2）淡水温度 T2，H：>80℃；N：70～80℃；L：<70℃。

（3）海水压力 P1，H：>0.20MPa；N：0.1～0.20MPa；L：<0.10MPa。

（4）淡水压力 P2，H：>0.30MPa；N：0.2～0.30MPa；L：<0.20MPa。

（5）海水流量 Q1，H：>0.130m^3/s；N：0.042～0.130m^3/s；L：<0.042m^3/s。

（6）淡水流量 Q2，H：>0.065m^3/s；N：0.02～0.065m^3/s；L：<0.02m^3/s。

输入模糊变量的隶属函数确定如下：

（1）海水温度 T1。选择高斯型隶属度函数 $f(x,\mu,\sigma)=\exp[-(x-\mu)^2/(2\sigma^2)]$ 作为淡水温度的隶属函数，其中在 Low、Normal 和 High 函数中 μ 分别为 15、35、50，σ 均为 3.85。

（2）淡水温度 T2。选择高斯型隶属度函数 $f(x,\mu,\sigma)=\exp[-(x-\mu)^2/(2\sigma^2)]$ 作为淡水温度的隶属函数，其中在 Low、Normal 和 High 函数中 μ 分别为 65、75、85，σ 均为 4.25。

（3）海水压力 P1。选择联合高斯型隶属度函数 $f\{x,[\mu_1,\sigma_1;\mu_2,\sigma_2]\}=\exp[-(x-\mu_1)^2/(2{\sigma_1}^2)]+\exp[-(x-\mu_2)^2/(2{\sigma_2}^2)]$ 作为海水压力的隶属函数，其中在 Low、Normal 和 High 函数中 μ_1 分别为 0.08、0.14、0.24，σ_1 均为 0.003；μ_2 分别为 0.09、0.16、0.26，σ_2 均为 0.003。

（4）淡水压力 P2。选择联合高斯型隶属度函数 $f\{x,[\mu_1,\sigma_1;\mu_2,\sigma_2]\}=\exp[-(x-\mu_1)^2/(2{\sigma_1}^2)]+\exp[-(x-\mu_2)^2/(2{\sigma_2}^2)]$ 作为淡水压力的隶属函数，其中在 Low、Normal 和 High 函数中 μ_1 分别为 0.14、0.24、0.34，σ_1 均为 0.0034；μ_2 分别为 0.16、

0.26、0.36，σ_2 均为 0.0034。

(5) 海水流量 Q1。选择广义钟形高斯型隶属度函数 $f(x,a,b,c)=1/(1+|(x-c)/a|^{2b})$ 作为淡水压力的隶属函数，其中在 Low、Normal 和 High 函数中 a 均为 150，b 均为 3.0，c 分别为 1.2、100 和 450。

(6) 淡水流量 Q2。选择广义钟形高斯型隶属度函数 $f(x,a,b,c)=1/(1+|(x-c)/a|^{2b})$ 作为淡水压力的隶属函数，其中在 Low、Normal 和 High 函数中 a 均为 75，b 均为 2.5，c 分别为 0.6、50 和 300。

12.2.2 解模糊器设计

解模糊器作用是将信号输出量反模糊化[3-5]，使船舶柴油机冷却系统模糊逻辑推理故障诊断系统产生的模糊量反变换成一个精确量（具体故障原因）y。如以 $\widetilde{B}$ 表示论域 V 上所考虑的模糊集合，以 $\hat{y}$ 表示精确量，以 DF 表示反模糊化算子，则解模糊器反模糊化过程可表示为

$$DF[u_B(y)]\rightarrow\hat{y} \tag{12.6}$$

故障诊断系统解模糊器反模糊化算子 DF 应具备以下性质：

(1) 当 $y\in(-\infty,a)$ 时，有 $\mu_B(y)=0$，则 $DF_B(y)\geqslant a$。

(2) 当 $y\in(-\infty,a)$ 时，有 $\mu_B(x)=0$，则 $DF_B(y)>a$。

(3) 当 $y\in(a,\infty)$ 时，有 $\mu_B(y)=0$，则 $DF_B(y)\leqslant a$。

(4) 当 $y\in[a,\infty)$ 时，有 $\mu_B(y)=0$，则 $DF_B(y)<a$。

船舶柴油机冷却系统模糊逻辑推理故障诊断系统解模糊器由中心解模糊器、中心平均解模糊器和最大直接模糊器构成。

(1) 重心解模糊器。重心解模糊器所定义的 $\hat{y}$ 是 $\widetilde{B}$ 的隶属函数所涵盖区域的中心，即

$$\hat{y}=\int_V yu_B(y)\mathrm{d}y\Big/\int_V u_B(y)\mathrm{d}y \tag{12.7}$$

(2) 中心平均解模糊器。

$$\hat{y}=\sum_{i=1}^{m}w_i\overline{y}^i\Big/\sum_{i=1}^{m}w_i \tag{12.8}$$

式中：$\overline{y}^i$ 定义为第 i 个模糊集的中心；w_i 表示为其高度。

(3) 最大直接模糊器。

$$\hat{y}=\int \mathrm{hgt}(B)y\mathrm{d}y\Big/\int \mathrm{hgt}(B)\mathrm{d}y \tag{12.9}$$

式中：$\mathrm{hgt}(B)=\{y\in V\,|\,u_B(y)=\sup\limits_{y\in V}u_B(y)\}$。

根据船舶柴油机冷却系统故障原因实际情况，将该系统信号输出量进行反模糊化，具体定义如下：

(1) 系统正常 F0　　A：不太可能、B：很有可能。

(2) 气缸超载 F1　　A：不太可能、B：很有可能。

(3) 气缸后燃 F2　　A：不太可能、B：很有可能。

(4) 淡水阀关闭或坏 F3　　A：不太可能、B：很有可能。

(5) 淡水泵压力低 F4　A：不太可能、B：很有可能。
(6) 淡水管系泄漏 F5　A：不太可能、B：很有可能。
(7) 淡水泵压力高 F6　A：不太可能、B：很有可能。
(8) 淡水旁通阀开度小 F7　A：不太可能、B：很有可能。
(9) 淡水管系堵塞 F8　A：不太可能、B：很有可能。
(10) 冷却器管系堵塞 F9　A：不太可能、B：很有可能。
(11) 海域气候 F10　A：不太可能、B：很有可能。
(12) 海水泵压力低 F11　A：不太可能、B：很有可能。
(13) 海水堵塞 F12　A：不太可能、B：很有可能。
(14) 海水泵压力低 F13　A：不太可能、B：很有可能。
(15) 海水旁通阀开度大 F14　A：不太可能、B：很有可能。
(16) 海水泵堵塞 F15　A：不太可能、B：很有可能。

选择两 S 型函数差构成的隶属函数 $f\{x,[a_1,b_1;a_2,b_2]\}=1/\{1+\exp[-a_1(x-b_1)]\}-1/\{1+\exp[-a_2(x-b_2)]\}$ 对输出模糊变量的隶属函数进行确定。例如，汽缸超载 F1 的隶属函数中，在“不太可能 A”“很有可能 B”两种情况下，a_1 和 a_2 均为 5.5，b_1 分别为−0.5、0.5；b_2 分别为 0.5 和 1.5。

同理，其他输出变量隶属函数可以采取以上方法确定。

12.2.3 模糊规则库设计

在船舶柴油机冷却系统模糊逻辑推理故障诊断系统中，其模糊规则库的核心是“IF…THEN”结构的规则，其作用是以“IF…THEN”结构来构造输入信号和输出原因之间的逻辑关系[3-5]。

1. 模糊 IF－THEN 结构

在模糊系统中，知识用模糊 IF－THEN 规则来表述，一条模糊 IF－THEN 规则就是一个条件陈述句：

IF＜模糊命题＞,THEN＜模糊命题＞

其中，模糊命题有子模糊命题和复合模糊命题两种类型。

子模糊命题是一个单独的陈述句：

$$x \text{ 为 } A$$

其中，x 是语义变量，A 是语义变量 x 的值（即 A 是一个定义在 x 论域上的模糊集合）。

复合模糊命题是由子模糊命题通过连接词“与”“或”“非”连接起来而构成的命题，这里的“与”“或”“非”分别表示模糊交、模糊并、模糊补。用模糊交表示连接词“且”；用模糊并表示连接词“或”；用模糊补表示连接词“非”。

2. 模糊 IF－THEN 的规则

经典命题运算中，表达式 IF p THEN q 可写成 $p\rightarrow q$，这里“→”定义为一种连接，称为“蕴含”。

其中，p、q 都是命题变量，其值为真（T）或假（F）。$p\rightarrow q$ 的真值表见表 12.1。

表 12.1　$p\rightarrow q$ 的真值表

p	q	$p\rightarrow q$	p	q	$p\rightarrow q$
T	F	F	F	F	T
T	T	T	F	T	T

其中，$p \rightarrow q$ 值等价于：

$$\overline{p} \vee q \quad \text{或} \quad (p \wedge q) \vee \overline{p} \tag{12.10}$$

模糊 IF－THEN 规则的结构为

$$\text{IF} < FP_1 > \text{THEN} < FP_2 > \tag{12.11}$$

FP_1 和 FP_2 都是模糊命题，FP_1 为 $U=U_1 \times \cdots \times U_n$ 上的模糊关系，FP_2 是一个定义为 $V=V_1 \times \cdots \times V_n$ 上的模糊关系。为此，模糊 IF－THEN 规则可以解释为用模糊补、模糊并、模糊交来分别替代经典命题中的补、并、交运算。由于模糊补、模糊并、模糊交算子有很多种，所以有相应的多种解释。

(1) Dienes－Rescher 含义。把 $p \rightarrow q$ 值等价于如式（12.10）中的逻辑符号“$\vee$”和 p 上面“－”分别用基本模糊逻辑并和基本模糊逻辑补来取代，即式（6.19）被解释为 $U \times V$ 中的一个模糊关系 Q_D，其隶属函数为

$$u_{Q_D}(x,y)=\max[1-u_{FP_1}(x), u_{FP_2}(y)] \tag{12.12}$$

(2) Lukasiewicz 含义。把 $p \rightarrow q$ 值等价于如（12.10）式中的逻辑符号“$\vee$”和 p 上面“－”分别用 s-范数和基本模糊逻辑补来取代，即式（12.11）被解释为 $U \times V$ 中的一个模糊关系 Q_L，其隶属函数为

$$\mu_{Q_L}(x,y)=\min[1, 1-\mu_{FP_1}(x)+\mu_{FP_2}(y)] \tag{12.13}$$

(3) Zadeh 含义。把 $p \rightarrow q$ 值等价于如式（12.10）中的逻辑符号“$\vee$”“$\wedge$”和 p 上面“－”分别用基本模糊逻辑并和模糊交和基本模糊逻辑补来取代，即模糊规则 IF$<FP_1>$THEN$<FP_2>$可解释为 $U \times V$ 中的一个模糊关系 Q_Z，其隶属函数为

$$\mu_{Q_Z}(x,y)=\max\{\min[\mu_{FP_1}(x), \mu_{FP_2}(y)], 1-\mu_{FP_1}(x)\} \tag{12.14}$$

(4) Godel 含义。模糊规则 IF$<FP_1>$THEN$<FP_2>$可解释为 $U \times V$ 中的一个模糊关系 Q_G，其隶属函数为

$$u_{Q_G}(x,y)=\begin{cases} 1 & u_{FP_1}(x) \leqslant u_{FP_2}(y) \\ u_{FP_2}(y) & \text{其他} \end{cases} \tag{12.15}$$

(5) Mamdani 含义。模糊规则 IF$<FP_1>$THEN$<FP_2>$可解释为 $U \times V$ 中的一个模糊关系 Q_{MM} 或 Q_{MP}，其隶属函数为

$$Q_{M_M}=(x,y)=\min[u_{FP_1}(x), u_{FP_2}(y)] \tag{12.16}$$

$$Q_{M_P}(x,y)=u_{FP_1}(x)u_{FP_2}(y) \tag{12.17}$$

因此，船舶柴油机冷却系统模糊逻辑推理故障诊断系统对模糊“IF…THEN”规则的解释包括 3 个过程：①输入模糊化，即确定 IF…THEN 规则前提中每个命题或断言为真的程度（即隶属度）；②应用模糊算子，即如果规则的前提有几个部分，则利用模糊算子可以确定整个前提为真的程度（即整个前提的隶属度）；③应用蕴含算子，即有前提的隶属度和蕴含算子，根据式（12.11）～式（12.17）相应的解释可以确定出结论为真的程度（即结论的隶属度）。

对于多输入、多输出的情况，模糊规则相应推广为

$$R^{(k)}: \text{IF } x_1 \text{ is } A_1^k \text{ and } \cdots\cdots \text{ and } x_n \text{ is } A_n^k \text{ THEN } y_1 \text{ is } B_1^k \text{ and } \cdots\cdots\ y_m \text{ is } B_m^k \tag{12.18}$$

其中，如果模糊规则集合不存在“IF 部分相同，THEN 部分不同”的规则，则可以认为

这个模糊规则集合是一致的。这个一致性是很重要的，因为如果存在冲突原则，则很难继续搜索。

式（12.18）描述的模糊规则具有一般性，能够概括其他类型的规则，具体分析如下；

（1）仅已知规则的部分前提条件，即

$$\text{IF } x_1 \text{ is } A_1^k \text{ and } \cdots\cdots \text{ and } x_m \text{ is } A_m^k \text{ THEN } y \text{ is } B^k \quad (m<n) \tag{12.19}$$

则可以用模糊集 IS 补充规则中的其他条件，即认为 $x_{m+1} \sim x_n$ 均完全隶属于 IS。模糊集 IS 的定义为

$$\mu_{IS}(x)=1, \quad \forall x \in R \tag{12.20}$$

（2）仅已知规则的部分前提条件中涉及多个“or”运算时，可将分别用若干个独立的IF……THEN 结构来表述。

（3）利用模糊集 IS，直接的模糊结论“y is B^k”也可以表述为相应的模糊推理规则，即

$$\text{IF } x_1 \text{ is } IS \text{ and} \cdots\cdots \text{and } x_n \text{ is } IS \text{ THEN } y \text{ is } B^k \tag{12.21}$$

模糊规则的获取是建立船舶柴油机冷却系统模糊逻辑推理故障诊断系统的关键，也是主要的瓶颈所在。一般而言，模糊规则或者来自专家的知识和经验，或者通过模糊逻辑系统的自学习过程逐步获得。如果有专家提供的知识和经验，模糊规则库的建立相对说较简便和快捷的，如果没有一般要通过系统的自学习来建立规则库。近年神经网络应用于模糊逻辑系统参与和建立模糊逻辑系统的自学习体系已经逐步地受到普遍的关注。这种方法需要确定模糊规则库的大小、模糊集合 A 和 $\mu_{\tilde{A}}(x)$ 的隶属函数形式，并实现隶属函数中有关参数的估计，从而完成学习和建库的过程。参考有关资料得出船舶柴油机冷却系统模糊逻辑推理故障诊断系统的模糊规则库见表 12.2。

表 12.2　船舶柴油机冷却系统故障诊断的模糊规则库

参数输入						信息输出																故障类型
T1	T2	P1	P2	Q1	Q2	Y0	Y1	Y2	Y3	Y4	Y5	Y6	Y7	Y8	Y9	Y10	Y11	Y12	Y13	Y14	Y15	
N	N	N	N	N	N	A	B	B	B	B	B	B	B	B	B	B	B	B	B	B	B	F0
H	H	L	N	N	L	B	A	A	B	B	B	B	B	B	B	B	B	B	B	B	B	F1、F2
H	H	N	N	N	N	B	B	B	B	B	B	B	B	B	B	A	B	B	B	B	B	F10
N	L	N	H	N	N	B	B	B	B	B	B	A	B	B	B	B	B	B	B	B	B	F6、F7
N	H	N	N	L	N	B	B	B	B	B	B	B	B	A	A	B	B	B	B	B	B	F8、F9
N	L	N	N	H	N	B	B	B	B	B	B	A	B	B	B	B	B	B	B	B	B	F6
H	L	N	N	N	N	B	B	B	B	B	B	B	B	B	B	A	B	B	B	B	B	F10
N	H	L	N	N	N	B	B	B	B	B	B	B	B	B	B	B	A	A	B	B	B	F11、F12
N	L	H	N	N	N	B	B	B	B	B	B	B	B	B	B	B	B	B	A	B	B	F13
N	H	N	N	N	L	B	B	B	B	B	B	B	B	B	B	B	B	B	B	A	A	F14、F15
N	L	N	N	N	H	B	B	B	B	B	B	B	B	B	B	B	B	B	A	B	B	F13
N	H	N	L	N	N	B	B	B	A	A	A	B	B	B	B	B	B	B	B	B	B	F3、F4、F5

12.2.4　模糊推理机设计

船舶柴油机冷却系统模糊逻辑推理故障诊断系统模糊推理机的作用是根据原始数据输入情况、结合模糊规则库的有关规则条件，运用推理算法进行逻辑推理，最后输出推理结果。在该故障诊断系统模糊推理机中，模糊逻辑通过由模糊集表述的模糊命题为不精确命题的近似推理提供理论基础[6-8]，为此，首先引入广义取式推理、广义拒式推理和广义假言推理等三种模糊逻辑方式。

1. 广义取式推理

给定模糊集 A'、A、B 和 B'，其中 A'和 A 很近似，B 和 B'很近似，由模糊集 A'（表明前提为“x 为 A'”）和 $U\times V$ 中的模糊关系 $A\rightarrow B$（表明“如果 x 为 A，则 y 是 B”）可推出 U 上的一个模糊集合 B'（表明一个新的模糊命题“y 为 B'”），其隶属函数 $\mu_{B'}(x)$ 为

$$\mu_{B'}(x)=\sup_{x\in U} t[\mu_{A'}(x),\ \ \mu_{A\rightarrow B}(x,y)] \tag{12.22}$$

表 12.3 给出在广义取式推理中前提 1 和结论有关的一些直观准则。

表 12.3　广义取式推理的直观准则

准则	x 为 A（前提 1）	y 为 B'（结论）
准则 P_1	x 为非 A	y 非 B
准则 P_2	x 为非 A	y 未知
准则 P_3	x 为差不多 A	y 为 B
准则 P_4	x 为差不多 A	y 为差不多 B
准则 P_5	x 为非常 A	y 为 B
准则 P_6	x 为非常 A	y 为非常 B
准则 P_7	x 为 A	y 是 B

2. 广义拒式推理

给定模糊集合 A'、A、B 和 B'，且 B 和 B'之间的差异越大，A'和 A 之间的差异就越大。由模糊集 B'（表明前提为“y 为 B'”）和 $U\times V$ 中的模糊关系 $A\longrightarrow B$（表明“如果 x 为 A，则 y 是 B”），可推出 U 上的一个模糊集合 A'（表明一个新的模糊命题“x 为 A'”），其隶属函数 $\mu_{A'}(x)$ 为

$$\mu_{A'}(x)=\sup_{y\in V} t[\mu_{B'}(y),\mu_{A,B}(x,y)] \tag{12.23}$$

表 12.4 给出在广义拒式推理与前提 1 和结论有关的一些直观准则。

表 12.4　广义拒式推理的直观准则

准则	y 为 B'（前提 1）	x 为 A'（结论）
准则 t_1	y 为非 B	x 为非 A
准则 t_2	y 为 B	x 未知
准则 t_3	y 为 B	x 为 A
准则 t_4	y 为差不多 B	x 为差不多 A
准则 t_5	y 为非常 B	x 为非常 A

3. 广义假言推理

给定模糊集合 A'、A、B 和 B'，且 C'和 C 很近似，B 和 B'很近似。给定 $U\times V$ 中的模糊关系 $A\rightarrow B$（表明“如果 x 为 A，则 y 是 B”）和 $V\times W$ 中的模糊关系 $B'\rightarrow C$，可推出 U 上的一个模糊集合 B'（表明前提为：如果 y 为 B'，则 z 是 C'），其隶属函数 $\mu_{A\rightarrow C'}(x)$ 为

$$\mu_{A\rightarrow C'}(x,z)=\sup_{y\in V} t[u_{A\rightarrow B}(x,y),u_{B'\rightarrow C}(y,z)] \tag{12.24}$$

表 12.5 给出在广义假设推理与“如果 y 为 B'，则 z 是 C'”有关的一些直观准则。

推理机的作用是根据模糊逻辑的运算规则，把模糊规则库中的“IF……THEN”型模糊规则转换成从 $U_1\times\cdots\times U_n$ 上的模糊集到 V 上的模糊的映射关系，换句话说，它根据接收到的模糊输入信息 $x=(x_1,\cdots,x_n)$ 和模糊规则库中现有的规则，产生相应的模糊输出

变量 y，其核心是模糊条件推理方法。模糊条件推理的基本形式有以下两种：

(1) 广义的肯定式推理方法（也可称肯定前件的模糊假言推理）。

前提 1：IF x is A and THEN y is B

前提 2：x is A'

……

结论：y is B'

其中，x，y 为对象名；A 和 A'为论域 U 中的模糊集合所表示的模糊概念；B 和 B'则为论域 V 中的模糊集合所表示的模糊概念。

表 12.5　在广义假设推理的直观准则

准则	y 为 B'（前提 2）	z 为 C'（结论）
准则 S_1	y 为非 B	z 为非 C
准则 S_2	y 为非 B	z 未知
准则 S_3	y 为差不多 B	z 为 C
准则 S_4	y 为差不多 B	z 为差不多 C
准则 S_5	y 为非常 B	z 为 C
准则 S_6	y 为非常 B	z 为非常 C
准则 S_7	y 为 B	z 是 C

(2) 广义的否定式推理方法（也可称否定后件的模糊假言推理）。

前提 1：IF x is A and THEN y is B

前提 2：y is B'

……

结论：x is A'

模糊推理方法的基础是"模糊蕴涵规则"，而种类丰富、繁多的模糊蕴涵规则导致了灵活多样的模糊推理方法，在模糊推理中起着重要的作用。通常用符号 $a \to b$ 表示蕴涵，$a, b \in [0,1]$。以上两种方法的区别在于前者采用根据某一前提，进行顺推；而后者与前者相反，即采用逆推方式对某一前提进行推理。

为了处理模糊条件命题"IF x is A THEN y is B"中的 A，B 之间的模糊关系，Zadeh 提出了两种方法：一种称为用模糊蕴涵规则 R_m 表示的模糊条件命题的极大极小规则；另一种称为用模糊蕴涵规则 R_a 表示的模糊条件命题的算术规则。设 A，B 分别为论域 U 和 V 中具有如下形式的模糊集合，即

$$A = \int_{x \in U} \mu_A(x)/x \tag{12.25}$$

$$B = \int_{V \in V} \mu_B(x)/x \tag{12.26}$$

令 R_m 为极大极小规则表示的模糊条件命题的模糊关系，则基于如下模糊蕴涵规则定义，即

$$R_m: a \to b = (a \wedge b)(1-a), \quad a, b \in [0,1] \tag{12.27}$$

$$R_m = \int_{(x,y) \in U \times V} [\mu_A(x) \vee \mu_B(y) \vee (1-\mu_A(x))]/(x,y) \tag{12.28}$$

记 R_a 为算术规则表示的模糊条件命题的模糊关系，R_a 基于如下模糊蕴涵规则定义，即

$$R_a: a \to b = 1 \wedge (1-a+b), \quad a, b \in [0,1] \tag{12.29}$$

$$R_a = \int_{(x,y) \in U \times V} [1 \wedge (1-\mu_A(x)+\mu_B(y))]/(x,y) \tag{12.30}$$

设 B'_m、B'_a 分别表示根据模糊蕴涵规则 R_m、R_a 所得的模糊推理的结论，则可求得

$$B'_m = A \circ R_m \tag{12.31}$$

$$B'_a = B' \circ R_a \tag{12.32}$$

其中，符号“。”表示这两个模糊关系的合成。

由此确定的模糊集在 V 中的隶属度分别为

$$U_{B'm} = (x) = \bigvee_U \{\mu_{A'}(x) \wedge \mu_B(y) \vee (1-\mu_A(x))\} \tag{12.33}$$

$$U_{B'_a}(y) = \bigvee_U \{\mu_{A'}(x)[1 \wedge (1-\mu_A(x)+\mu_B(y)]\} \tag{12.34}$$

此外，对于上面第二模糊推理问题，设 A'_m、B'_a 分别表示根据模糊蕴涵规则 R_m 和 R_a 所得的模糊推理的结论，则

$$A'_m = R_m \circ B' = \int_{x \in U} \bigvee_{y \in V} \{[(\mu_A(x) \wedge \mu_B(y)) \vee (1-\mu_A))] \wedge \mu_{B'}(y)\}/x \tag{12.35}$$

$$A'_a = R_a \circ B' = \int_{x \in U} \bigvee_{y \in V} \{[1 \wedge (1-\mu_A(x)+\mu_B(y))] \wedge \mu_{B'}(y)\}/x \tag{12.36}$$

除了上述的 Zadeh 模糊推理方法之外，还有其他许多种模糊推理的方法。不同的模糊推理方法基于不同的模糊蕴含规则定义，但一旦模糊蕴含规则确定后，其推理的过程与上述的 Zadeh 方法相同。

上述的模糊推理问题仅涉及一项条件命题：“if x is A”，而许多实际问题的条件是由多个命题复合而成的，各个命题之间用“and”逻辑联结，称之为扩展的模糊条件推理方法。

以上模糊推理方法可以进一步推广到有 n 个条件项的问题。考虑如下的模糊推理问题：

前提 1：IF x_1 is A_1 and x_2 is A_2 and …… and x_n is A_n THEN y is B

前提 2：x_1 is A'_1 and x_2 is A'_2 and …… and x_n is A'_n

……

结论：y is B'

其中：$x_1,\cdots,x_n$，y 表示对象名；A_1 和 A'_1 为论域 U_i 中的模糊集合所表示的模糊概念；B 和 B' 为论域 V 中的模糊概念。参照上述方法，该问题的复合条件命题可表示为

$$x_1 \text{ is } A'_1 \text{ and } x_2 \text{ is } A'_2 \text{ and } \cdots\cdots \text{ and } x_n \text{ is } A'_n \Rightarrow A'_1 \cap A'_2 \cdots\cdots \cap A'_n \tag{12.37}$$

此否定后件的模糊推理问题可转化为 $U_1 \times \cdots \times U_n \times V$ 中的一个模糊关系 $R(A_1,\cdots,A_n;B)$，记 R^* 表示相应的模糊蕴含规则，则由 R^* 可确定对应的模糊关系 $R(A_1,\cdots,A_n;B)$，其推理问题的结论可表示为

$$B' = (A'_1 \cap A'_2 \cdots\cdots \cap A'_n) \circ R(A_1, A_2, \cdots\cdots, A_n; B) \tag{12.38}$$

对于模糊规则库中 M 条规则，给定一组的模糊输入 $x=(x_1,\cdots,x_n)$，通过模糊推理每条规则将产生一个相应的结果 y^k。因此，模糊推理机可以直接将 m 个 $y^k(k=1,\cdots,m)$ 同时作为模糊机的输出，或者对每条规则的推理结果 y^k 作进一步处理、产生一个最终的结果作为模糊推理机的输出，即

$$y = y^1 \oplus y^2 \oplus \cdots\cdots \oplus y^M \tag{12.39}$$

式中，符号“$\oplus$”表示某种模糊算子。

在船舶柴油机冷却系统模糊逻辑推理故障诊断系统中，采用广义的肯定式推理方法与广义的否定式推理方法相结合的方法进行故障诊断模糊逻辑推理。

12.3　船舶柴油机冷却系统模糊逻辑推理故障诊断系统实现

利用可视化编程语言 Visual Basic12.0 建立如图 12.4 所示的船舶柴油机冷却系统模糊逻辑推理故障诊断系统应用程序，该故障诊断系统有 7 个参数输入，其中 T1、T2、P1、P2、Q1、Q2 分别前面所定义的 6 个故障征兆；S1 为备用量（在推理过程中暂不起作用）；同时还有 16 个输出信息，分别对应前面所定义的故障输出；有 12 条模糊规则在模糊推理规则库中，与表 12.2 所表示的模糊推理规则库相一致。由此可见系统可以达到预期目标，能够实现故障的模式识别。

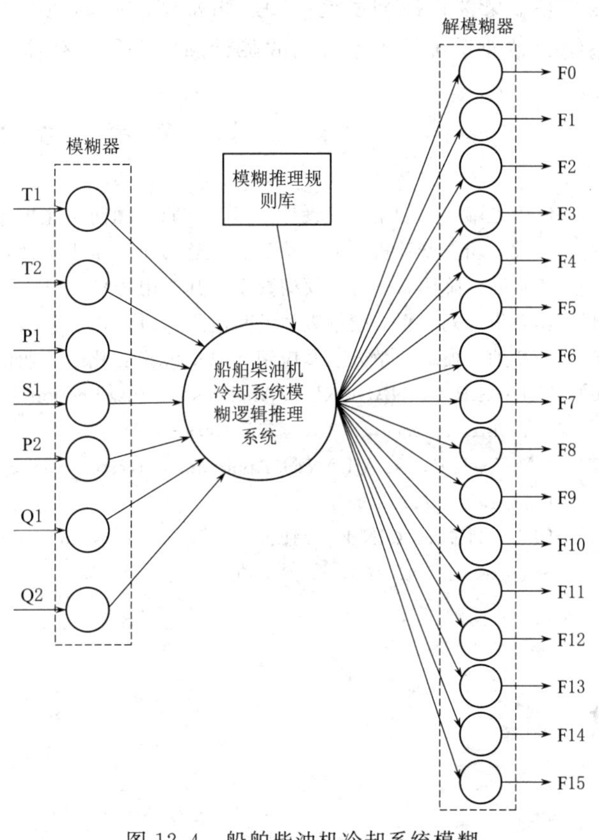

图 12.4　船舶柴油机冷却系统模糊逻辑推理故障诊断系统应用程序

为了验证船舶柴油机冷却系统模糊逻辑推理故障诊断系统的有效性，将其嵌入到某商船柴油机监控系统上，并采用 DDE 服务器将该监控系统中参数 T1、T2、P1、P2、Q1、Q2 的数据在线读入船舶柴油机冷却系统模糊逻辑推理故障诊断系统。在尽量不破坏船舶柴油机正常工作的前提下，对该故障诊断系统进行实验验证。

当船舶柴油机冷却系统模糊逻辑推理故障诊断系统中显示征兆“淡水温度 T2”为“L”和“淡水压力 P2”为“H”的情况下，系统推理诊断为：故障“淡水旁通阀开度小 F7”很有可能发生；而当系统中显示征兆“淡水温度 T2”为“L”，“淡水压力 P2”为“L”的情况下，系统推理诊断为：故障“淡水旁通阀开度 F7”现象不太可能出现。这结果和实际是一致的。

为验证故障征兆“淡水压力 P2”和“淡水温度 T2”与故障“淡水阀关闭或坏 F3”之间的关系，调节船舶柴油机冷却系统模糊逻辑推理故障诊断系统中“淡水温度 T2”参数，直到出现“H”为止，这时系统推理诊断出故障“淡水阀关闭或坏 F3”发生可能性较大；如果同时还让参数“淡水压力 P2”显示为“L”的情况下，这时系统推理诊断出：故障“淡水阀关闭或坏 F3”的发生率很高。这与实际的情况完全符合。

船舶柴油机冷却系统模糊逻辑推理故障诊断系统中故障征兆（即特征参数）输入还可通过滚动条、编辑数据输入；系统故障诊断结果输出值为 0～0.6，表明该故障输出属于不可能模糊集合部分，即发生该故障不太可能；输出值为 0.6～1，表明该故障输出属于很有可能模糊集合部分，即很有可能发生该故障。

船舶柴油机冷却系统模糊逻辑推理故障诊断系统实验结果表明，其模糊器与解模糊器、模糊规则库是基本合理的，模糊推理机是十分有效的，船舶柴油机冷却系统模糊逻辑推理故障诊断系统已具备了较高的诊断能力。通过对模糊规则库的进一步完善，可进一步提高船舶柴油机冷却系统模糊逻辑推理故障诊断的准确率，并且可以在船舶柴油机中润滑系统、燃油系统等子系统的故障诊断中进行有效推广。

本章参考文献

[1] 欧阳光耀．船舶柴油机设计［M］．北京：国防工业出版社，2015.

[2] 李斌．船舶柴油机［M］．大连：大连海事大学出版社，2008.

[3] 李永明，陈阳，王涛．模糊数学及其应用［M］．3 版．沈阳：东北大学出版社，2020.

[4] 李春华，刘二根．模糊数学及其应用［M］．西安：西北工业大学出版社，2018.

[5] 李希灿．模糊数学方法及应用［M］．北京：化学工业出版社，2017.

[6] THAKER S，NAGORI V. Analysis of Fuzzification Process in Fuzzy Expert System［J］. Procedia Computer Science，2018，132：1308-1316.

[7] YAGER R R，ALAJLAN N. Approximate reasoning with generalized orthopair fuzzy sets［J］. Information Fusion，2017，38：65-73.

[8] LI Y，HE X，QIN K，MENG D. Some notes on optimal fuzzy reasoning methods［J］. Information Sciences，2019，503：652-669.

第 13 章　油气输送管道故障融合诊断研究

管道运输是与铁路、公路、航空、水运并驾齐驱的五大运输业之一，在国民经济和国防工业发展中发挥着重要的作用。管道在输送液体、气体、浆质等物品方面具有的独特优势，自 20 世纪 70 年代以来世界管道工业发展很快，每年有价值数 10 亿美元的石油、天然气和其他相关产品通过地下管道运输。随着我国西部油气田、海上石油资源的开发及“西气东输”工程的启动，管道运输业在我国发展也非常快[1]，截至 2020 年年底，我国目前长距离油气输送管道总长已超过 14.4 万 km。为确保输送管道的安全运营，延长管道的在役寿命，并最大限度地降低输送损失，对管道的过程参数实时监测和故障情况（如管道泄漏、开挖、人为/自然破坏等）进行定位和预警是必然的要求[2]。

13.1　油气输送管道故障诊断研究现状

石油、天然气与煤气等易燃易爆品输送管道被第三方破坏[3]（Third - party damage，TPD）所泄漏不仅会造成资源损失、环境污染，还会引发火灾、爆炸等。特别是近几年来，我国的油气管道不断遭到非法人为破坏，打孔和钻孔的事件频繁，因此对于管道的在线检测提出了新的要求，不仅仅限于管道泄漏检测和泄漏点定位，因为泄漏检测均是在输送介质已经损失之后才发现的，起不到预防 TPD 的作用，对于在管道被破坏（打孔、挖掘）之前发现和（预警）检测到这种危害使泵站工作人员能及时阻止破坏活动的发生将显得有重要的现实意义，但当前基于技术成熟应用的考虑，对于该问题的检测方法还是集中在如下两方面：

（1）基于管内压力、流量等参数的方法；基于声波、负压波、应力波法的间接检测方法。

（2）基于热红外成像、气体成像、探地雷达的检测法，还有分布式光纤法。

13.1.1　直接检测诊断法

管外直接诊断检测方法大致可分为以下三种：

（1）人工巡视管道及周围环境。工作人员巡查管道沿线，查看土壤有无裸露和异常情况（如油浸、变色等），这依赖于人的敏感性、经验和责任心，可发现一些较明显的泄漏点、破坏点，但对于较隐蔽的人为破坏点（如特定的盗油卡子、盗油阀门等）很难发现[4]。虽然此方法要耗费大量的人力物力，但人工巡视还是有一定威慑作用的。

（2）基于磁通、涡流、数学图像处理等技术的管内检测法。探测器沿管线进行探测，利用漏磁（Magnetic flux leakage，MFL）技术或超声（Ultrasonic）技术采集大量数据，并将采集数据存在内置的专用数据存储器中进行分析判断管道是否有泄漏点和破损，此类方法较为准确，缺点是探测只能间断进行，投资巨大，只适用于较大口径的管道，容易发生管道堵塞、停运等严重事故。国外研究者基于 LabVIEW 的软件和漏磁技术，开发了可用于监测天然气和石油等长距离运输管道中的缺陷（腐蚀、裂纹、凹痕）的新型测试系统[5]。

（3）管线外壁敷设一种特殊的线缆。如泄漏检测专用线缆、半渗透检测管、检测光纤等。该检测方法不受管道运行状态影响，灵敏度很高，能够检测出微小的泄漏[6-7]。加拿大在输油管道建设时，曾将一种能与油气进行某种反应的电缆沿管道铺设，泄漏发生时泄漏油气使电缆的阻抗特性发生改变，并将此信号传回检测中心。利用阻抗、电阻率和长度的关系确定泄漏的程度和泄漏的位置。日本也曾用非透水而透油性好的绝缘材料（多孔 PTFE 树脂）做电缆的保护层，将这种电缆靠近输油管道铺设，当管道有泄漏发生时，油质通过多孔 PTFE 树脂电缆，使得该部分的阻抗降低，表明泄漏的发生。目前，还可以利用一些特性光纤作为感应和传输信号的媒介，来达到检测泄漏的目的。

13.1.2　间接检测诊断法

间接法是工业现场最常用的检测方法，在油气储运界应用也最广泛，随着电子技术、计算机技术和数字信号技术的发展，它的发展最迅速。目前这类方法已经从单一的物理参数检测发展到了采用多参数，从静态模型分析方法发展到动态模型分析方法，从非实时检测发展到在线实时检测技术。

1. 体积流量突变法

体积流量突变法是建立在管道数学模型的基础上，使用大量现场测试数据结合管道数学系统的功能，用计算机的数值计算功能来判定管道的瞬态运行状态。模型是管道的数学描述，它包括扬程、管径、阀门和泵的位置、方向变化、跨越和接头等特征。泄漏检测是根据模型计算流量和压力与实际检测流量和压力的差值。在正常运行时，模型计算结果与实际运行检测数据是基本一致的，如果有泄漏，两者之间的差将增大。建立管道数学模型的方法：

（1）状态估计器法。建立管道内流体的压力、流量和泄漏量的状态方程，以被检测的两泵站压力为输入，对两站流量的实测值和估计值的偏差信号采用适当的算法进行检漏和定位。该方法假定两站的压力不受泄漏量的影响，且仅适用于小泄漏量情形来进行检漏和定位。

（2）系统辨识法。用线性 ARMA 模型结构增加某些非线性项来构造管线的模型结构，或建立管道的故障灵敏模型和无故障模型，通过实际检测值和模型输出值的变化情况，采用适当的算法进行泄漏量检测。该法需在管线上施加序列激励信号。

（3）Kalman 滤波器法。建立包含泄漏量在内的压力、流量状态空间离散模型，以上下游压力和流量作为输入，以泄漏量作为输出，运用判别准则可进行泄漏检测和定位。上述方法均是建立在稳定流假定基础上的。

管道瞬态流量模型包括有连续性方程、动量方程、能量方程和状态方程。状态方程决定于所需建立模型的流体类型，没有适用于任何流体的状态方程，通常需要使用复杂的修正方程来计算以达到需要的精度。该系统的性能还决定于安装在管道上的检测仪表的精度，要评估泄漏检测和定位工作的性能，要先理解检测仪表数据的不准确对模型和实时功能模型的影响。实践证明安装少量的高精度仪表要优于安装大量低精度的仪表。

2. 体积/质量平衡法

在稳定流动的情况下，根据体积/质量平衡原理，考虑到因温度、压力等因素造成的管线充填体积的改变量，一定时间内出入口体积/质量差应在一定的范围内变化。体积/质量差超出一定范围，可确定管线发生了泄漏，其原理也是基于管道实时模型的。

由于管道本身的弹性及流体性质变化等多种因素的影响，首末两端流量的变化有一个过渡过程，所以上述检测方法的实时性很差。同时流量仪表的工作点漂移、噪声信号等直接影响检测精度，所以不能用来检测小流量泄漏，也不能估计泄漏点位置。

因为它对微小流量的泄漏不敏感，而目前在油田的实际情况：管径均较粗达 ϕ700mm 以上，而盗油开孔放油的阀门直径为 ϕ15mm～ϕ30mm。它在小泄漏的检测中效果不大。

3. 实时模型法

实时模型法利用质量、动量、能量守恒方程、流体的状态方程等建立管内流体流动的动态模型，瞬时模拟系统主要针对动态检测泄漏的，由于静态检漏在管道压力及温度的变化期间有一定的局限性，因此在由压缩机或泵失灵、干线截断阀偶然关闭和管道支线进出口阀门的开关等引起状态变化期间，瞬时模拟系统可以提供确定管道存量的方法，以作为系统流量平衡的参考量。同时瞬时模拟系统还具有一些其他能力，其中包括气管道充填量分析、压缩机或泵的优化运行等。使用管道瞬变模型法的关键在于建立比较准确的管道流体实时模型，以可测量的参数作为边界条件，对管道内的压力和流量参数进行估计。当计算结果的偏差超过给定值时，即发出泄漏报警。由于影响管道动态仿真计算精度的因素众多，用该方法进行准确定位的难度很大，但仍是近年来国际上着力研究的检测油气管道泄漏的方法之一。

4. 统计检漏法

统计检测方法根据管道进、出口的流体流量和压力，连续计算泄漏的统计概率[8]。对于最佳检测时间，使用序列概率比实验（SPRT）方法。当泄漏确定之后，可通过测量流体流量和压力及统计平均值估算泄漏量，用最小二乘法进行泄漏定位。它最主要的突破在于无须复杂的管道模型就可达到较高的检测性能。英国壳牌石油公司开发了基于统计法的原油管道泄漏实时检测系统，场应用表明该方法检漏响应迅速且重要的是不会产生虚警信号。

目前，统计检漏法还很不成熟，仍存在一些值得进一步研究的问题，检漏法基本模型的定位精度问题、统计检漏法的定位公式适用性问题以及对统计检漏模型的影响问题。

5. 负压波法

为了克服调泵、调阀等压力波动的干扰，负压波定向报警技术开始出现，国际上传统的负压波检测装置是采用在管道两端相隔一定的距离各加装两个压力传感器的方法，通过判定负压波的传播方向来判定泄漏。负压波法[9-10]是基于信号处理的方法，不需要建立管线的过程数学模型，利用信号模型，采用相关函数、频谱分析等方法，直接分析可测信号，提取诸如方差、幅值、频率等模型特征，来检测故障发生。由于我国多数长输管线不在中间泵站设立流量计，所以常用压力信号进行泄漏检测。

该负压波法结构复杂、安装困难，不易维护，此外，还面临一些困难，体现在波速的计算：①管材不同则速度不同，假定其他参数不变，对于首、末站段来说，其波速差大约为 14%；②油品温度变化 10℃，对波速产生的影响为 3%～5%；③油品的体积弹性系数 k 随油品品种和状态而异。同一温度、压力下，汽油、柴油的波速一般相差 11%～15%；k 一般由试验得出，而试验状态与工程现场实际又有差别。

6. 声信号检测

(1) AE 信号检测。AE 信号频率范围从次声（低于 20Hz）、可听声（20Hz～20kHz）、直至几十 MHz 的超声波[11-14]。AE 是自然界中一种常见的物理现象，如果在音频范围释放的应变能足够大，就可以听到声鸣。大多数金属材料发生塑性形变和断裂时都伴有声发射产生。虽然 AE 无损检测已经取得了许多成果，但从总体上看，声发射检测由于缺乏对 AE 源机理的深刻认识，在这方面还有相当长的路要走。基本对 AE 波形的事后分析，或靠经验只能限于实验室研究，2000 年国际 NDT 大会上提出一种折中的办法，即利用模态声发射的合理内核，对声发射源产生 AE 信号的物理本质的认识，加上参数识别的简单快速、实用。

(2) 超声波技术在管道检测[15-16]。目前，国外一些著名公司如 NKK. Pipetonix、TD-Willianson 等在管道检测机器人的开发与研制方面开展比较多。国外主要采用的多元蜂窝式检测头，可载有多个超声探头。各个超声探头直接向管壁发射宽频超声波，又直接接收反射波。国外在厚壁管道超声波自动化检测领域的研究也比较活跃。该系统一般包括爬行器、换能器、驱动器、计算机控制系统和信号处理系统等。总的来说超声波法投资巨大，对于长管线的应用目前仅限于美国和意大利两条管线上，它要求非插入夹装式时差超声波流量计，如果装有其他流量计就存在重复引进流量的问题，造价太高昂，所以针对 TPD 信号检测而言工业应用还不成熟。

7. GPS 探测法

欧洲的天然气公司将 GPS 和管线电子地图相融合，当管线有人非法挖掘、破坏时，希望能在电子地图上实时报警，该方法的缺点就是需要在管道周围，或者接近管道可能会产生破坏作用的机械上安装较多的 GPS 接收器。需要解决的相关技术包括机器视觉和自动识别等，所以现在还没有投入实际应用。美国 Geophysical Survey Systems 公司也开发了一种性价比较高的 GPR 气体泄漏检测器[17]，GPS 系统是目前较好的能检测非金属管道的系统，但不同的土壤特性对它的性能影响较大。此外由于采用了较复杂的处理方法，管道检测的准确性依赖于操作者对数据分析理解的经验和技能。所以该公司准备将 GPR 的能力扩展到 3D 图像，使数据的解释和识别变得容易，检测变得更健壮、更灵活。GTI 也准备采用遥感和远程监测技术，对埋地管道定位、覆土深度、TPD 进行研究。

13.1.3　油气输送管道 TPD 检测诊断发展趋势

总的来说，油气输送管道 TPD 信号的检测诊断发展方向包括如下几个方面：

(1) 管道第三方破坏信号的检测与管道 SCADA（Supervisory Control And Data Ac-

quisition）系统的结合。SCADA 系统不仅能为 TPD、泄漏检测提供数据源，而且能对管道的运行状况进行监视和控制，是管道自动化的发展方向。因为单一的预警或检漏系统并不经济，将它集成到 SCADA 系统中，将是管道 TPD 检测和预警的重要发展方向。

长输送管道的 TPD 检测诊断具有十分重要的现实意义，尽管已经取得很大的进步，但也有许多尚需解决的问题：声信号有效检测距离较短，不能实现全程监控，只能针对部分重点管段进行 TPD 预警。

(2) 现有的泄漏检测手段基本上对于 TPD 预警收效甚微，应重视对声信号检测的发展，和声信号的分类方面的研究，包括声信号传播机理的深入分析及多 TPD 源分类的快速算法，且关于管线上多点破坏检测的研究也才刚刚起步。

(3) 第三方破坏检测和预警系统中阈值的选取对诊断系统的灵敏度和鲁棒性产生很大影响。尽管目前实验中对于阈值的选取已有一些结论，但结果都相对保守，现场的虚警率比较高，另外对区分良性破坏（benign damage）和非良性破坏活动（hazardous damage）并无有效的方法。

(4) 由于分布式光纤检测技术显示的一些优良特性，可检测到多种破坏、干扰形式，对管道的检测距离也长，一般可达 50km 以上，加上它是 3S 技术发展的关键，所以光纤技术在管道中的应用也是未来 TPD 检测发展的重要方向之一。

目前的 TPD 检测诊断中，模糊逻辑、神经网络、粗糙集理论等信号处理技术可对诸如流量、压力、温度、密度、黏度等管道和流体信息进行采集和处理，通过建立数学模型再联合信号处理方法，通过模糊理论对检测区域或信号进行模糊划分，利用粗糙集理论简约模糊规则或者遗传算法等提取故障特征，再进行检测和分类。对于 $\phi>300$ 的管道，每个测点要安装多个传感器，所以存在着多个传感器的信号融合的问题，此外管道上多点的同时发生 TPD 如何检测也面临着困难。

13.2 油气输送管道 TPD 信号的初步分类研究

在管道 TPD 信号检测与诊断过程中，面临的实际问题是：在进行分类时并不具备有大量的破坏信号样本，在现场采集到的或检测到的破坏信号（第三方），不管真实的还是模拟的，样本量毕竟有限，因此属于小样本的分类研究，如何使分类器具有好的推广性和拟合性是一个十分现实的问题。

13.2.1 基于 SVM 的分类器

1. 学习阶段

对去除噪声的原始数据进行训练，其中的关键步骤包括以下几个：

(1) 选择合适的核函数 $K(x_i, x_j)$ 及有关参数，作为高维特征空间在低维输入空间的一个等效形式，核函数有多种，如线性核、多项式核、sigmoid 核和 RBF 核等，都要满足 Mercer 定理。并将输入样本正规化。

RBF 核函数：

$$K(x_1,x_2)=\exp[-|x-x_i|/(2\sigma^2)],\quad |x-x_i|=\sqrt{\sum_{k=1}^{n}(x^k-x_i^k)^2}$$

式中：σ 为核宽度。

多层感知器内积函数：　$K(x,y)=\tanh(x\cdot y-\theta)$

多项式核函数：　$K(x,y)=(x\cdot y+1)^d$

(2) 在约束条件下 $\sum_{i=1}^{m}\alpha_i y_i=0$，$0\leqslant\alpha\leqslant C$ 的极值问题，以求解拉格朗日系数 α。再找出支持向量 SV，求解分类超平面系数。

(3) 建立训练数据的最优决策超平面，训练结束。

2. 识别阶段

(1) SVM 学习阶段的有关数据包括 $\{x_i,y_i,\alpha,b\}$ 被装入，包括 $\{x_i,y_i,\alpha,b,\mathrm{SV}\}$。

(2) 计算新输入特征数据 x'的决策输出值。利用指示函数将 $f(x)$ 归为 $\{-1,1\}$，作出分类决策。

基于 SVM 的多级分类器，是从两类问题推导出来的，在解决实际问题的思路是：

1) 构造多个两类分类器并组合起来完成多类分类，分为“一对多”和“一对一”两种类型：“一对多”(one against all) 方法是构造 k 个支持向量机子分类器。在构造第 j 个支持向量机子分类器时，将属于第 j 类别的样本数据标记为正类，不属于 j 类别的样本数据标记为负类，测试时，对测试数据分别计算各个子分类器的决策函数值，并选取函数值最大所对应的类别为测试数据的类别；“一对一”(one against one) 方法是分别选取 2 个不同类别构成一个 SVM 子分类器，这样共有 $k(k-1)/2$ 个 SVM 子分类器，在构造类别 i 和类别 j 的 SVM 子分类器时，在样本数据集选取属于类别 i，类别 j 的数据标记为负。测试时，将测试数据个 SVM 子分类器分别进行测试，并累计各类别的得分，选择得分最高者所对应的类别为测试数据的类别，它存在着不可区别区域。

2) 采用一个 one against all 算法的 SVM 实现多个分类输出，总分类算法如图 13.1 所示。

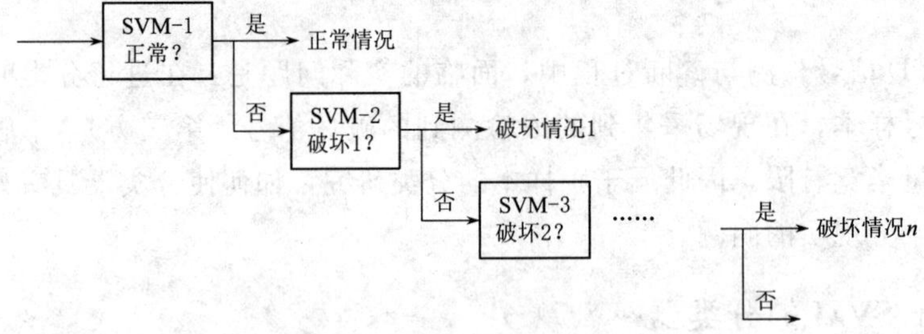

图 13.1　不同破坏状况下的信号的诊断过程

13.2.2　基于 PSO 算法的模糊分类器

粒子群优化 (particle swarm optimizer，PSO) 算法是一种基于群智能 (swarm intelligence) 方法的演化计算 (evolutionary computation) 技术[18]。与遗传算法比较，PSO 的优势在于简单容易实现同时又有深刻的智能背景，既适合科学研究，又特别适合工程应用。常用的模糊聚类算法是模糊C平均值（fuzzy c－means，FCM）算法，但对初始矩阵敏感，容易陷入局部极小值。因此，在模糊C平均值算法中引入PSO算法，构建一种通过反复迭代求得分类的新的全局优化模糊分类器。

该模糊分类器首先选取多个微粒，每个微粒进行FCM迭代，在迭代的过程中，每个微粒之间遵循PSO的规则优化，同时采用每步迭代中心V融合方法使每个微粒的局部最优和全局最优直接交叉融合，增加局部最优的随机振荡。

进化过程中的最优解，不一定是最终过程的最优解，在FCM迭代运算过程中，目标函数开始收敛很快的微粒，最终未必达到最优解。这就要使个体在进化过程中，既要向最优解靠拢，又要保持一定的独立性。

作为每一个微粒，它们之间需交叉的是矩阵。矩阵交叉的计算量大，比较困难。该模糊分类器采取局部最优解P_{best}和全局最优解G_{best}直接交叉产生下一代的方法，即

$$v[\,]=P_{\text{best}}[\,]+w^{*}\ \text{rand}[\,]^{*}(G_{\text{best}}[\,]-\text{present}[\,]) \tag{13.1}$$

式中：w取0.2，$G_{\text{best}}[\,]-\text{present}[\,]$只表示交叉融合，并不是直接相减。

在FCM迭代过程中，每迭代一步，目标函数必将优化，为了加强局部搜索能力，对聚类中心人为振荡，对每个聚类中心随机调整，把调整后最优的中心，即目标函数$J(R,V)$最小，作为局部最优解P_{best}。

基于PSO算法的模糊分类器生成步骤为：

（1）初始化一群微粒，个数为p，每个微粒是一个FCM的随机初始矩阵$R(n,k)$，n是样本号，k是迭代次数。

（2）对每个微粒，即初始矩阵$R(n,k)$都进行一次FCM迭代，得出聚类中心矩阵$V(n,k),R(n,k)_{\text{new}},J(R,V)$。

（3）对每个聚类中心矩阵$V(n,k)$随机振荡2次，在原中心$V(n,k)$矩阵上加上适当大小的随机矩阵rand[ ]，形成$V(n,k)_{\text{new}}$，由$R(n,k)_{\text{new}}$，$V(n,k)_{\text{new}}$再求目标函数$J(R,V)$，评价3次（包括原样本$V(n,k)$的计算结果），以目标函数$J(R,V)$最优时的样本对应的中心V，继承下来作为局部最优中心矩阵$V(n,k)_{\text{Pbest}}$。

（4）对所有微粒的局部最优中心$V(n,k)_{\text{Pbest}}$进行评价，以目标函数$J(R,V)$最优时的微粒对应的目标函数和中心作为全局最优目标函数$J_{\text{Gbest}}(k)$和全局最优中心$V(k)_{\text{Gbest}}$。

（5）对每个微粒的局部最优中心$V(n,k)_{\text{Pbest}}$进行趋向全局最优中心$V(k)_{\text{Gbest}}$的调整，调整融合的详细内容见下述，通过调整后新的微粒中心$V(n,k)_{\text{new}}$和原先$R(n,k)_{\text{new}}$求出$J(R,V)_{\text{new}}$，把$J(R,V)_{\text{new}}$与$J(R,V)$相比，以较优（即较小）时的中心对应的初始分类矩阵作为下一代保留下来。

（6）如果此次全局最优解$J_{\text{Gbest}}(k)$和上次全局最优解$J_{\text{Gbest}}(k-1)$比较，若之间差小于一定值，

$$|J_{\text{Gbest}}(k)-J_{\text{Gbest}}(k-1)|<\varepsilon \tag{13.2}$$

则结束，否则，返回第2步继续执行。一般取ε为0.001。

在迭代计算时，如何趋向全局最优解，是问题的关键部分。只有有效继承优良微粒的优良基因，才能加速算法的进程。

局部最优中心矩阵$V(n,k)_{\text{Pbest}}$与全局最优中心$V(k)_{\text{Gbest}}$交叉时是矩阵参量的融合，

每个中心矩阵有的几个聚类中心，是随机分布的，距离近的中心并不对应，带来特别的困难。采取下面的对应寻找最近向量的方法解决。

以中心矩阵 $V(n,k)_{\text{Pbest}}=[x_1,x_2,\cdots,x_n]$ 与中心矩阵 $V(k)_{\text{Gbest}}=[y_1,y_2,\cdots,y_n]$ 融合为例，中心 x_1 寻找与其距离最近的 y_i 融合，x_2 寻找除 y_i 之外与其距离最近的 y_j 融合，直至 $V(n,k)_{\text{Pbest}}$ 的所有中心寻找完毕。$[x_1,x_2,\cdots,x_n]$ 的融合的具体过程为

$$\begin{cases} x_1=x_1+0.1\cdot\text{rand}(1)\cdot(x_1-x_i) \\ x_2=x_2+0.1\cdot\text{rand}(1)\cdot(x_2-x_j) \\ \qquad\vdots \\ x_n=x_n+0.1\cdot\text{rand}(1)\cdot(x_n-x_k) \end{cases} \tag{13.3}$$

这种微粒的趋近方法也不是最优的方法，并不能在确保局部最优 $V(n,k)_{\text{Pbest}}$ 与全局最优 $V(k)_{\text{Gbest}}$ 的所有中心的距离的总和之差 P 最小，其中：

$$P=\|x_1-y_i\|+\|x_2-y_j\|\cdots\cdots+\|x_n-y_k\| \tag{13.4}$$

但是相比局部最优 $V(n,k)_{\text{Pbest}}$ 随机向全局最优 $V(k)_{\text{Gbest}}$ 的中心趋近这种方法，要好很多。同时存在的另外一个问题是样本局部振荡的幅度，刚开始可以振荡的幅度大，但是随着迭代的进程，每个微粒之间的差异逐渐减小，振荡的幅度也应该越来越小。

在 PSO 算法中，由于所有微粒最终都向最优解趋近，最终所有的微粒同最优微粒保持一致，所有微粒的聚类中心与最优解的聚类中心之差 P 也将逐渐变小。使振荡的幅度和 P 成比例，即

$$\begin{cases} \Delta=P\cdot s\cdot\text{rand}[\ ] \\ V(n,k)_{\text{new}}=\Delta+V(n,k) \end{cases} \tag{13.5}$$

式中：s 为比例系数，取 $s=0.1$；rand[ ] 是随机（0,1）矩阵。

这样就可以使振荡的幅度随着迭代的进程越来越小。

13.3　油气输送管道 TPD 定位诊断

油气输送管道泄漏的声发射信号具有如下特征：①在某些情形下，泄漏所激发的应力波频谱具有很陡的尖峰（如阀门泄漏），为检测泄漏提供了有利的抗干扰条件，信号很容易从噪声中分离出来；②泄漏所产生的声发射信号比较大，且大小与泄漏速率成正比；③泄漏所激发的应力波是连续型信号。

因此，可应用相关分析来实现对油气输送管道泄漏点的准确诊断。图 13.2 中，A、B 为两个声发射传感器，其中泄漏点位于两个传感器之间。将 A、B 两个传感器接收到的信号做互相关，得出信号传到 A、B 两个位置时的时间差 $\Delta\tau$，从而得到公式，即

$$L=(D-v\cdot\Delta\tau)/2 \tag{13.6}$$

式中：L 为参考传感器 A 至破坏点的距离；D 为两传感器的距离；v 为声波在管道的传播速度。

泄漏声信号在油气输送管道中传播速度可由相关的工程手册获得，故油气输送管道泄漏点的准确定位问题就转化为时间差 $\Delta\tau$ 的获得。由于泄漏点位置未知，为确保传感器 A、

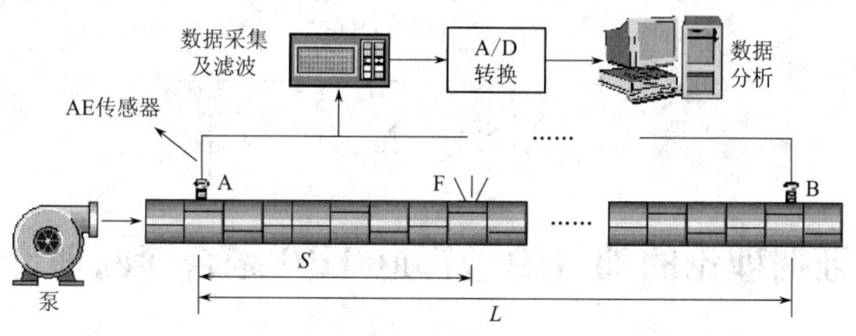

图 13.2　管道破坏监测系统

B 都能接收到同一时间发出的信号，需要选择合适的采样长度。考虑极端情况，泄漏点位于其中一个传感器的位置上，为保证另外一个传感器能够收到同一时间泄漏点发出的信号，最少应该保证采样长度 $\tau = D/v$，实际考虑，选择 2τ 作为采样长度，并选择固定的采样频率 f。将传感器 A 接收到的信号 $A(n)$ 一分为二，选取前半部分 A_1，使用式（13.7）将传感器 B 接收到的信号 $B(n)$ 的前半部分 B_1（从信号中间截断）与 A_1 相关，得出 r_1，然后逐点平移传感器 B 接收的信号，用等同的长度继续与 A_1 进行相关，得到 r_2、r_3…

$$r_{AB}(m) = \frac{1}{N}\sum_{n=0}^{N-1} A(n)B(n+m) \tag{13.7}$$

N 取 $A(n)$ 数据点数的一半，等于 $B(n)$ 数据点数的一半。m 从 0 到 $N-1$。由于 A_1 至少应该含有一部分泄漏信号 S（因为采样长度为 2τ），在做相关时 $B(n)$ 中至少有一段信号会含有与 A_1 信号相同的泄漏信号 S，可认为是对泄漏信号 S 做的自相关，自相关结果 $r_S(i)$ 为

$$r_S(i) = \frac{1}{N}\sum_{n=0}^{N-1} S(n)S(n+i) \tag{13.8}$$

当 $i=0$ 时，相关结果最大，可由自相关函数的性质得出。假定相关结果最大时对应为 $m_{\max}$（也可认为是 $m_{\max}$ 个采样点），此时与 A_1 做相关的对应相关信号为 $B_{\max}$，在泄漏信号 S 到达传感器 A 之后，延迟了一段时间才到达传感器 B，则泄漏信号到达传感器的时间差 $\Delta\tau$ 可由下式确定，即

$$\Delta\tau = m_{\max}/f \tag{13.9}$$

式中：f 为采样频率。

应用相关分析作为声发射信号的分析方法时，噪声信号的干扰可能会导致相关函数值并不能真正反映出两个信号的相似性。在实际定位过程中，引入相关系数 ρ_{xy} 的算法，可以排除信号幅度的影响，使相关运算的结果真正反映信号之间的相似性。其主要思路相同，只是将式（13.7）和式（13.8）分别改为

$$\rho_{xy}(m) = \frac{\sum_{n=0}^{N-1} x(n)y(n+m)}{\left[\sum_{n=0}^{N-1} x^2(n)\sum_{n=0}^{N-1} y^2(n+m)\right]^{1/2}} \tag{13.10}$$

$$\rho_{xy}(i)=\frac{\sum_{n=0}^{N-1}S(n)S(n+i)}{\left[\sum_{n=0}^{N-1}S^2(n)\sum_{n=0}^{N-1}S^2(n+i)\right]^{1/2}} \tag{13.11}$$

13.4　基于证据理论的油气输送管道 TPD 融合诊断理论

由于针对油气输送管道 TPD 诊断的监测手段和诊断方法比较丰富，能为油气输送管道 TPD 的最终诊断提供多方位的信息。这些信息有时是相互支持的，但有时往往又相互矛盾。如何融合这些支持或矛盾的故障诊断结论是摆在油气输送管道 TPD 检测与诊断科研工作者面前亟待解决的实际问题。

通常情况下，油气输送管道 TPD 诊断是在一种或多种分析的基础上，选择一个或多个最有可能的诊断结果作为最终结论。这种融合方法人为地丢弃了大量有用信息，简单地选取或罗列不同的诊断结论，是一种不合理的融合，降低了诊断的准确性，特别是难以解决相互矛盾的结论。当前较为有效的融合方法有可能性理论[1]、ARROW 理论[2]、属性集理论[3]、贝叶斯理论[1]和证据理论[4-7]等。其中证据理论在解决支持和矛盾方面显示出更好的优越性。

13.4.1　证据理论简介

证据理论（Evidence theory）是在 1967 年由 Dempster A 提出，并被 Shafter G 在 1976 年出版的专著《证据数学理论》进一步发展的一种研究事物的不确定性和不知性的数学理论[19-20]，由于它满足比概率论更弱的公理系统，可以视为经典概率论的一种推广，因而它具有比贝叶斯方法更广泛的应用范围。由于证据理论只需要较少的证据，并且可以融合不同的推理结果，因而在专家系统中逐步被用来代替概率推理进行融合问题诊断。一般来说，应用证据理论得到的结论不是辨别框（假设空间）上的概率分布，而是辨别框上的一个信任函数。

1. 证据理论的基本概念

设 Ω 为变量 x 的所有可能穷举集合，且设 Ω 中的各种元素是相互排斥的，称 Ω 为辨别框（Frame of discernment）。设 Ω 的元素有 N 个，则 Ω 的幂集合 2^Ω 的元素个数为 2^N，每个幂集合的元素对应一个关于 x 取值情况的命题（子集）。

定义 1：对于一个属于 Ω 的子集 A（命题），命它对应一个属于［0,1］的数，且满足：

$$\sum_{A\subset\Omega}m(A)=1;\quad m(\phi)=0(\phi\ \text{表示空集}) \tag{13.12}$$

则称函数 m 为幂集合上基本概率分配函数 bpa（Basic Probability assignment），称 $m(A)$ 为 A 的基本概率数或 mass 函数，表示对 A 的精确信任程度，一般表示专家的一种评价。

定义 2：命题的信任函数（Belief function）Bel：$2^\Omega\rightarrow[0,1]$ 为

$$\text{Bel}(A)=\sum_{B\subset A}m(B),\quad A\subset\Omega \tag{13.13}$$

Bel(A) 表示所有 A 的子集的精确信任程度的和，是总的信任，下限悲观估计。

定义 3：命题的似然函数（plausibility function）L：$2^{\Omega}\rightarrow[0,1]$ 为

$$L(A)=1-\mathrm{Bel}(\overline{A})=\sum_{B\cap A\neq\Phi}m(B),\quad A\subset\Omega \tag{13.14}$$

式中：$\overline{A}=\Omega-A$，$L(A)$ 为不否定 A 的信任程度。即所有与 A 有关集合精确信任度之和，上限（乐观）估计。

从上述的定义之中，不难可以看出命题的上限与下限反映了命题的许多重要信息。

(1) $A[0,1]$：说明对 A 一无所知，$\mathrm{Bel}(A)=0,\mathrm{Bel}(\Omega-A)=0$。

(2) $A[0,0]$：说明 A 为假，$\mathrm{Bel}(A)=0$，$\mathrm{Bel}(\Omega-A)=0$。

(3) $A[1,1]$：说明 A 为真，$\mathrm{Bel}(A)=1$，$\mathrm{Bel}(\Omega-A)=0$。

(4) $A[0.6,1]$：说明对 A 部分信任，$\mathrm{Bel}(A)=0.6$，$\mathrm{Bel}(\Omega-A)=0$。

(5) $A[0,0.4]$：说明对 A 部分信任，$\mathrm{Bel}(A)=0$，$\mathrm{Bel}(\Omega-A)=0.6$。

(6) $A[0.3,0.9]$：说明同时对 A 与 $\overline{A}$ 部分信任。

2. 证据合成理论

D-S 合成公式：设 E 和 F 是 H 上的子集，m_1 和 m_2 是关于 E 和 F 上的两个 Mass 函数，则可用正交和来合成：

$$m(A)=m_1\oplus m_2=\frac{1}{N}\sum_{E\cap F=A}m_1(E)\cdot m_2(F),\quad [A\neq\phi,m(\phi)=0] \tag{13.15}$$

式中，$N=\sum_{E\cap F\neq\Phi}m_1(E)\cdot m_2(F)>0$。

同理，对于多个证据，设 $m_1,m_2,\cdots,m_n$ 为 2^{Ω} 上的几个 Mass 函数，则它们的正交和为

$$m(A)=m_1\oplus m_2\oplus\cdots\oplus m_n=K\sum_{\cap A_i\neq\Phi}\prod_{1<i<n}m_i(A_i),\quad [A\neq\phi,m(\phi)=0] \tag{13.16}$$

式中：N 为 MASS 函数正交和的正则常量，$N=K^{-1}=\sum_{\cap A_i\neq\Phi}\prod_{1<i<n}m_i(A_i)$，它是 Mass 函数间冲突程度的度量，起归一化作用。不难看出，D-S 证据正交合成满足交换律和结合律。

13.4.2　多类方法的融合诊断

为简单起见，主要考虑两类方法的融合。设两类方法自身的辨别框为 S_1 和 S_2，即

$$S_1=\{S_{11},S_{12}\},S_2=\{S_{21},S_{22}\} \tag{13.17}$$

式中：S_{11} 和 S_{12} 分别为第一种方法的可靠与不可靠；S_{q1} 和 S_{22} 分别为第二种方法的可靠与不可靠。

假定在 S_1 和 S_2 上存在概率分布：$P(S_{11})=p$，$P(S_{12})=1-p$；$P(S_{21})=q$，$P(S_{22})=1-q$。根据多类诊断的特点，可以假定两类方法的工作是独立的，故 $S_1\times S_2$ 上的概率分布：$P(S_{11},S_{21})=pq$，$P(S_{11},S_{22})=p(1-q)$，$P(S_{12},S_{21})=(1-p)q$，$P(S_{12},S_{22})=(1-p)(1-q)$。

两类诊断方法分别得出油气输送管道 TPD 关于辨别框 $H=\{h_1,h_2,\cdots,h_n\}$ 上的诊断结论，这两个结论可能是协调的，也可能是冲突的，下面分别加以讨论。

1. 证据协调

若诊断给出 h_i，则由定义 2 信任函数可以得出辨别框上的一个信任函数 Bel_i：

$$\mathrm{Bel}_i(\{h_i\})=pb_i \quad (0\leqslant b_i\leqslant 1) \tag{13.18}$$

即结论为“设备处于状态 h_i”的可信度为 pb_i。

如果两类诊断方法得出相同的诊断结论，则称两个证据是协调的。不妨假设两方法得出相同的结论 h_1，则由信任函数的计算方法，第一类方法产生的信任函数为

$$\mathrm{Bel}_1(\{h_1\})=pb_{11},\mathrm{Bel}_1(\{h_2\})=\cdots=\mathrm{Bel}_1(\{h_n\})=0,\mathrm{Bel}_1(\{H\})=1 \tag{13.19}$$

第二类方法产生的信任函数为

$$\mathrm{Bel}_2(\{h_1\})=pb_{21},\mathrm{Bel}_2(\{h_2\})=\cdots=\mathrm{Bel}_2(\{h_n\})=0,\mathrm{Bel}_2(\{H\})=1 \tag{13.20}$$

按 D－S 合成公式经简单推导可将 Bel_1 和 Bel_2 合成为统一的信任函数：

$$\begin{aligned}&\mathrm{Bel}(\{h_1\})=\frac{pb_{11}(1-pb_{11})+qb_{21}(1-qb_{21})+pqb_{11}b_{21}}{pb_{11}(1-pb_{11})+qb_{21}(1-qb_{21})+pqb_{11}b_{21}+(1-pb_{11})(1-qb_{21})},\\&\mathrm{Bel}(\{h_2\})=\cdots=\mathrm{Bel}(\{h_n\})=0,\mathrm{Bel}(\{H\})=1\end{aligned} \tag{13.21}$$

2. 证据冲突

如果两类诊断方法得出的诊断结论不相同，则称两个证据是冲突的。不妨假设方法一得出的结论为 h_1，方法二得出结论为 h_2，则由信任函数的计算方法，第一类方法产生的信任函数为

$$\mathrm{Bel}_1(\{h_1\})=pb_{11},\mathrm{Bel}_1(\{h_2\})=\cdots=\mathrm{Bel}_1(\{h_n\})=0,\mathrm{Bel}_1(\{H\})=1 \tag{13.22}$$

第二类方法产生的信任函数为

$$\mathrm{Bel}_2(\{h_1\})=pb_{22},\mathrm{Bel}_2(\{h_2\})=\cdots=\mathrm{Bel}_2(\{h_n\})=0,\mathrm{Bel}_2(\{H\})=1 \tag{13.23}$$

按 D－S 合成公式可将 Bel_1 和 Bel_2 合成为统一的信任函数：

$$\begin{aligned}&\mathrm{Bel}(\{h_1\})=\frac{pb_{11}(1-qb_{22})}{pb_{11}(1-qb_{22})+qb_{22}(1-pb_{11})+(1-pb_{11})(1-qb_{22})},\\&\mathrm{Bel}(\{h_2\})=\frac{qb_{22}(1-pb_{11})}{pb_{11}(1-qb_{22})+qb_{22}(1-pb_{11})+(1-pb_{11})(1-qb_{22})},\\&\mathrm{Bel}(\{h_3\})=\cdots=\mathrm{Bel}(\{h_n\})=0,\mathrm{Bel}(\{H\})=1\end{aligned} \tag{13.24}$$

考虑到信任函数不是概率分布，若引入一个表示证据中的不知性（Ignorance）程度的量 I_g，定义为

$$I_g=1-[\mathrm{Bel}_i(\{h_1\})+\mathrm{Bel}_i(\{h_2\})+\cdots+\mathrm{Bel}_i(\{h_n\})] \tag{13.25}$$

对于多于两个以上的诊断方法的情形，由于 D－S 合成满足交换律和结合律，因而对多个同一辨别框上的信任函数，仍可采用上述方法逐个进行融合。

13.4.3　多重故障的融合诊断

在实际油气输送管道 TPD 诊断中，多重故障有时是存在的，因此不能简单地按单重故障的处理方法来计算融合诊断问题。必须对证据合成理论做必要的推广。

为简单起见，同样只讨论两重故障构成的系统的融合问题，而更多重故障信息的融合方法没有本质区别，并且实际出现的概率更小。用符号 X 和 Y 分别表示两种故障状态，

由下面的辨别框来表示：

$$X=\{x_1,x_2\},Y=\{y_1,y_2\} \tag{13.26}$$

式中：x_1 和 x_2 分别为设备处于故障 X 状态和完好状态；y_1 和 y_2 分别为设备处于 Y 故障状态和完好状态。

不管使用多少诊断方法和诊断系统，由前述的证据理论的融合诊断方法，总可以得到辨别框 X 和 Y 上的两个信任函数，分别记为 Bel_x 和 Bel_y，并假定 $\text{Bel}_x(\{x_1\})=a_1$，$\text{Bel}_x(\{x_2\})=a_2$，$\text{Bel}_x(\{X\})=1$；$\text{Bel}_y(\{x_1\})=b_1$，$\text{Bel}_y(\{x_2\})=b_2$，$\text{Bel}_y(\{Y\})=1$。

将两个信任函数 Bel_x 和 Bel_y 融合为辨别框 $X\times Y$ 上信任函数 Bel，这是不同辨别框上信任函数的融合问题。为了将同一辨别框上 Dempster 规则推广到不同辨别框上，按定义 1 将上述的信任函数变换成基本概率分配函数 bpa，则 Bel_x 和 Bel_y 对应的基本概率分配函数分别为：$m_x(\{x_1\})=a_1$，$m_x(\{x_2\})=a_2$，$m_x(\{X\})=1-a_1-a_2$；$m_y(\{y_1\})=b_1$，$m_y(\{y_2\})=b_2$，$m_y(\{Y\})=1-b_1-b_2$。

基本概率分配函数 m_x 和 m_y 分别表示设备关于 X 和 Y 状态的证据。根据实际问题的特点，可以认为证据 m_x 和 m_y 是非交互性的（Noninteractive），于是可对 Dempster 规则进行推广。即用 $m(A\times B)=m_x(A)m_y(B)$，$(A\subset X,B\subset Y)$ 来计算融合后的基本概率分配函数 m。因此可得 m_x 和 m_y 融合后的基本概率分配函数为：$m(\{x_1,y_1\})=a_1b_1$，$m(\{x_1,y_2\})=a_1b_2$，$m(\{x_2,y_1\})=a_2b_1$，$m(\{x_2,y_2\})=a_2b_2$，$m(\{X\times Y\})=1-(a_1+a_2)(b_1+b_2)$。

由此，可以得到所需的融合诊断的结论。

13.5 油气输送管道 TPD 融合诊断原理

13.5.1 油气输送管道 TPD 融合诊断策略

油气输送管道 TPD 融合诊断是相当复杂的信息融合问题。首先从数据和信息来源来说，是多源处理系统，通常还包括压力、温度、流量等信息来源。从特征参数来说，通常有几个到几十个甚至上百个特征，可用于判断油气输送管道的状态。从最终决策层来说，可资利用的信息、模型和方法也比较多。这些数据来源、特征参数和模型方法不仅表现在不同层次上的相互支持、相互补充、相互竞争和相互冲突，而且表现形式也不相同，可能是确定的，也可能是模糊的，可能是数值型的，也可能是知识型的。这些特点充分说明了油气输送管道故障融合诊断的策略与算法是整个油气输送管道实现科学诊断的关键所在。

在油气输送管道融合诊断中，基于模糊理论、神经网络理论、概率推理等算法的诊断问题的研究已经积累了相当丰富的经验，因此，油气输送管道融合诊断的重点是在神经网络、模糊理论、专家知识等多点多系统基础上决策级的融合。系统融合框图如图 13.3 所示。图 13.3 中子系统 $1\sim m$ 分别代表相对独立的支持向量机诊断系统、模糊聚类诊断

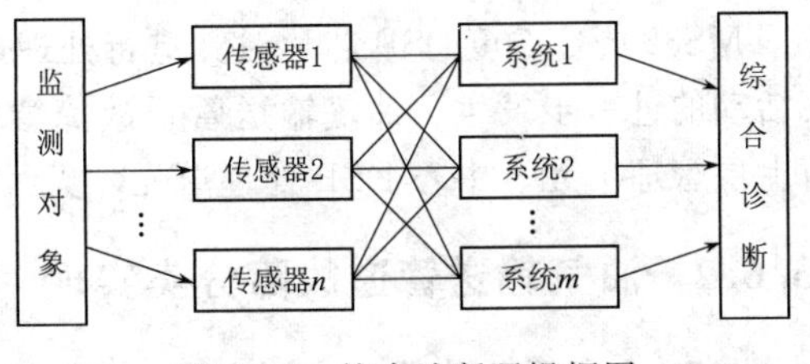

图 13.3 综合诊断逻辑框图

系统，均属初级诊断系统。

利用证据理论来进行油气输送管道融合诊断时，实际的故障模式可能只有几种，特别是考虑多重故障的融合诊断问题时，辨别框的大小更应该受到限制。因此采用依据初级诊断的情况，将辨别框中的元素限制在3～5，并将初级诊断的概率分布或隶属函数作为其信任函数或基本概率分配函数。

令 $h_1+h_2+\cdots+h_m\leqslant 1$，则有

$$\{h_1,h_2,\cdots,h_m\}\approx\{h_1,h_2,\cdots,h_n\},\quad m<n \tag{13.27}$$

13.5.2　油气输送管道 TPD 融合诊断算法

那么在单重故障的假设下，上述三种初级诊断就可以获得三组关于设备所处状态的诊断：$H_i=\{h_1,h_2,\cdots,h_m\}$，$i=1,2,3$。油气输送管道 TPD 的融合诊断为 $H=H_1\oplus H_2\oplus H_3$。由于证据的合成满足交换律和结合律，软件实现时可采用两两合成的方法。

同理对于三种故障可以建立如下辨别框及基本概率分配：

$M_{11121}=\{h_{111},h_{121}\}$，$M_{21121}=\{h_{211},h_{221}\}$，$M_{31121}=\{h_{311},h_{321}\}$

$M_{11122}=\{h_{111},h_{122}\}$，$M_{21122}=\{h_{211},h_{222}\}$，$M_{31122}=\{h_{311},h_{322}\}$

$M_{11221}=\{h_{112},h_{121}\}$，$M_{21221}=\{h_{212},h_{221}\}$，$M_{31122}=\{h_{311},h_{322}\}$

$\vdots$

$M_{1(m-1)2m2}=\{h_{1(m-1)2},h_{1m2}\}$，$M_{2(m-1)2m2}=\{h_{2(m-1)2},h_{2m2}\}$，$M_{3(m-1)2m2}=\{h_{3(m-1)2},h_{3m2}\}$

多重故障的融合诊断相对于单重故障要复杂得多，两种故障模式的合成有四种状态，N 种故障的融合有 $4\times(N-1)!$ 种状态，为了有效地融合多重故障，采用故障模式间的两两融合，那么二重故障的融合诊断可以描述为

$$M(H_{is}\times H_{jt})=m_{1isjt}\oplus m_{2isjt}\oplus m_{3isjt} \tag{13.28}$$

其中：i、j 表示故障类型，s、$t=1$，2。

13.6　油气输送管道故障智能诊断应用

13.6.1　油气输送管道故障智能诊断系统组成

DSP 处理单元是油气输送管道故障智能诊断系统的核心。针对油气输送管道的实际情况，考虑在监测点对采集数据直接用硬件进行信号调理、小波分频消噪，再无线传输至泵站，在泵站进行 TPD 活动的确认、初步的声源分类、相关分析定位诊断等。

对于传感器的选择方面为保证信息的完整性和可靠性，同时引入振动传感器和声音传感器进行多传感器的融合；在信号处理的硬件实现方面，为保证信号处理的实时性，引入 TI TMS320VC5509 DSP 芯片对其进行处理，使工作人员在破坏活动刚发生时就能防止破坏活动的进一步发生。油气输送管道故障智能诊断系统的总体结构如图 13.4 所示，主要由上层管理单元、中心 DSP 处理单元、无线传输模块和多个检测单元组成。

13.6.2　油气输送管道故障分类实现

图 13.5 所示为传感器和破坏源距离 150m 的某埋地原油输送管道上在正常、敲击、

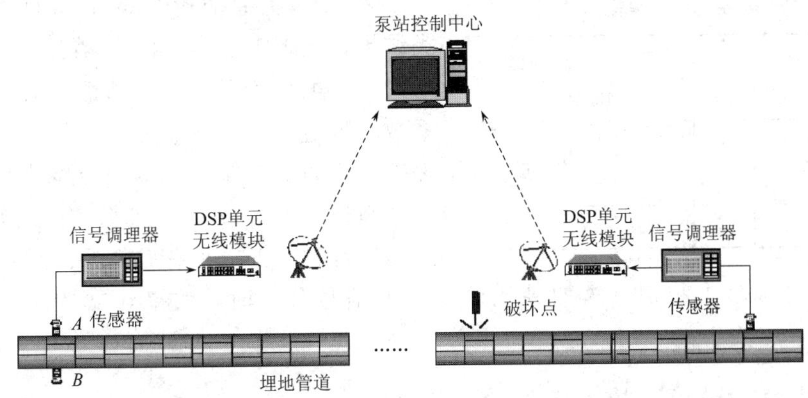

图 13.4 油气输送管道故障智能诊断系统的总体结构图

切割三种典型情况下的测试数据的时域图。从现场采集原油输送管道 TPD 数据共有 120 个有效样本，60 个为训练集（正常、敲击、切割和挖掘 4 种情况各 15 个），60 个为样本测试集（正常、敲击、切割和挖掘 4 种情况各 15 个），采用小波理论去噪声后进行支持向量机与模糊分类。

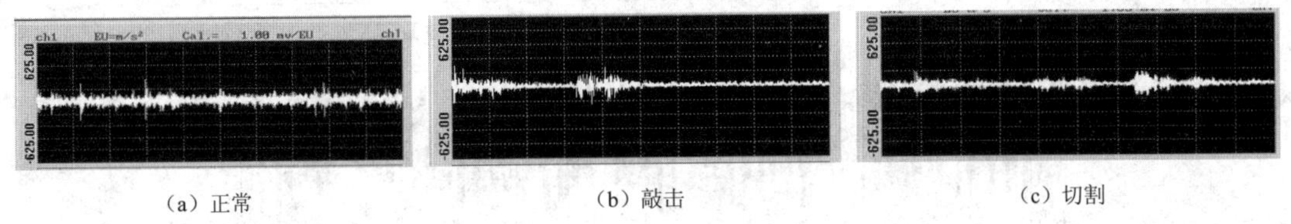

（a）正常　（b）敲击　（c）切割

图 13.5 三种典型状况下信号的时域图

表 13.1 为原油输送管道 TPD 数据支持向量机分类结果，从表 13.1 可知，采用 RBF 核函数时，分类效果要好一点，并且对于正常和有破坏这两种情况下正确率较高，但对于敲击和切割这两种比较微弱的信号分类时，效果要差一些，主要是因为信号沿管线传播能量衰减的程度不一样，微弱信号需要分解更多层数，特征向量才会对信号比较敏感，但计算量又会增加，所以还要在这二者之间进行折中。但多项式核函数和 Sigmoid 函数对于正常和有 TPD 破坏的这两类分类效果要差一些，而在现场这点恰恰比较重要，因为漏报和错报的风险概率是不一样的。

表 13.1　不同核函数下支持向量机分类结果

多项式核函数						Sigmoid 函数						RBF 函数					
阶次	分类错误数				准确率/%	阶次	分类错误数				准确率/%	阶次	分类错误数				准确率/%
	N	F1	F2	F3			N	F1	F2	F3			N	F1	F2	F3	
1	1	2	2	5	83.33	1	1	2	2	4	85.00	0.3	2	0	2	3	88.33
2	1	1	2	4	86.67	2	0	2	3	4	85.00	0.4	0	1	2	3	90.00
3	0	2	2	4	86.67	3	1	0	3	3	88.33	0.5	0	1	1	2	93.33

注　N—无错误分类；F1—轻敲信号；F2—切割信号；F3—挖掘声音。

表 13.2 模糊分类结果

迭代系数 q	分类错误数				准确率/%
	N	F1	F2	F3	
1.5	1	1	2	3	88.33
2.0	0	2	2	2	90.00
2.5	1	1	3	3	86.67

表 13.2 为原油输送管道 TPD 数据模糊分类结果，从表 13.2 可知，随着迭代系数 q 值的增大，分类系数变小，模糊性增大，但当迭代系数 q 取过大，虽然具有较大模糊性，但计算偏差大，如果有偏差样本，会显著影响计算结果。当迭代系数 $q=2.0$ 时，分类效果要好一点，并且对于正常和有破坏这两种情况下正确率较高，但对于敲击和切割这两种比较微弱的信号分类时，效果与支持向量机分类差不多。

13.6.3 油气输送管道故障定位诊断实现

在信号源单一，传播的情况比较简单时，直接作互相关的方法比较有效，当测试情况复杂时，该方法不一定有效。例如，当 $D=150\text{m}$ 时，测点的传感器 B 接收到的信号如图 13.6 所示，序列中的波形没有重复性、规律性，由于各种噪音的影响，将真实值淹没，这也说明原始波形是不平稳的。

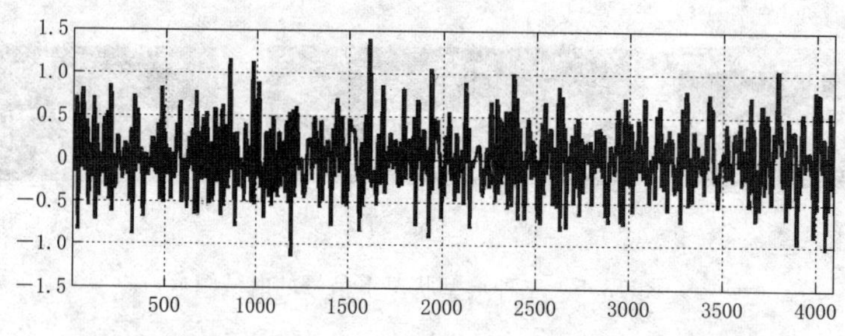

图 13.6 传感器 B 的时域波形

图 13.7 是直接对 A、B 两传感器时域信号的进行互相关分析的互相关系数图；可见相关分析的结果不理想，出现了多个峰值点，且相关系数也较小，不利于进行故障定位诊断。

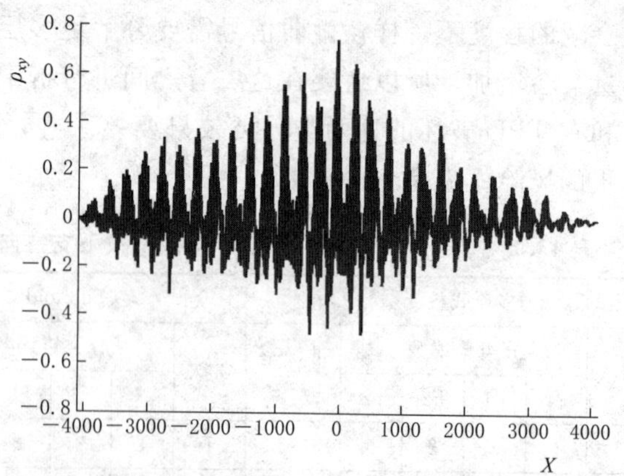

图 13.7 A、B 两传感器信号的互相关图

根据互相关系数 $\rho_{\max}=0.725$，计算延时 $\Delta\tau=0.0215\text{s}$，而钻孔的位置 $D=15\text{m}$，由测得的波速计算实际的延时，应为 $\Delta\tau=0.0124\text{s}$，导致距离相差近 11m，因此直接进行互相关分析，定位诊断误差较大。

由于石油管线上钻孔、打孔的信号属于非稳态、短时信号，具有很强的时变性。为减小定位误差，改进互相关分析数据的可靠性，考虑应用小波包分解处理数据，离散信号按小波包基展开时，包含低通滤波与高通滤波。每一次分解就将上层 $j+1$ 的第 n 个频带进一步分割变细为下层 j 的第 $2n$ 与 $2n+1$ 两个子频带。

离散信号的小波包分解算法为

$$\begin{cases} d_l(j,2n) = \sum_k a_{k-2l} d_k(j+1,n) \\ d_l(j,2n+1) = \sum_k b_{k-2l} d_k(j+1,n) \end{cases} \tag{13.29}$$

式中：a_k、b_k 为小波分解共轭滤波器系数。

小波包重构算法为

$$d_l(j+1,n) = \sum_k h_{l-2k} d_k(j,2n) + g_{l-2k} d_k(j,2n+1) \tag{13.30}$$

式中：h_k，g_k 为小波重构共轭滤波器系数。

从数学的角度讲，不受过程噪声和采样噪声干扰的信号特征提取过程也是信号的压缩过程。由于每一个小波包都代表压缩了的信号，用小波包来提取特征是可行的。而每一个小波包仅代表了信号在特定时频窗上的特定信息，也就是说并非所有的小波包都含有钻孔信息，尤其高分辨率时更加如此。

用小波包对信号做 k 层分解，则它在第 k 层所形成的频域分成 $0\sim f_s/2^k, f_s/2^k\sim 2f_s/2^k, \cdots, (2^k-1)f_s/2^k\sim f_s$ 其中 f_s 为信号中的最高频率，共 2^k 份。信号分解后，根据需要分析各频段的特征，提取对有用的部分来重构信号，然后对重构信号做互相关分析。

小波包基的选择是进行变换的关键，经过反复计算和比较选择 db4 小波，并基于 Shannon 熵标准进行分解。当破坏点位于 15m，对分别用电钻和手工钻所获取信号，进行 db4 小波包的 3 层分解。各级频带能量所占能量百分比的比较见表 13.3。

表 13.3　各级频带能量

分解节点	电钻	手工钻	不加信号情况下
s（3，0）	61.35	84.63	26.28
s（3，1）	37.25	10.89	18.76
s（3，2）	1.19	1.21	0.99
s（3，3）	0.06	3.26	4.53
s（3，4）	0.01	0.001	16.38
s（3，5）	0.01	0.004	18.12
s（3，6）	0.07	0.01	4.51
s（3，7）	0.01	0.003	10.43

从表 13.3 知，不加信号情况下（无钻孔），信号频谱的能量分布在较宽的频带，不仅分布在低频段，还分布在高频段，有多个小波包的能量等级是很接近的，反映了不同的高频噪声所占的能量。当钻头打孔时，能量主要集中在低频部分，$s(3,0)$、$s(3,1)$ 包所含信息较丰富，集中总能量的 95%～99%，相对不加信号情况下，低频段 $s(3,0)$、$s(3,1)$ 这两个包的能量会显著增大。因为距离较近，电钻产生的信号较强烈，波形容易分辨，接下来主要对手工钻信号进行分析。

根据前述的特征小波包选取方法，提取 $s(3,0)$、$s(3,1)$ 为特征包，分别对这两个包进行重构。图 13.8 是手工钻信号 $s(3,0)$、$s(3,1)$ 特征包的重构信号图，很明显原信号包含的噪音都已基本被过滤。然后分别将两个包的重构信号做互相关，相关系数 $\rho_{\max}$ 分别为 0.928，0.942，与未分解前相比相关系数增大，延时 $\Delta\tau$ 与实际值也符合较好。

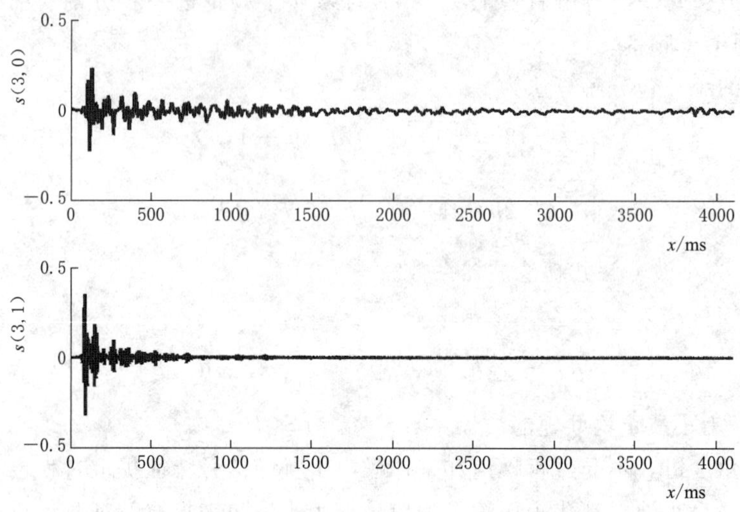

图 13.8　手工钻信号 $s(3,0)$，$s(3,1)$ 包的重构信号

13.6.4　油气输送管道故障融合诊断的应用实例

油气输送管道故障智能诊断系统诊断距某泵站 1500m 处油气输送管道可能的故障有：钻孔（h_1）、敲击（h_2）或者钻孔（h_1）和敲击（h_2）同时存在。通过支持向量机诊断，这三种故障的支持度为 0.3、0.5、0.2；经过模糊分类诊断分析，认为这 3 种故障的支持度为 0.6、0.3、0.1。应用融合诊断理论可知：

$$m_1(h_1)=0.3, m_1(h_2)=0.5, m_1(h_1,h_2)=0.2, m_1(H)=0$$

$$m_2(h_1)=0.6, m_2(h_2)=0.3, m_2(h_1,h_2)=0.1, m_2(H)=0$$

则 $N=K^{-1}=\sum_{\cap A_i\neq\Phi}\prod_{1<i<n} m_i(A_i)N=1-[m_1(h_1)\times m_2(h_2)+m_2(h_1)\times m_1(h_2)]=0.61$

$$m(h_1)=K\sum_{\cap A_i=\{h_1\}}\prod_{1<i<2} m_i(h_i)=[m_1(h_1)\times m_2(h_1)+m_2(h_1)\times m_1(h_1,h_2)+m_1(h_1)\times m_2(h_1,h_2)]/N=0.54$$

同理可得：$m(h_2)=0.43$，$m(h_1,h_2)=0.03$

可见经过融合诊断后，油气输送管道故障的信任程度有了明显的变化，基本上可以肯定距某泵站 1500m 处油气管道正在被钻孔，泵站工作人员马上去距某泵站 1500m 检修证实了融合诊断结论的正确性。

本 章 参 考 文 献

[1]　汤楚宁．天然气管道运输行业改革发展研究 [J]. 企业改革与管理，2020 (17)：222－224.

[2]　黄晓波，李旭海，姜旭，等．输气管道泄漏检测技术研究 [J]. 全面腐蚀控制，2020 (10)，17－20.

[3]　张行，凌嘉瞳，刘思敏，等．基于移动设备位置数据的油气管道第三方破坏行为识别研究 [J]. 石油科学通报，2022 (2)：261－269.

[4]　陈述治，袁厚明．埋地输油管道盗油卡子的检测方法 [J]. 油气储运．2002，21 (8)：49－51.

[5] EGE Y, CORAMIK M. A new measurement system using magnetic flux leakage method in pipeline inspection [J]. Measurement, 2018, 123: 163-174.

[6] ASGARI H R, MAGHREBI M F. Application of nodal pressure measurements in leak detection [J]. Flow Measurement and Instrumentation, 2016, 50: 128-134.

[7] ANFINSEN H, AAMO O M. Leak detection, size estimation and localization in branched pipe flows [J]. Automatica, 2022, 140: 110213.

[8] 邱东强，徐亚庆．管道统计检漏法的现状及问题研讨 [J]. 管道技术与设备，2002 (3): 1-2.

[9] 宋斌．负压波法泄漏监测系统的应用 [J]. 化工管理，2015 (29): 62-63.

[10] 朱益飞．一种基于负压波法和输差检漏法相耦合的原油管道泄漏检测系统 [J]. 计量技术，2015 (11): 36-39.

[11] WANG P, ZHOU W, LI H. A singular value decomposition-based guided wave array signal processing approach for weak signals with low signal-to-noise ratios [J]. Mechanical Systems and Signal Processing, 2020, 141, 106450.

[12] 高东宝．声学超构材料理论及其应用 [M]. 长沙：国防科学技术大学出版社，2022.

[13] 马大猷．现代声学理论基础 [M]. 北京：科学出版社，2004.

[14] 周俊．基于机器学习的声发射信号处理算法 [M]. 北京：电子工业出版社，2020.

[15] 梁鲲鹏．石油天然气长输管道泄漏检测及定位方法 [J]. 化学工程与装备．2022 (2): 132-133.

[16] 刘建伟．长输石油管道泄漏检测与定位技术分析 [J]. 石化技术，2021，28 (6): 85-86.

[17] 陆秋海，李德葆．工程振动试验分析 [M]. 北京：清华大学出版社，2015.

[18] SU B, LIN Y, WANG J, et al. Sewage treatment system for improving energy efficiency based on particle swarm optimization algorithm [J]. Energy Reports, 2022, 8: 8701-8708.

[19] 折延宏．不确定性推理的计量化模型及其粗糙集语义 [M]. 北京：科学出版社，2016.

[20] 王永庆．人工智能原理与方法（修订版）[M]. 西安：西安交通大学出版社，2018.